U0392304

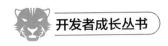

开发者成长丛书

剑指大前端全栈工程师

上册

贾志杰　史广　赵东彦◎编著

清华大学出版社

北京

内 容 简 介

本书对大前端技术栈进行了全面讲解，以实战驱动教学，内容涉及 HTML5＋CSS3 模块、JavaScript 模块、jQuery 模块、Bootstrap 模块、Node.js 模块、Ajax 模块、ES6 新标准、Vue 框架、UI 组件和模块化编程等。本书厚度有限，但学习的空间无限。

全书共分为 5 个阶段，共 18 章。第一阶段走进前端之 HTML5＋CSS3（第 1～6 章），第二阶段探索 JavaScript 的奥秘（第 7、8 章），第三阶段 PC 端整栈开发（第 9～11 章），第四阶段 ES6＋Node.js＋工程化（第 12～14 章）和第五阶段 Vue 技术栈（第 15～18 章）。书中引入了丰富的实战案例，实际性和系统性较强，能够很好地帮助读者提升就业竞争力。书中还引入了 3 个企业级实战项目，为企业打造刚需人才。

本书适合初、中级前端开发者，渴望了解前端知识整体脉络的程序员，以及希望突破瓶颈进一步提升的工程师阅读。

图书在版编目（CIP）数据

剑指大前端全栈工程师/贾志杰，史广，赵东彦编著.—北京：清华大学出版社，2023.1
（开发者成长丛书）
ISBN 978-7-302-61759-4

Ⅰ．①剑…　Ⅱ．①贾…②史…③赵…　Ⅲ．①程序设计　Ⅳ．①TP311.1

中国版本图书馆 CIP 数据核字（2022）第 161827 号

责任编辑：赵佳霓
封面设计：刘　键
责任校对：韩天竹
责任印制：丛怀宇

出版发行：清华大学出版社
　　　　网　　　址：http://www.tup.com.cn，http://www.wqbook.com
　　　　地　　　址：北京清华大学学研大厦 A 座　　　邮　　编：100084
　　　　社 总 机：010-83470000　　　　　　　　　邮　　购：010-62786544
　　　　投稿与读者服务：010-62776969，c-service@tup.tsinghua.edu.cn
　　　　质量反馈：010-62772015，zhiliang@tup.tsinghua.edu.cn
　　　　课件下载：http://www.tup.com.cn，010-83470236
印 装 者：北京同文印刷有限责任公司
经　　销：全国新华书店
开　　本：186mm×240mm　　　印　张：59　　　字　数：1324 千字
版　　次：2023 年 3 月第 1 版　　　　　　　印　次：2023 年 3 月第 1 次印刷
印　　数：1～2000
定　　价：219.00 元（上下册）

产品编号：094604-01

前 言
PREFACE

互联网时代,前端无处不在。本书主要针对想进入前端开发行业及已在前端圈工作想进一步提高技能而系统地学习前端知识体系的读者设置,扎实的理论基础＋丰富的实战案例＋大厂规范＋全局架构思维＋复杂企业项目,系统培养大厂 P7 技术专家和中小厂前端领导者。

前端工程师的成长之路离不开扎实的技能、实践项目的经验积累、不断总结与全新的架构思想。前端技术的研究已是一种趋势,它已经成形,这也就是这本书真正的意义。项目实战贯穿全书,帮助前端工程师提升企业级实践技能。

全书共分为 5 个阶段,共 18 章。每个阶段的连贯性不强,读者可根据自己的需求有选择地阅读。

第一阶段　走进前端之 HTML5＋CSS3(第 1～6 章):内容涉及大前端概述、HTML、CSS、H5、CSS3 新特性和小米官网项目。

第二阶段　探索 JavaScript 的奥秘(第 7、8 章):内容涉及 JavaScript 从入门到高级的全面讲解。

第三阶段　PC 端整栈开发(第 9～11 章):内容涉及 jQuery 框架、Bootstrap 框架及蓝莓派音乐社区项目。

第四阶段　ES6＋Node.js＋工程化(第 12～14 章):内容涉及 ES6 语法、Node.js 开发、工程化工具 Webpack 的使用。

第五阶段　Vue 技术栈(第 15～18 章):内容涉及 Vue 核心基础、Vue 企业化实战项目。

互联网上不缺学习资料,但是大部分资料不全面、不系统,往往对初学者不友好,而本书刚好就可以解决这些问题,相信读者能从书中收获良多。本书的概貌如下页图所示。

针对大前端学习的温馨提示:

(1)前端学习以培养兴趣为主,不要过于追求深层理解。

(2)前端学习不能靠死记硬背,要多编写代码、多做项目。

(3)不要急于求成,踏实积累才是硬道理。

本书的讲解理念如下图所示。

读者定位

初、中级前端开发者,渴望了解前端知识整体脉络的程序员及希望突破瓶颈进一步提升的工程师。

配套教学资源

(1)开发参考手册、面试题。

(2)一套完整的教学精简版PPT。

(3)资料(素材、思维导图)及源程序。

(4)3个企业级实战项目的视频讲解。

本书特色

采用工程化和体系化的设计思想,以循序渐进和深入浅出的方式系统地讲解前端知识。在重构基础知识方面,本书将标准规范和实践代码相结合。在培养进阶技能方面,本书深度剖析了技术背后的原理。书中设计了很多经典综合实战案例,不仅能帮助初级开发者夯实基础,还能为中、高级开发者突破瓶颈提供帮助和启发。3个企业级项目带领读者入门,助力读者职场晋升;帮助读者快速提升技能,勇闯江湖!

(1)思维导图引导学习。

(2)扎实的理论基础＋丰富的实战案例＋大厂规范＋全局架构思维＋复杂企业项目。

(3)书中包含了作者大量的实践经验,将知识系统化,浓缩为精华,用通俗易懂的语言直指前端开发者的痛点。

本书勘误

由于编者水平有限,书中难免存在疏漏,诚恳地希望读者批评指正,同时也十分欢迎广大读者给予宝贵建议。

致谢

感谢清华大学出版社赵佳霓编辑一直以来给予的帮助和支持,并提出很多中肯的建议。同时,还要感谢清华大学出版社的所有编审人员为本书的出版所付出的辛勤劳动。本书的成功出版是大家共同努力的结果,谢谢大家。

编　者

2023 年 1 月

目 录

CONTENTS

本书源代码　　　　资料包(教学课件、习题及面试题等)

第一阶段　走进前端之 HTML5＋CSS3

第二阶段　探索 JavaScript 的奥秘

走进前端之
HTML5＋CSS3

第 1 章

大前端时代

随着互联网的发展,前端开发领域也越来越广,前端早已经告别了切图的时代,迎来了规模化、工程化的大前端时代。未来前端将是一个非常火爆的专业,就如我们所见,任何技术实现的结果都需要展示给用户,而这些展示都需要前端来完成。前端也不再仅仅依赖于浏览器,前端领域的内容呈现多样化,如手机 App 开发、电视 App 应用、桌面端开发、微信公众号开发、微信/支付宝的小程序开发、数据展现(各种图表)、虚拟现实(VR)、增强现实(AR)等领域。

互联网世界离不开前端开发,像淘宝、支付宝、腾讯、京东、新浪微博等大型的基于互联网的企业与产品,都需要优秀的前端工程师。

独立的前端团队早已经不是什么新鲜事,前端的发展可谓如日中天,一片从未有过的繁荣。"前端三剑客":HTML、CSS、JavaScript,这几年都有质的飞跃,如 HTML5 的兼容性提升、对多媒体的支持、表单验证等,CSS 开发中加入了编程能力,JS 领域内各种场景下基于 Node 的大规模应用,开发模式的转变,以及 Vue、React 等各种框架的推陈出新,所以笔者在书中对这些技术都进行了介绍,通过本书,相信大家可以对大前端相关的技术有一个全面的了解。

本章思维导图如图 1-1 所示。

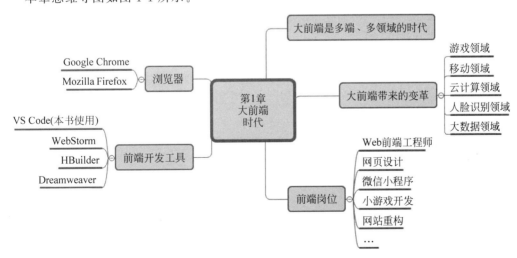

图 1-1 思维导图

1.1　什么是大前端

2014 年左右，React、Angular、Vue 三大框架崛起，外加 2009 年 Node.js 补齐了服务器端的 JavaScript 能力，使工程化、跨端、全栈变为现实，大前端覆盖了 PC 端、移动端、微信公众号、小程序等领域。

大前端时代指的是 Web 统一的时代，简单来讲大前端就是所有前端的统称，例如 Android、iOS、Web、Watch 等，最接近用户的那一层（UI 层），然后将其统一起来，就是大前端。

大前端时代的来临是可以预见的，如现在的手机 App，设备不同导致开发语言不同，一个 App 要做 iOS 和安卓两个版本，非常浪费人力、物力。大前端最大的特点是只需一次开发，就能适用于所有平台。另外，云计算的迅猛崛起必然导致未来一切云端化，例如操作系统，各种应用程序未来都将云端化，而云端化的前端主力技术就是 Web 前端开发技术。

HTML5 作为前端主力开发技术，已成大势所趋。调查显示，企业 HTML5 营销推广被认为是能最大程度发挥价值的领域，其次是在企业级网页上营销推广，其中网站既是营销推广的利器，同时也是企业级的网页应用。此外，包括 HTML5 建站、网页制作，也风生水起。HTML5 在 PC 端、移动端上均应用广泛，被称为 Web 的未来。

现在已经不是一门技术打天下的时代了，单一的技术栈在一个大前端团队中似乎不足以立足，也就是说真正大前端时代的人才，仅掌握 HTML5 略显单一，掌握全栈开发成为大前端时代的另一大亮点。这也是基于企业开发团队降低沟通成本、提升开发效率的需要。一个前端程序员应掌握的基本技能是 HTML＋CSS＋JavaScript＋jQuery，但是随着工作的开展，前端经常会协同后端一起开发，这时就要使用目前最火的框架 Vue.js。

大前端的"大"体现在面向的终端更多，承担的任务更多，功能更强大更复杂，技术形态更多，更趋向于工程化、自动化。前端开发已经有自己的一套工程化思路，并且与后端工程化不相耦合。前端生态也更加繁荣，后端工程化相对发展略为成熟。大前端、小前端和大中后端的目标都是应对更复杂的软件应用，更好地服务于软件开发者、软件应用者，提高效率、降低成本，提升体验。

1.2　大前端时代带来的变革和机遇

前端的春天来了！不管是 Web 前端、iOS，还是 Android，对大前端工程师来讲，这是最好的时代。几年前在前后端人员比例方面 1/3 人员是大前端开发人员，2/3 人员是后端开发人员，而现在则是一半以上是大前端开发人员，这充分说明大前端的重要性。

伴随着信息时代、大数据时代的到来，jQuery 在处理大量数据操作时已经明显力不从

心了,但 Web 开疆拓土的步伐从未停歇过:

(1) 2008 年谷歌 V8 引擎发布,终结了微软 IE 的垄断地位。

(2) 2009 年 AngularJS 诞生(随后被谷歌收购)。

(3) 2009 年 Node 诞生,它使 JS 在服务器端语言中有了一席之地。

(4) 2011 年 React 诞生。

(5) 2014 年 Vue.js 诞生。

(6) 2015 年标准组织发布了 ECMAScript 2015(ES6)。

(7) 2017 年微信小程序正式上线。

伴随着 Angular、React、Vue 等前端架构及 Webpack 的出现,使前端由一个人能够完成的事越来越多,自此前后端分离可谓大势所趋。如今,后端负责数据,前端负责其余工作愈发明显化。前后端之间的通信,只需后端暴露 RESTful 接口,前端通过 Ajax 以 HTTP 协议与后端通信。

Web 技术的不断推陈出新,致使前端领域不断扩张,前端无处不在。

1. 游戏领域

更多的大型网页游戏出现,例如《魔兽世界》。由于代表未来趋势,所以已有很多投资机构投资该领域,出现了很多 H5 游戏创业公司。

2. 移动领域

越来越多的原生应用程序不再用原生语言开发,而采用 Web 技术开发。

3. 云计算领域

即将统治世界的云计算领域越来越多的 SaaS 应用已经 Web 化。

4. 人脸识别领域

人脸识别,听起来就是非常高大上和深奥的"黑科技",但实际原理就是提取人的面部特征规则对图像进行数据匹配和识别,人脸识别和图像合成两项核心技术在前端都有相应的解决方案,现在用纯前端技术已经完全可以实现了。

5. 大数据领域

随着互联网的发展,数据的产生越来越快速,面对庞大的数据量,大数据可视化就应运而生了。目前,前端已经在大数据可视化领域发展得非常成熟,根据使用场景的不同,展现形式也多种多样。

1.3　前端工程师的需求和前景

1.3.1　前端工程师岗位要求

大多数企业的基本要求差不多,不同的企业因为业务的不同,对 Web 前端工程师的技术要求也有所差别,所以作为一名 Web 前端工程师既要"横"向发展又要"纵"向发展,做一名全栈式的开发人才。现以智联招聘上的一则 Web 前端工程师招聘信息为例,看一下具体岗位要求。

(1)熟练各种 Web 前端技术,熟练跨浏览器、跨终端的开发。

(2)深刻理解 Web 标准,对前端性能、可访问性、可维护性等相关知识有实际了解和实践经验。

(3)熟练掌握 JavaScript(ES6)、HTML、CSS、CSS3。

(4)熟悉并掌握至少一种 MVVM 框架,如 Vue、React、Angular。

(5)了解前端依赖注入技术,有相关经验,熟悉前端工程化和相关构建打包工具,如 Webpack、Vue-CLI、Babel、ESlint。

(6)逻辑思维能力强、有团队意识,对技术有强烈的兴趣,具有良好的自学能力和沟通能力。

1.3.2　市场对前端工程师的需求

前端工程师成为互联网+时代的职场新贵。Web 前端工程师是随着互联网技术的迅猛发展而出现的一个新兴职位,真正受到重视的时间还未超过五年,所以目前仍是 Web 前端发展的"大潮"时期,我们现在应该做的是抓住时代的机遇,作为一名 Web 前端工程师更应该不断地学习新技术,时刻掌握前沿的 Web 前端技术。

近几年,随着移动互联网行业的迅猛发展,市场上的主流互联网网站更加注重用户交互体验,而用户交互体验和网站前端性能优化都得靠 Web 前端工程师去完成,加之最近几年微信小程序的对外开通,Web 前端开发工程师一度成为非常抢手的技术人才。根据大的招聘门户网站智联招聘的数据统计,每个月企业在智联上公布的 Web 前端的岗位量在 4.2 万个左右,由此可以看出当前企业对 Web 前端工程师的需求十分旺盛,而且 Web 前端工程师薪资待遇也相当可观,如图 1-2 所示,按工作经验统计薪资如图 1-3 所示。

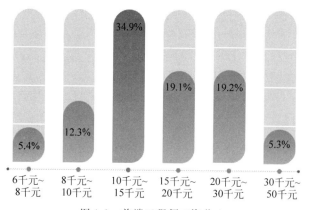

图 1-2　前端工程师工资收入

Web 前端的就业方向非常广泛,就业口径宽,如图 1-4 所示。

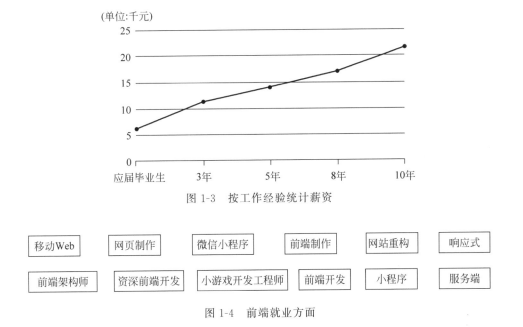

图 1-3 按工作经验统计薪资

| 移动Web | 网页制作 | 微信小程序 | 前端制作 | 网站重构 | 响应式 |
| 前端架构师 | 资深前端开发 | 小游戏开发工程师 | 前端开发 | 小程序 | 服务端 |

图 1-4 前端就业方面

1.3.3 未来前景

未来不再有互联网公司,因为未来所有的企业都会有互联网部门。互联网世界离不开前端开发,像淘宝、支付宝、腾讯、京东、新浪微博等大型的基于互联网的企业与产品,都需要优秀的前端开发人才。

不仅是互联网企业,随着 O2O 模式越来越普及,传统企业越来越互联网化、云端化,前端开发人才需求越来越多,人才缺口高达上百万人。

随着 5G 落地,云计算、大数据和人工智能领域都赋予大前端开发更广阔的空间,未来从 PC 到移动端屏幕上的一切都由前端实现,如图 1-5 所示。

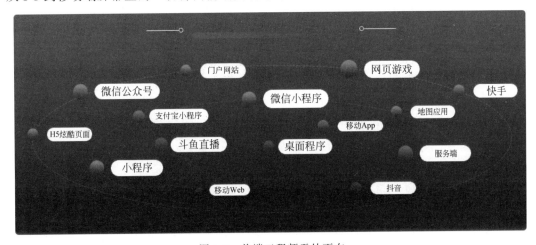

图 1-5 前端工程师无处不在

1.4 Web 前端开发工具

用于开发 Web 前端应用的工具有很多，如 VS Code、WebStorm、Sublime Text、HBuilder、Dreamweaver 等，如图 1-6 所示，可以根据使用习惯进行选择。

图 1-6 Web 前端开发工具

本书使用的开发工具是 VS Code，它是一款免费开源的现代化轻量级代码编辑器，使用方便快捷，功能强大，支持各种的文件格式，跨平台支持 Windows、macOS 及 Linux。接下来就介绍 VS Code 的安装方法。

1. 下载 VS Code 工具

VS Code 官网网址为 https：//code.visualstudio.com/。

VS Code 官方文档网址为 https：//code.visualstudio.com/docs。

可以在 VS Code 官网首页下载对应系统（支持 Windows、Linux、macOS）的软件，如图 1-7 所示。

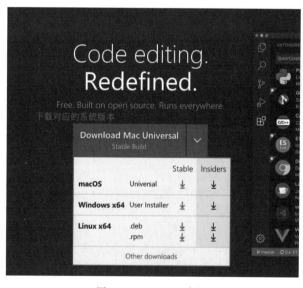

图 1-7 VS Code 官网

也可以打开下载页面 https://code.visualstudio.com/download 下载想要的格式包，如图 1-8 所示。

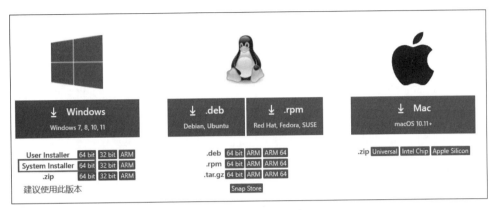

图 1-8　VS Code 版本

2．VS Code 安装

本书以 Windows 为例，找到已下载的 VS Code 安装文件，双击"运行"，如图 1-9 所示。

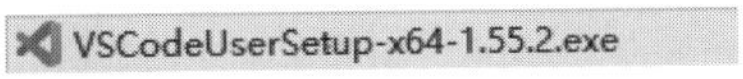

VSCodeUserSetup-x64-1.55.2.exe

图 1-9　VS Code 安装文件

VS Code 安装很简单，一直单击"下一步"按钮即可。

3．安装汉化包

VS Code 安装汉化包很简单，打开 VS Code，单击"安装扩展"，在搜索框输入 Chinese，然后单击 Install 按钮，如图 1-10 所示。

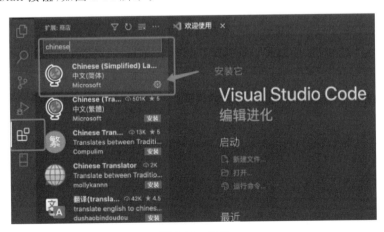

图 1-10　汉化

VS Code 的扩展功能非常强大，我们可以找到开发所需的工具，当然也可以自己开发。

4．界面说明

以下是 VS Code 启动后的界面，简单说明如图 1-11 所示。

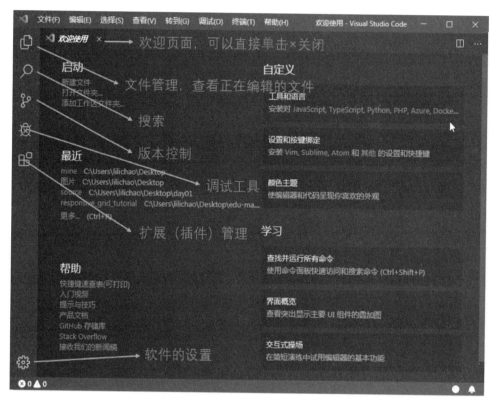

图 1-11　VS Code 启动后的界面

1.5　浏览器工具

作为 Web 开发者，我们无论浏览信息还是开发项目，都离不开浏览器。浏览器很多，排名全球前五的浏览器分别是谷歌 Chrome、Microsoft IE、Mozilla Firefox、Safari、Opera。在本书中，为了避免歧义，建议读者统一使用 Chrome 作为前端浏览器。

Chrome 有一个非常强大的开发者工具栏，可以利用它实时修改 HTML 结构、更改 CSS 属性、断点调试 JavaScript 代码、监控网页 HTTP 请求等，如图 1-12 所示。

近日，国外统计公司 StatCounter 公布了全球浏览器市场份额调查数据。在全球范围内，无论是移动端还是桌面端，谷歌 Chrome 浏览器均名列第一，大幅领先其他品牌浏览器，如图 1-13 所示。

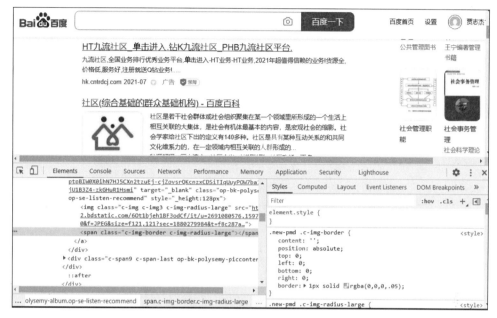

图 1-12 开发者工具栏

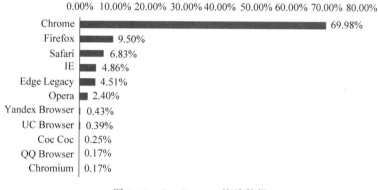

图 1-13 StatCounter 统计数据

第 2 章

HTML5 核心技术

自从 2010 年 HTML5 正式推出后,它立刻得到了世界各大浏览器的支持。HTML5 是构建 Web 内容的一种语言描述方式。HTML5 是互联网的下一代标准,是构建及呈现互联网内容的一种语言方式,被认为是互联网的核心技术之一。HTML5 是最新的 HTML 标准,它是构成网页文档的主要语言。本章主要介绍 HTML5 的概述、基本结构、元素标签的用法、文档注释、规范格式等,利用所学标签构建网页代码。

本章思维导图如图 2-1 所示。

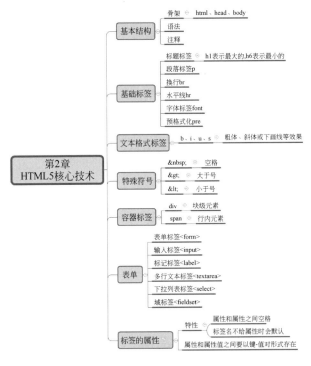

图 2-1 思维导图

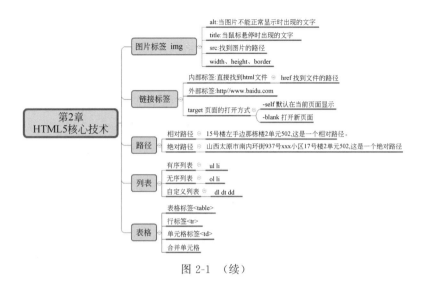

图 2-1　（续）

2.1　HTML 初识

　　HTML 指的是超文本标记语言（HyperText Markup Language，HTML），是用来描述网页的一种语言。HTML 不是一种编程语言，而是一种标记语言。标记语言是一套标记标签（Markup Tag）。HTML 使用标记标签来描述网页，HTML 文档包含了 HTML 标签及文本内容，HTML 文档也叫作 Web 页面。用该语言编写的文件以 .html 或 .htm 为后缀。

　　HTML 标记标签通常被称为 HTML 标签（HTML Tag）。

　　（1）HTML 标签是由尖括号包围的关键词，例如 <html>。

　　（2）封闭类型标记（双标记）必须成对出现，如<p></p>。

　　（3）标签对中的第 1 个标签是开始标签，第 2 个标签是结束标签。

　　（4）非封闭类型标记也叫作空标记，或者单标记，如
。

　　（5）大多数标签可以嵌套。

　　（6）标签不区分大小写，建议小写。

　　超文本标记语言文档制作不是很复杂，但功能强大，支持不同数据格式的文件嵌入，这也是万维网（WWW）盛行的原因之一，其主要特点如下。

　　（1）简易性：超文本标记语言版本升级采用超集方式，从而更加灵活方便。

　　（2）可扩展性：超文本标记语言的广泛应用带来了加强功能，以及增加标识符等要求，超文本标记语言采取子类元素的方式，为系统扩展带来保证。

　　（3）平台无关性：虽然 Windows 平台大行其道，但使用 macOS 等其他平台的人也很多，超文本标记语言可以使用在广泛的平台上，这也是万维网（WWW）盛行的另一个原因。

　　（4）通用性：HTML 是网络的通用语言，一种简单、通用的标记语言。它允许网页制作人建立文本与图片相结合的复杂页面，这些页面可以被网上任何其他人浏览，无论使用的是什么类型的计算机或浏览器。

前端开发最先接触的是 HTML,在 HTML 中首先应该理解标签和元素这两个概念的区别。

(1)标签:就是< head >、< body >、< table >等被尖括号"<"和">"包起来的对象,绝大部分的标签是成对出现的,如< table ></ table >、< form ></ form >。当然还有少部分不是成对出现的,如< br >、< hr >等。

(2)元素:HTML 网页实际上是由许许多多各种各样的 HTML 元素构成的文本文件,并且任何网页浏览器都可以直接运行 HTML 文件,所以可以这样说,HTML 元素是构成 HTML 文件的基本对象,HTML 元素可以说是一个统称。HTML 元素是通过 HTML 标签进行定义的。

(3)总结:< p > 是一个标签,"< p >这里是内容</ p >" 整体就是一个元素。

2.2 HTML 基本结构

HTML 文档一般应包含两部分,即头部区域和主体区域。HTML 文档的基本结构由 3 个标签负责组织:< html >、< head >、< body >,其中< html >标签标识 HTML 文档,< head >标签标识头部区域,而< body >标签标识主体区域。

HTML 的基本结构如下:

```
<!DOCTYPE html> ————————→ 文档类型声明
<html lang = "en">
<head>
        <meta charset = "UTF-8">                    头部
        <title>网页标题</title>
</head>
<body>                                              主体
        <!-- 主体内容 -->
</body>
</html>
```

HTML5 元素的内容一般是以起始标签<元素名>开始,以结束标签</元素名>终止,如< title >网页标题</ title >。浏览器解析标签中的内容后在网页上展示给用户,使用 VS Code 开发工具,根据基本结构编写第 1 个页面,如例 2-1 所示。

【例 2-1】 HTML5 第 1 个页面

```
<!DOCTYPE html>
<html lang = "en">
<head>
```

```
        < meta charset = "UTF - 8">
        < title >我的第 1 个网页</title >
</head >
< body >
        您好,HTML5!
</body >
</html >
```

其中,< title >标签包含的内容显示在标题栏中,而< body >标签包含的内容显示在网页中,页面显示效果如图 2-2 所示。

图 2-2　第 1 个 HTML5 页面

2.2.1　HTML 骨架

1. 文档类型声明<! DOCTYPE >

DOCTYPE 文档声明,它是 Document Type Definition 的英文缩写,意思是文档类型定义,在 HTML 文档中,用来指定页面所使用的 HTML(或者 XHTML)的版本。要想制作符合标准的页面,一个必不可少的关键组成部分就是 DOCTYPE 声明。只有确定了一个正确的 DOCTYPE,HTML 里的标识和 CSS 才能正常生效。它一般定义在页面的第 1 行,在< html >标签之前。

在 HTML4 中,文档类型的声明方法如下:

```
<!DOCTYPE HTML PUBLIC " - //W3C//DTD HTML 4.01//EN"
    "http://www.w3.org/TR/html4/strict.dtd">
```

在 HTML5 中对文档类型的声明进行了简化,声明方法如下:

```
<!DOCTYPE html >
```

2. 根标签< html >

< html >用以声明这是 HTML 文件,让浏览器认出并正确处理此 HTML 文件,所有的 HTML 文件都要被< html >开始标签和结束标签</html >包裹,在它之间包含了两个重要的元素标签: < head >头部标签和< body >主体标签。

3. 头标签< head >

< head >标签中的内容不会显示在网页的页面中。< head >一般包含< title >和< meta >

标签,用于声明页面标题、字符集和关键字等。

1)标题标签< title >

< title >用于定义文档的标题,其内容显示在浏览器窗口的标题栏或状态栏上。< title >标签是 < head > 标签中唯一必须包含的,而且在< title >标签内容中写和网页相关的关键词有利于 SEO 优化。

2)元数据标签< meta >

< meta >标签可提供有关页面的元信息(meta-information),例如针对搜索引擎和更新频度的描述和关键词。通常< meta >标签用于定义网页的字符集、关键词、描述、作者等信息。

(1)字符集声明,charset 属性为 HTML5 新增的属性,用于声明字符编码。在理论上,可以使用任何字符编码,但并不是所有浏览器都能够理解它们。某种字符编码使用的范围越广,浏览器就越有可能理解它,目前使用最广的字符集是 UTF-8,因为 UTF-8 是国际通用字库。以后我们统统使用 UTF-8 字符集,这样就会避免出现字符集不统一而引起乱码的情况了。

以 UTF-8 字符集为例,下面两种字符集声明写法效果一样:

```
< meta charset = "utf - 8">//HTML5
```

或

```
< meta http - equiv = "content - Type" content = "text/html;charset = utf - 8"> //HTML4
```

(2)关键词声明,keywords 用来告诉搜索引擎网页的关键字是什么,用法如下:

```
< meta name = "keywords" content = "Web 前端,HTML5">
```

(3)页面描述,description 用来告诉搜索引擎网站主要内容的描述,用法如下:

```
< meta name = "description"content = "Free Web tutorials on HTML and CSS">
```

(4)页面作者,标注网页的作者,用法如下:

```
< meta name = "author" content = "root">
```

(5)刷新页面,以每 30s 刷新一次页面为例,用法如下:

```
< meta http - equiv = "refresh" content = "30">
```

4. 主体标签<body>

主体<body>标签是定义文档的主体,其设置的内容是读者实际看到的网页信息。在主体<body>标签中可以放置网页中所有的内容,例如文本、超链接、图像、表格、列表等。

设置<body>标签属性可以改变页面的显示效果,<body>标签属性、取值及描述如表 2-1 所示。

表 2-1 <body>标签属性、值及描述

属 性	值	描 述
bgcolor	rgb(x,x,x) #xxxxxx colorname	背景颜色
text	同上	所有文本的颜色
alink	同上	文档中活动链接的颜色
link	同上	文档中未访问链接的默认颜色
vlink	同上	文档中已被访问链接的颜色
background	URL	文档的背景图像
topmargin	px(像素)	规定文档上边距的大小
leftmargin	px(像素)	规定文档左边距的大小

body 属性的基本用法,示例代码如下:

```
<body bgcolor = "背景颜色" background = "背景图片" text = "文本颜色"
    link = "链接文件颜色" vling = "访问过的文本颜色" alink = "激活的链接文本"
    leftmargin = "左边距" topmargin = "上边距">
页面的主体部分
</body>
```

2.2.2 基本语法

HTML 文档结构主要由若干标签(标记)构成,HTML5 根据 Web 标准,重新定义了一套在 HTML4 基础上修改而来的语法,以便各个浏览器在运行 HTML 时能够符合通用标准。

1. 内容类型

HTML5 文档的扩展名为.html 或.htm,内容类型为 text/html。

2. 化繁为简

HTML5 对比之前的 XHTML 做了大量的简化工作,具体如下:

(1) 以浏览器的原生能力代替复杂的 JavaScript。

（2）DOCTYPE 被简化到极致。

（3）字符集声明被简化。

（4）简单强大的 API。

3. 标签类型

1）单标签

基本语法如下：

```
<元素>或<元素/>
```

常用的单标签有< br >、< hr >、< link >、< input/>等。

2）双（成对）标签

基本语法如下：

```
<元素>内容</元素>
```

常用的双标签有< html ></ html >、< body ></ body >、< strong ></ strong >、< div ></ div >等。

4. 标签省略

在 HTML5 中，元素的标签分为 3 种类型：可以省略全部标签的元素、可以省略结束标签的元素、不允许写结束标签的元素。下面介绍这 3 种类型各包括哪些标签。

（1）可以省略全部标签的元素：html、head、body、colgroup、tbody。

示例代码如下：

```
<!DOCTYPE html>
< meta charset = "UTF - 8">
<title>Hello World</title>
< h1 >H5 </h1 >
< p >H5 的目标是书写出更简洁的 HTML 代码.
</br>总体来讲,为一代 Web 平台提供了许许多多新的功能.
```

注意：即使标记被省略了，该元素还是以隐式的方式存在。在浏览器查看源码时，会发现被省略的标签会被补上。

（2）可以省略结束标签的元素：li、dt、dd、p、rt、rp、optgroup、option、colgroup、thead、tbody、tfoot、tr、td、th。

示例代码如下：

```
<ol>
    <li>China
```

```
        < li > UK
    </ol >
    < ul >
        < li > a
        < li > b
    </ul >
    < select >
        < option value = "GuangZhou"> GuangZhou
        < option value = "BeiJing"> BeiJing
    </select >
```

（3）不允许写结束标签的元素：area、base、br、col、embed、hr、img、input、keygen、link、meta、wbr、source。

不允许写结束标签的元素是指不允许使用开始标签与结束标签将元素括起来的形式，只允许使用<元素/>的形式进行书写。

错误的书写方式，示例代码如下：

```
< br ></br >
```

正确的书写方式，示例代码如下：

```
< br/>或< br >
```

5. 属性值

属性为 HTML 元素提供附加信息。HTML 标签可以拥有属性，属性提供了有关 HTML 元素的更多的信息，如图 2-3 所示。

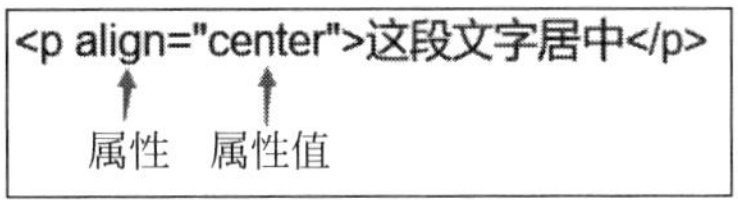

HTML 属性书写注意事项：

（1）属性必须在开始标签里定义，并且与首标签名称之间至少留一个空格。

（2）属性总是以键值对的形式出现，例如 align＝"center"。

（3）一个元素的属性可能不止一个，多个属性之间用空格隔开。

（4）多个属性之间不区分先后顺序。

（5）属性和属性值对大小写不敏感。

属性值两边既可以使用双引号，也可以使用单引号，当属性值不包括空字符串、<、>、＝、单引号、双引号等字符时，属性值两边的引号可以省略。

下面写法都是合法的：

这段文字居中
　　属性　属性值

图 2-3　属性

```
< input type = "text">
< input type = 'text'>
< input type = text >
```

6. 标签嵌套

在 HTML 中有大量的标签,大部分标签是可以互相嵌套的。标签必须成对嵌套,不能交叉嵌套,如图 2-4 所示。

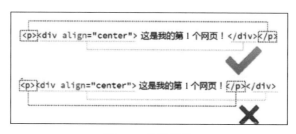

图 2-4　标签嵌套

2.2.3　注释

经常需要在一些代码旁做一些 HTML 注释,这样既方便项目组的其他程序员了解所写的代码,也方便以后自己对代码的理解与修改等。

对关键代码的注释是一个良好的习惯,可以提高代码的可读性。在开发网站或者功能模块时,代码的注释尤其重要。因为网页的代码量往往是几百甚至上千行,如果不对关键的代码进行注释,对于后期修改与维护会增加很大的成本,甚至过段时间后看不懂自己当时写的代码。

注释行的写法如下:

```
<!-- 注释的文本内容 -->
```

注释只在编辑文本情况下可见,在浏览器展示页面时并不会显示,如例 2-2 所示。

【例 2-2】　注释应用实例

```
<!DOCTYPE html >
< html lang = "en">
< head >
    < meta charset = "UTF - 8">
    <title>html 注释实例</title>
</head >
< body >
< body >
```

```
<!-- 这是被注释形式,而且在浏览器中不会展现 -->
    这是内容-html注释常识
</body>
</body>
</html>
```

页面显示结果为"这是内容-html注释常识"。

注意：注释不可以互相嵌套。

2.3 HTML 常用标签

以前的 HTML 由一堆没有语义的冷冰冰的标签构成。最泛滥的就是 DIV+CSS,当时的页面源代码一打开就是一堆 DIV+CSS,为了改变这种状况,开发者和官方提出了让 HTML 结构语义化。

语义化就是用合理、正确的标签来展示内容,例如用 h1~h6 定义标题、用 li 定义列表等。使用语义化标签的好处有两点：一是有利于 SEO 和搜索引擎建立良好沟通,有助于爬虫抓取更多的信息；二是便于团队开发维护,可读性较高。根据常用标签的功能特点归纳为基础标签、文本格式化标签、列表标签、图像标签、超链接标签、框架标签、容器标签和标签嵌套。

2.3.1 基础标签

常用的基础标签如表 2-2 所示。

表 2-2 常用的基础标签

标 签	描 述	标 签	描 述
<h1>~<h6>	定义 HTML 标题	<hr>	定义水平线
<p>	定义一个段落	<font>	字体标签
 	换行标签	<pre>	预格式化

1. 标题标签<h1>~<h6>

为了使网页更具语义化,经常会在页面中用到标题标签,HTML 提供了 6 个等级的标题。<h1>标签所标记的字体最大,标签使用的数字越大则字体越小,直至<h6>标签所标记的字体最小,如例 2-3 所示。标题标签的默认状态为左对齐显示的黑体字。

【例 2-3】 标题标签应用

```
<!DOCTYPE html>
<html lang="en">
```

```
< head >
    < meta charset = "UTF - 8">
    < title>标题标签应用</title >
</head>
< body >
    < h1 >这是标题 1 </h1 >
    < h2 >这是标题 2 </h2 >
    < h3 >这是标题 3 </h3 >
    < h4 >这是标题 4 </h4 >
    < h5 >这是标题 5 </h5 >
    < h6 >这是标题 6 </h6 >
</body >
</html >
```

在浏览器中的显示效果如图 2-5 所示。

图 2-5　标题标签应用效果

标题标签的 align 属性用来定义标题字的对齐方式,其常用属性值有 3 个:left(居左)、center(居中)、right(居右),如例 2-4 所示。

【例 2-4】　标题标签属性应用

```
<! DOCTYPE html >
< html lang = "en">
< head >
    < meta charset = "UTF - 8">
    < title>标题标签属性应用</title >
</head>
< body >
```

```
    <h1 align = "center">大前端时代</h1>
    <h2 align = "left">大前端时代</h2>
    <h3 align = "right">大前端时代</h3>
</body>
</html>
```

在浏览器中的显示效果如图 2-6 所示。

图 2-6　标题标签属性应用效果

2. 段落标签< p >

在网页中要把文字有条理地显示出来,离不开段落标签,就如同平常写文章一样,整个网页也可以分为若干段落,而段落的标签就是< p ></p >,如例 2-5 所示。

< p >标签的 align 属性的常用属性值为 left(居左)、center(居中)、right(居右)。

【例 2-5】 段落标签应用

```
<!DOCTYPE html >
< html lang = "en">
< head >
    < meta charset = "UTF - 8">
    <title>段落标签应用</title>
</head>
< body >
    < h1 >北京欢迎你</h1 >
    < p >北京欢迎你,有梦想谁都了不起!</p>
    < p >有勇气就会有奇迹.</p>
    < p align = "right">北京欢迎你,为你开天辟地</p>
</body>
</html>
```

在浏览器中的显示效果如图 2-7 所示。

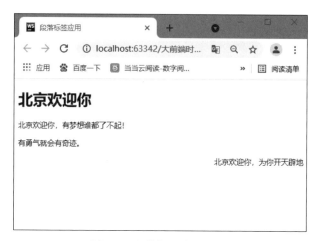

图 2-7 段落标签应用效果

3. 换行标签< br >

< br > 可插入一个简单的换行符,就和普通文本文档插入的换行符作用一样,都表示强制换行。< br > 标签是空标签(单标签),< br > 标签每次只能换一行,如需换多行,则可以写多个< br > 标签,如例 2-6 所示。

【例 2-6】 换行标签应用

```
<!DOCTYPE html >
< html lang = "en">
< head >
    < meta charset = "UTF - 8">
    <title>换行标签应用</title>
</head >
< body >
    < h1 >北京欢迎你</h1 >
    < p >
        北京欢迎你,有梦想谁都了不起!< br >
        有勇气就会有奇迹.< br >
        北京欢迎你,为你开天辟地< br/>
        流动中的魅力充满朝气.< br >< br >
        北京欢迎你,在太阳下分享呼吸< br >
        在黄土地刷新成绩.< br >
        北京欢迎你,像音乐感动你< br >
        让我们都加油去超越自己.< br >
    </p >
</body >
</html >
```

在浏览器中的显示效果如图 2-8 所示。

注意:< br > 标签只用于简单地开始新的一行,而当浏览器遇到 < p > 标签时,通常会

图 2-8　换行标签应用效果

在相邻的段落之间插入垂直的间距。

4. 水平线标签< hr >

在网页中常常会看到一些水平线将段落与段落之间隔开,使文档结构清晰,层次分明。这些水平线可以通过插入图片实现,也可以简单地通过水平线标签< hr >来完成,< hr />就是创建横跨网页水平线的标签,可以在视觉上将文档分隔成多个部分,如例 2-7 所示。

水平线标签< hr >的属性、属性值及描述如表 2-3 所示。

表 2-3　水平线标签的属性、值及描述

属　性	值	描　述
align	left、center、right	水平对齐方式
width	像素(px)和百分比(%)	水平线的长度
size	整数,单位为 px	水平线的高度
color	rgb(x,x,x)、十六进制数、颜色的英文单词	水平线的颜色

【例 2-7】 水平线标签应用

```
<!DOCTYPE html >
< html lang = "en">
< head >
    < meta charset = "UTF - 8">
    < title>水平线标签应用</title>
</head >
< body >
    < h3>清平调</h3>
    <!-- 在 hr 标签中 color 的属性值有 3 种,如
        color = "♯330099"属性值为十六进制数(百度下载:屏幕颜色拾取工具 -- 取值)
        color = "red" 属性值为英文单词
```

```
            color = "rgb(189,45,55)" 属性值为 rgb 函数
            -- >
        < hr size = "3" width = "60 %" color = "#330099">
            一枝红艳露凝香,云雨巫山枉断肠。< br >
            借问汉宫谁得似,可怜飞燕倚新妆。
        < hr size = "5" width = "300px" color = "rgb(189,45,55)" align = "right">
    </body >
</html >
```

在浏览器中的显示效果如图 2-9 所示。

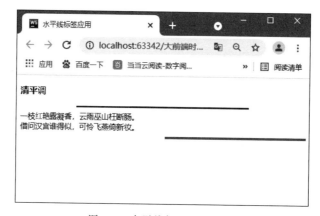

图 2-9　水平线标签应用效果

温馨提示：获取颜色的属性值时可以下载"屏幕颜色拾取工具",获取十六进制数和 rgb 函数值。

5. 字体标签< font >

< font >标签是一个设置文本文字样式的标签,可以设置文本的字体样式、字体的尺寸、字体的颜色,如表 2-4 所示。

表 2-4　font 标签的属性、值及描述

属　　性	值	描　　述
face	font_family	字体样式
size	number(1～7)	字体大小
color	rgb(x,x,x)、十六进制数、颜色的英文单词	字体颜色

下面通过简单的代码示例,为大家介绍 HTML 中< font >标签的用法,如例 2-8 所示。

【例 2-8】　字体样式的应用

```
<!DOCTYPE html >
< html lang = "en">
```

```
< head >
    < meta charset = "UTF - 8">
    < title >字体样式的应用</title >
</head >
< body >
    < p >这是一段测试文字< br/>< br/>
        < font face = "楷体">使用楷体来显示文字</font >< br/>< br/>
        < font color = "red">改变字体文字的颜色</font >< br/>< br/>
        < font size = "5">改变字体文字的大小</font >
</body >
</html >
```

在浏览器中的显示效果如图 2-10 所示。

图 2-10 字体样式的应用效果

注意：在 HTML5 中不推荐使用< font >标签，建议用 CSS 代替。

6. 预格式化< pre >

利用< pre >标签对网页中的文字段落进行预格式化，浏览器会完整地保留设计者在源文件中所定义的格式，包括空格、缩进及其他特殊格式，如例 2-9 所示。

【例 2-9】 预格式化标签应用

```
<! DOCTYPE html >
< html lang = "en">
< head >
    < meta charset = "UTF - 8">
    < title >预格式化标签应用</title >
</head >
< body >
    < pre >
        春眠不觉晓，
```

```
        处处闻啼鸟,
          夜来风雨声,
            花落知多少.
    </pre>
</body>
</html>
```

在浏览器中的显示效果如图 2-11 所示。

图 2-11　预格式化标签应用效果

2.3.2　文本格式化标签

在网页中,有时需要为文字设置粗体、斜体或下画线等效果,这时就需要用到 HTML 中的文本格式化标签,使文字以特殊的方式显示,常用的文本修饰标签如表 2-5 所示。

表 2-5　常用的文本修饰标签

属　　性	描　　述	属　　性	描　　述
<b></b>	粗体文本	<del></del>	删除字
<u></u>	下画线文本	<small></small>	小号字
<s></s>	删除	<big></big>	大号字
<i></i>	斜体字		上标字
<strong></strong>	加重语气字		下标字
<em></em>	着重字	<ins></ins>	插入字

下面通过简单的代码示例,介绍文本格式化标签的用法,如例 2-10 所示。

【例 2-10】　文本格式化标签应用

```
<!DOCTYPE html>
<html lang = "en">
<head>
    <meta charset = "UTF - 8">
```

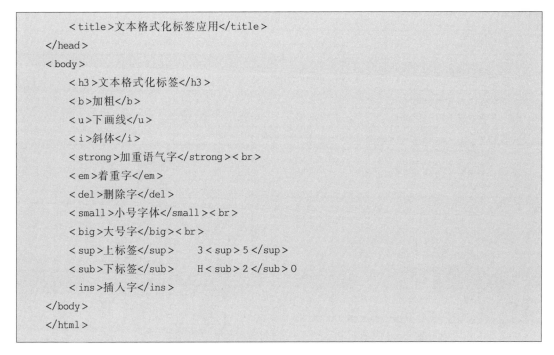

```
            <title>文本格式化标签应用</title>
    </head>
    <body>
        <h3>文本格式化标签</h3>
        <b>加粗</b>
        <u>下画线</u>
        <i>斜体</i>
        <strong>加重语气字</strong><br>
        <em>着重字</em>
        <del>删除字</del>
        <small>小号字体</small><br>
        <big>大号字</big><br>
        <sup>上标签</sup>        3<sup>5</sup>
        <sub>下标签</sub>        H<sub>2</sub>0
        <ins>插入字</ins>
    </body>
</html>
```

在浏览器中的显示效果如图 2-12 所示。

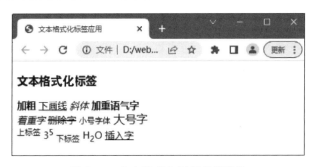

图 2-12　文本格式化标签应用效果

注意：使用<em></em>表示着重的文本，替代<i></i>斜体标签；使用<strong></strong>表示重要文本，替代<b></b>粗体标签，但<i></i>和<b></b>仍可以使用。

2.3.3　特殊符号

浏览器总会截短 HTML 页面中的空格。如果在文本中写 10 个空格，则在显示该页面之前，浏览器会删除其中的 9 个。如果需要在页面中增加空格的数量，则需要使用 字符实体，其他特殊字符的插入与空格符号的插入方式相同，如例 2-11 所示，特殊符号如表 2-6 所示。

表 2-6　特殊字符

特殊符号	字符实体	示　　例
空格		< a href＝"＃">百度</a> < a href＝"＃">新浪</a>
大于号(>)	&gt;	如果时间>晚上 6 点,就坐车回家
小于号(<)	&lt;	如果时间<早上 7 点,就走路去上学
引号(‘’)	&quot;	在 W3C 规范中 HTML 的属性值必须用成对的"引起来
版权符号@	&copy;	©贝西奇谈

【例 2-11】　特殊字符应用

```
<!DOCTYPE html >
< html lang = "en">
< head >
    < meta charset = "UTF - 8">
    < title >特殊符号应用</title >
</head >
< body >
    < h3 >特殊符号应用</h3 >
    < hr/>
         静夜思< br/>
     举头望明月,< br/>
      低头思故乡。
        如果 &quot;时间 &quot;&gt;>早上 7 点 < br >
    <!-- 在 HTML 中不能使用小于号(<)和大于号(>),
        这是因为浏览器会误认为它们是标签. -->
        A. &lt;p&gt;< br/>
        HTML 属性值必须用成对的 &quot;< br/>
    &copy;2003 - 2088 贝西奇谈
</body >
</html >
```

在浏览器中的显示效果如图 2-13 所示。

图 2-13　特殊符号应用效果

2.3.4 图像标签

图片是在网页中必不可少的元素,灵活地应用会给网页增添不少色彩。使用 img 标签将图片插入网页中。<img>是单标签,图片样式由 img 标签的属性决定。img 标签有两个必选属性:src、alt,其他属性为可选属性,具体属性、取值及描述如表 2-7 所示。

基本语法如下:

```
< img src = "URL" alt = "替换文本">
```

src 是 source 的简写,用于指明图片的存储路径,通常是 URL 形式。可以采用相对路径和绝对路径来表示文件的位置,如 src = "D:\web\logo.jpg"是采用绝对路径,而 src = "images/logo.jpg"是采用相对路径。

表 2-7　img 标签属性名、值及描述

属　　性	值	描　　　述
align	top、bottom、middle、left、right	规定如何根据周围的文本来排列图像,分为水平、垂直两个方向
width	px、%	图像的宽度
height	px、%	定义图像的高度
hspace	px	定义图像左侧和右侧的空白
vspace	px	定义图像顶部和底部的空白
src	URL	图像地址
alt	text	图像的替代文本
name	text	图像的名称
border	px	图像的边框
title	text	鼠标悬停时的提示文字

在网页中插入图像的应用如例 2-12 所示。

【例 2-12】 图像标签应用

```
<!DOCTYPE html>
< html lang = "en">
< head >
    < meta charset = "UTF - 8">
    < title > 图像标签应用</title>
</head>
< body >
    1.
    <!-- 基本图像插入方式
    URL 使用相对路径 -->
    < img src = "images/zly.png"/>
```

```
        2.
        <!-- 带有 title 的图像
        title 定义了鼠标悬停在图片上时显示的内容 -->
        < img src = "images/zly.png" title = "美女"/>
        3.
        <!-- 设置图像的宽和高 -->
        < img src = "images/zly.png" width = "200px" border = "5px"height = "300px" title = "明星
系列"/><br>
        4.
        <!-- 替代文本
        alt 当图片未能正常显示时,用于给用户的提示信息 -->
        < img src = "images/zly2.png" alt = "加载失败"/>
</body>
</html>
```

代码解释：在代码中加入了 title 属性,当鼠标悬停在图片上时显示属性值内容；在代码中设置了图像的宽、高及边框；在代码中加入了 alt 属性,当图片未能正常显示时,用于给用户的提示信息。

在浏览器中的显示效果如图 2-14 所示。

图 2-14   图像标签应用效果

图像 img 标签的 hspace 和 vspace 属性用来控制图像的水平距离和垂直距离,而且两者均以像素为单位。hspace 属性用于调整图像左右两边的空白距离,vspace 属性用于调整图像的上下空白距离。

基本语法如下：

```
< img src = "URL" hspace = "水平距离值"vspace = "垂直距离值">
```

注意：在实际应用中很少直接使用图像的对齐属性,一般采用 CSS 替代。

2.3.5 绝对路径和相对路径

如去一个地方,首先要明确到达此地的路径。编程也是如此,要加载图片或者引入其他代码文件,也需要设置正确的路径。

路径分为绝对路径与相对路径:

(1) 山西省太原市南内环街 967 号 xxx 小区 17 号楼 2 单元 502,这是一个绝对路径。

(2) 15 号楼左手边那栋楼 2 单元 502,这是一个相对路径。

由此得出,绝对路径是对一个位置的路径进行完整描述,相对路径则是以某一个事物为参考描述位置。

程序中的相对路径与绝对路径也是同样的道理,下面进行详细介绍。

1. 绝对路径

完整地描述文件位置的路径为绝对路径,举两个最为常见的绝对路径的例子。

(1) 完整的 URL 地址,例如,https://z3.ax1x.com/2021/07/28/WIzidA.jpg。DNS 服务器能够将网址解析到服务器硬盘下 WIzidA.jpg 图片文件。

(2) 完整盘符,例如,D:\web\images\logo.jpg。图片的存储位置得到了完整描述,非常明确。

特别说明:WebStorm 开发工具有的版本不支持对绝对路径的访问,工具自身有缺陷,可选用其他开发工具演示。

2. 相对路径

相对于当前文件的路径,前端开发中比较常用的是路径表示方法。首先介绍路径的语法格式:

(1) "/"表示根目录。

(2) "./"表示当前所在的路径,可以省略不写。

(3) "../"表示上一层路径。

(4) "../../"表示当前文件所在目录的上上级目录,依此类推。

3. 相对路径实例

demo1 目录下有 demo1.1 文件夹、images 文件夹及 index3.html 文件,demo1.1 文件夹下有 index2.html 和 2.jpg 文件,images 文件夹下有 1.jpg 和 demo1.2/index1.html 文件,文件夹目录如图 2-15 所示。

图 2-15 文件夹目录

如 index2.html 引用 2.jpg,则文件路径如下:

```
< img src = "./2.jpg" alt = ""><!-- ./可以省略 -->
< img src = "2.jpg" alt = "">
```

如 index1.html 引用 images 文件夹下的 1.jpg,则文件路径如下:

```
< img src = "../1.jpg" alt = "">
```

如 index2.html 引用 images 文件夹下的 1.jpg,则文件路径如下:

```
< img src = "../images/1.jpg" alt = "">
```

index3.html 访问 demo1.1 文件夹中的 2.jpg,则文件路径如下:

```
< img src = "demo1.1/2.jpg" alt = "">
```

4. 两者比较

相对路径更方便更改,相对比较灵活,但是如果使用不慎,则易造成链接失效,并且容易被人抄袭;绝对路径能避免这个问题,但是灵活性上相对较弱。网页中不推荐使用绝对路径,因为网页制作完成后需要将所有的文件上传到服务器,使用绝对路径会造成图片路径错误,网页无法正常显示设置的图片。

2.3.6　超链接标签

超链接是网站中使用比较频繁的 HTML 元素,因为网站的各种页面都由超级链接串接而成,超链接完成了页面之间的跳转。超链接是浏览者和服务器进行交互的主要手段,在后面的技术中会逐步深化学习。

1. 基本语法

```
< a href = "URL" target = "目标窗口的弹出方式" title = "提示信息" name = "锚点名称">
超链接内容</a>
```

超链接标签属性介绍如下。

(1) href:链接指向的目标地址(URL),必需属性。

(2) name:用于设定锚的名称。

(3) title 属性:用于定义鼠标经过时的提示文字。

(4) target 属性:指向打开的目标窗口,如表 2-8 所示。

表 2-8　target 属性及描述

属 性 值	描 述
_self	在当前窗口中打开链接
_blank	在新窗口中打开链接
_top	在顶层框架中打开链接,即在根窗口中打开链接
_parent	在当前窗口的上一层打开链接

2. 超链接应用

添加了链接后的文字有其特殊的样式,以和其他文字区分,默认链接样式为蓝色文字,有下画线。超级链接用于跳转到另一个页面,<a></a>标签有一个 href 属性负责指定新页面的网址。href 指定的地址一般使用相对地址。

网站开发中,href 属性的链接 URL 的方式有以下两种:

(1) 外部链接,如 http://www.baidu.com。

(2) 内部链接,直接链接内部页面名称即可,如 < a href = "index.html"> 首页 </a>。

如果当时没有确定链接目标,则通常将链接标签的 href 属性值定义为"♯"(href = "♯"),表示该链接暂时为一个空链接。

不仅可以创建文本超链接,在网页中各种网页元素(如图像、表格、声频、视频等)都可以添加超链接,如例 2-13 所示。

【例 2-13】 超链接应用

```
<!DOCTYPE html>
<html lang = "en">
<head>
    <meta charset = "UTF - 8">
    <title>超链接应用</title>
</head>
<body>
    <h3>1.外部链接</h3>
    <a href = "http://www.sina.com.cn">新浪</a>
    <h3>2.内部链接</h3>
    <!-- target = "_self" -->
    <a href = "2-12 图像标签应用.html" target = "_self">跳转到本地</a>
    <h3>3.target 属性</h3>
    <!-- target = "_blank" -->
    <a href = "http://www.baidu.com" target = "_blank">百度</a>
    <h3>4.地址暂定</h3>
    <a href = "♯">我的作品地址</a>
    <h3>5.图像作为超链接</h3>
    <a href = "http://www.baidu.com" title = "这是百度" target = "_self">
        <img src = "images/touxiang.jpg" width = "50px"/></a>
</body>
</html>
```

在浏览器中的显示效果如图 2-16 所示。

3. 什么是锚

很多网页文章的内容比较多,导致页面很长,浏览者需要不断地拖动浏览器的滚动条才能找到需要的内容。超级链接的锚功能可以解决这个问题,锚(anchor)的概念引自于船只上的锚,锚被抛下后,船只就不容易漂走、迷路。实际上锚用于在单个页面内的不同位置进行跳转,有的地方叫作书签,如例 2-14 所示。

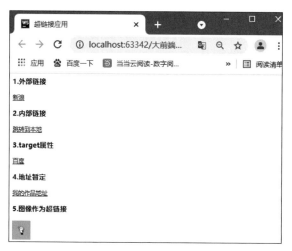

图 2-16　超链接应用的效果

通过创建锚点链接,用户能够快速定位目标内容。创建锚点链接分为以下两步:

(1) 使用< a href="♯锚点名">链接文本</a>创建链接文本。

(2) 使用相应< a name="锚点名"></a>标注跳转目标的位置。

【例 2-14】　超链接的锚

```
<! DOCTYPE html>
< html lang = "en">
< head >
    < meta charset = "UTF - 8">
    < title >超链接的设置</title>
</head >
< body >
< font size = "5">
    < a name = "top">这里是顶部的锚</a>< br />
    < a href = "♯1">第 1 任</a>< br />
    < a href = "♯2">第 2 任</a>< br />
    < a href = "♯3">第 3 任</a>< br />
    < a href = "♯4">第 4 任</a>< br />
    < a href = "♯5">第 5 任</a>< br />
    < h2 >美国历任总统</h2>
    ●第 1 任(1789—1797)< a name = "1">这里是第 1 任的锚</a>< br />
    姓名: 乔治·华盛顿< br />
    George Washington < br />
    生卒: 1732—1799 < br />
    政党: 联邦< br />
    ●第 2 任(1797—1801)< a name = "2">这里是第 2 任的锚</a>< br />
    姓名: 约翰·亚当斯< br />
    John Adams < br />
```

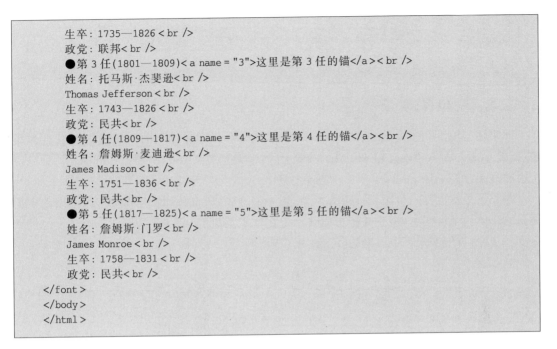

```
            生卒：1735—1826 < br />
            政党：联邦< br />
            ●第 3 任(1801—1809)< a name = "3">这里是第 3 任的锚</a>< br />
            姓名：托马斯·杰斐逊< br />
            Thomas Jefferson < br />
            生卒：1743—1826 < br />
            政党：民共< br />
            ●第 4 任(1809—1817)< a name = "4">这里是第 4 任的锚</a>< br />
            姓名：詹姆斯·麦迪逊< br />
            James Madison < br />
            生卒：1751—1836 < br />
            政党：民共< br />
            ●第 5 任(1817—1825)< a name = "5">这里是第 5 任的锚</a>< br />
            姓名：詹姆斯·门罗< br />
            James Monroe < br />
            生卒：1758—1831 < br />
            政党：民共< br />
        </font >
        </body >
        </html >
```

在浏览器中的显示效果如图 2-17 所示。

图 2-17　超链接锚应用效果

4. HTML5 新增 download 属性

download 属性规定被下载的超链接目标。该属性也可以设置一个值来规定下载文件的名称。所允许的文件类型有.img、.pdf、.txt、.html 等，浏览器将自动检测正确的文件扩展名，文件大小没有限制。

基本语法格式如下：

```
< a href = "2 - 14 超链接的锚.html" download = "下载文件名">下载</a>
```

注意：只有 Firefox 和 Chrome 浏览器支持 download 属性。

2.3.7 框架标签

框架标签用于在网页的框架定义子窗口。由于框架标签对于网页的可用性有负面影响，所以在 HTML5 不再支持 HTML4 中原有的框架标签< frame >和< frameset >，只保留了内联框架标签< iframe >，也叫浮动框架标签。

iframe 标签也是一个比较特殊的框架，是一个可以放在浏览器中的小窗口，可以出现在页面的任何一个位置上，但是整个页面并一定在框架页面上，iframe 框架完全由开发者定义高度和宽度，以便在网页中嵌套另外一个网页，如例 2-15 所示。

基本语法如下：

```
< iframe src = "文件地址" name = "iframename"></iframe >
  < a href = "target.html" target = "iframename"></a >
```

iframe 标签的属性及描述如表 2-9 所示。

表 2-9 浮动框架属性

属　　性	描　　述	属　　性	描　　述
src	设置源文件路径	scrolling	设置框架滚动条
name	设置框架名称	frameborder	设置框架边框
width	设置内联框架的宽	marginwidth	设置框架左右边框
height	设置内联框架的高	marginheight	设置框架上下边距

【例 2-15】 浮动框架标签应用

```
<!DOCTYPE html >
< html lang = "en">
< head >
    < meta charset = "UTF - 8">
    < title >浮动框架标签应用</title >
</head >
< body >
    < h3 align = "center">浮动框架应用</h3 >
    < iframe src = "https://www.hao123.com/" name = "left"
        width = "300" height = "300" frameborder = "0"></iframe >   
    < iframe src = "http://www.sina.com.cn" name = "right"
        width = "300" height = "300" frameborder = "0" marginwidth = "10px"></iframe >
    < p >
< a href = " " target = "left">
```

```
                     左边浮动框架内显示淘宝网站
               </ a >     
               < a href = "https://www.pinduoduo.com/" target = "right">
                     右边浮动框架内显示拼多多网站
               </ a >
          </ p >
     </body>
     </html>
```

代码解释：在第1个 iframe 标签中插入一个名称为 left 的浮动框架，并为其设置了内部显示的网页、宽、高、边框；在第2个 iframe 标签中插入一个名称为 right 的浮动框架，并为其设置了内部显示的网页、宽、高、边框、左右边距等属性；在 a href 锚点将浮动框架 left、right 设置为超链接的链接目标。在浏览器中的显示效果如图 2-18 所示。单击超链接时会在左、右浮动框架中分别显示不同的页面，如图 2-19 所示。

图 2-18　初始页面显示效果

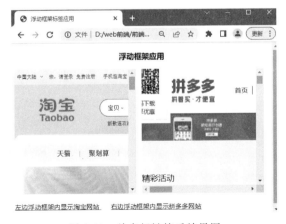

图 2-19　单击超链接后效果图

2.3.8 容器标签

在网页制作过程中,可以把一些独立的逻辑部分划分出来,放在一个标签中,这个标签的作用就相当于一个容器,常用的容器标签有<div>和<span>。

<div>简单而言是一个区块容器标签,也就是说<div></div>之间是一个容器,可以容纳段落、标题、表格、图片、章节、摘要和备注等各种 HTML 元素,因此,可以把<div>与</div>中的内容视为一个独立的对象,用于 CSS 的控制。声明时只要对<div>进行相应的控制,其中的各标签元素都会因此而改变。

<span>标签和<div>标签一样,作为容器标签而被广泛用于 HTML 语言中,如例 2-16 所示。

<div>标签与<span>标签的区别如下。

(1) div 和 span 元素没有特定的语义,都是用来帮助页面排版的元素。

(2)<div>是一个块级(block-level)元素,它包围的元素会自动换行。

(3)<span>仅仅是一个行内元素(Inline Element),在它的前后不会换行。<span>没有结构上的意义,纯粹是应用样式,当其他行内元素都不合适时,就可以使用<span>元素。

(4)容器级的标签(<div>)可以嵌套其他所有的标签,文本的标签(<span>)只能嵌套文字、超链接、图片。

【例 2-16】 容器标签应用

```
<!DOCTYPE html>
<html lang = "en">
    <head>
    <meta charset = "UTF - 8">
<title>容器标签应用</title>
</head>
    <body>
    <p>span标签同行显示</p>
    <span><img src = "images/hua.jpg" width = "100px" /></span>
    <span><img src = "images/hua.jpg" width = "100px" /></span>
    <p>div标签独占一行</p>
    <div><img src = "images/hua.jpg" width = "100px"/></div>
    <div><img src = "images/hua.jpg" width = "100px"/></div>
</body>
</html>
```

在浏览器中的显示效果如图 2-20 所示。

注意:<span>标签可以包含于<div>标签之中,成为它的子元素,而反过来则不成立,即<span>标签不能包含<div>标签。

图 2-20　容器标签应用效果

2.4　列表

列表能将网页中的相关信息进行合理布局，将项目有序或无序地整理在一起，如图 2-21 所示，便于用户的浏览和操作。HTML 中共有 3 种列表，分别是无序列表、有序列表和自定义列表。列表最大的特点就是整齐、整洁、有序。

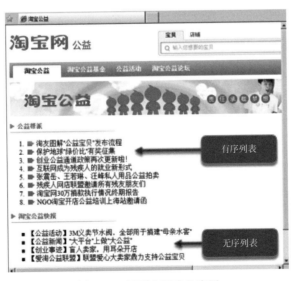

图 2-21　网页中列表的应用

2.4.1 无序列表

无序列表的各个列表项之间没有顺序及级别之分,是并列的。列表项前不用连续编号而用一个特定符号来标记,默认为在每列表项前加一个黑色小圆点,如例 2-17 所示。

基本语法格式如下:

```
< ul type = "类型值">
    <li>列表项 1</li>
    <li>列表项 2</li>
    <li>列表项 3</li>
    ...
</ul>
```

列表项 li 标签的 type 属性取值与 ul 标签相同。设置 ul 标签的 type 属性会使所有的列表项按统一风格显示,设置其中一个 li 列表项的 type 属性值只会影响它自身的显示风格,其他列表则按原样显示。type 属性值与编号样式的对应关系如表 2-10 所示。

表 2-10 无序列表的编号样式

属 性 值	编 号 样 式	属 性 值	编 号 样 式
disc	默认实心圆	square	小方块
circle	空心圆	none	不显示

【例 2-17】 无序列表的应用

```
<!DOCTYPE html>
< html lang = "en">
< head >
    < meta charset = "UTF - 8">
    <title>无序列表的应用</title>
</head >
< body >
    < h5 >中国古代四大美女</h5>
    < ul type = "circle">
        <li>西施</li>
        <li>王昭君</li>
        <li>貂蝉</li>
        <li>杨玉环</li>
    </ul >
    < h5 >中国古代四大名著</h5>
    < ul type = "square">
        <li>水浒传</li>
        <li type = "circle">西游记</li>
        <li>三国演义</li>
```

```
        <li>红楼梦</li>
    </ul>
</body>
</html>
```

在浏览器中的显示效果如图 2-22 所示。

图 2-22　无序列表应用效果

注意：

（1）＜ul＞＜/ul＞中只能嵌套＜li＞＜/li＞，直接在＜ul＞＜/ul＞标签中输入其他标签或者文字的做法是不被允许的。

（2）＜li＞与＜/li＞之间相当于一个容器，可以容纳所有元素。

（3）无序列表会带有自己的样式属性，可以不使用此样式，而是使用 CSS 来处理此类问题。

2.4.2　有序列表

有序列表即有排列顺序的列表，其各个列表项按照一定的顺序排列，如例 2-18 所示。
基本语法格式如下：

```
< ol type = "类型值">
    <li>列表项 1</li>
    <li>列表项 2</li>
    <li>列表项 3</li>
  …
</ol>
```

type 属性值与编号样式的对应关系如表 2-11 所示。

表 2-11　有序列表的编号样式

属　性　值	编　号　样　式
1	使用数字作为项目符号
A/a	使用大写/小写字母作为项目符号
I/i	使用大写/小写罗马数字作为项目符号

【例 2-18】　有序列表应用

```html
<! DOCTYPE html >
< html lang = "en">
< head >
    < meta charset = "UTF - 8">
    < title>有序列表应用</title>
</head >
< body >
    < h5 >奥运会的奖牌榜</h5 >
    < ol type = "1">
        < li>中国</li>
        < li>美国</li>
        < li>俄罗斯</li>
        < li>澳大利亚</li>
    </ol >
    < h5 >乡间小诗</h5 >
    < ol type = "A">
        < li>< font color = "♯0000ff">树上的鸟儿是喧闹的</font ></li>
        < li>< font color = "♯0000ff">水里的鱼儿是沉默的</font ></li>
        < li>< font color = "♯0000ff">天上的云儿是漂泊的</font ></li>
        < li type = "i">< font color = "♯0000ff">地上的人儿是孤独的</font ></li>
    </ol >
</body >
</html >
```

在浏览器中的显示效果如图 2-23 所示。

图 2-23　有序列表应用效果

2.4.3 定义列表

定义列表常用于对术语或名词进行解释和描述,定义列表的列表项前没有任何项目符号。首标签< dl >和尾标签</dl>之间是列表内容,列表项目用标签< dt >引导,列表项目的说明用标签< dd >引导。通常< dt >和< dd >一起出现。一个列表项目可以对应一个说明项,也可以对应多个说明项,如例2-19所示。

定义列表中每个列表项有一个缩进的说明项,与字典的编排格式相同,所以又称为"字典列表"。

基本语法格式如下:

```
< dl >
< dt >名词1</dt>
    < dd >名词1解释1</dd>
    < dd >名词1解释2</dd>
    …
< dt >名词2</dt>
    < dd >名词2解释1</dd>
    < dd >名词2解释2</dd>
    …
</dl>
```

【例2-19】 定义列表的应用

```
<!DOCTYPE html >
< html lang = "en">
< head >
    < meta charset = "UTF - 8">
    < title >定义列表的应用</title>
</head>
< body >
    < h3 >计算机网络的分类</h3>
    < dl >
        < dt >局域网</dt>
        < dd > LAN(Local Area Network)</dd>
        < dd >小区域内使用,成本低易管理</dd>
    </dl>
    < dl >
        < dt >广域网</dt>
        < dd > WAN(Wide Area Network)</dd>
        < dd > Internet 就是典型的广域网</dd>
    </dl>
    < dl >
        < dt >城域网</dt>
```

```
        <dd>MAN(Metropolitan Area Network)</dd>
        <dd>覆盖地理范围介于局域网和广域网</dd>
    </dl>
</body>
</html>
```

在浏览器中的显示效果如图 2-24 所示。

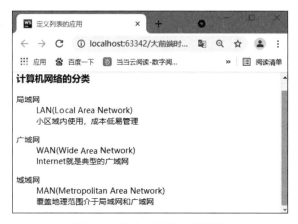

图 2-24 定义列表的应用效果

2.4.4 综合实战

以"模拟试卷"在线考试试题项目为例,综合实验列表标签,如例 2-20 所示。

【例 2-20】 模拟试卷

```
<!DOCTYPE html>
<html lang = "en">
<head>
    <meta charset = "UTF - 8">
    <title>模拟试卷</title>
</head>
<body>
<h1>HTML 在线考试试题</h1>
<ol>
    <li>在 HTML 中,换行使用的标签是()。
        <ol type = "A">
            <li>&lt;br /&gt;</li>
            <li>&lt;p&gt;</li>
            <li>&lt;hr /&gt;</li>
            <li>&lt;img /&gt;</li>
```

```
            </ol>
        </li>
        <li>&lt;img /&gt;标签的()属性用于指定图像的地址。
            <ol type = "A">
                <li> alt </li>
                <li> href </li>
                <li> src </li>
                <li> addr </li>
            </ol>
        </li>
        <li>创建一个超级链接使用的是()标签。
            <ol type = "A">
                <li>&lt;a&gt;</li>
                <li>&lt;ol&gt;</li>
                <li>&lt;img /&gt;</li>
                <li>&lt;hr /&gt;</li>
            </ol>
        </li>
        <li>&lt;img /&gt;标签的()属性用来设置图片与旁边内容的水平距离。
            <ol type = "A">
                <li> hspace </li>
                <li> vspace </li>
                <li> border </li>
                <li> alt </li>
            </ol>
        </li>
        <li>在下面的 HTML 结构中,不属于列表结构的是()。
            <ol type = "A">
                <li> ul - li </li>
                <li> ol - li </li>
                <li> dl - dt - dd </li>
                <li> p - br </li>
            </ol>
        </li>
    </ol>
</body>
</html>
```

上述案例中使用了列表的嵌套,列表的嵌套不仅使网页的内容更加合理美观,而且使其内容看起来更加简洁。列表嵌套分为无序列表嵌套、有序列表嵌套、无序和有序列表的混合嵌套,它们的使用方式相同。

在浏览器中的显示效果如图 2-25 所示。

图 2-25　HTML 在线考试试题效果

2.5　表格

在 HTML 中,使用 < table > 标签来定义表格。HTML 中的表格和 Excel 中的表格类似,都包括行、列、单元格等元素。表格在文本和图像的位置控制方面都有很强的功能。在制作网页时,使用表格可以更清晰地排列数据,如图 2-26 所示。

排名	战队	胜/负	积分	净胜分	博客等级		
					图标	等级	所需积分
1	DYG	13/1	13	26		L1	0
						L2	100
2	成都AG超玩会	12/2	12	26		L3	400
						L4	800
3	WB.TS	10/3	10	21		L5	1600
						L6	4500
4	南京Hero久竞	9/4	9	13		L7	9000
						L8	25000
5	杭州LGD大鹅	8/5	8	3		L9	50000
						L10	100000
						L11	200000
6	RNG.M	8/6	8	-1		L12	300000
						L13	500000

图 2-26　网页中表格的应用场景

2.5.1　表格概述

表格由行、列和单元格 3 部分组成,一般通过 3 个标签来创建,分别是表格标签< table >、行标签< tr >和单元格标签< td >。在学习表格之前,不妨先来看一段简单的 HTML 代码,如例 2-21 所示。

【**例 2-21**】　表格展示

```
<!DOCTYPE html>
<html lang = "en">
    <head>
    <meta charset = "UTF-8">
<title>表格展示</title>
</head>
<body>
<!-- border 属性用于设置表格的边框宽,默认情况下,表格是没有边框的 -->
<table border = "1">
    <tr>
        <th>名称</th>
        <th>官网</th>
        <th>性质</th>
    </tr>
    <tr>
        <td>C 语言中文网</td>
        <td>http://c.biancheng.net/</td>
        <td>教育</td>
    </tr>
    <tr>
        <td>百度</td>
        <td>http://www.baidu.com/</td>
        <td>搜索</td>
    </tr>
    <tr>
        <td>当当</td>
        <td>http://www.dangdang.com/</td>
        <td>图书</td>
    </tr>
    </table>
</body>
</html>
```

在浏览器中的显示效果如图 2-27 所示。

图 2-27　表格展示效果

在上述代码中使用了<table>、<tr>、<td>及<th>共 4 个标签：

（1）<table>表示表格，表格的所有内容需要写在<table>和</table>之间。

（2）<tr>是 Table Row 的简称，表示表格的行。表格中有多少个<tr>标签就表示有多少行数据。

（3）<td>是 Table Datacell 的简称，表示表格的单元格，这才是真正存放表格数据的标签。单元格的数据可以是文本、图片、列表、段落、表单、水平线、表格等多种形式。

（4）<th>是 Table Heading 的简称，表示表格的表头。<th>其实是<td>单元格的一种变体，本质上还是一种单元格。<th>一般位于第 1 行，充当每列的标题。大多数浏览器会把表头显示为粗体居中的文本。

定义一个表格时所使用的标签如表 2-12 所示。

表 2-12　常用表格标签及描述

标　签	描　述	标　签	描　述
<table>	定义表格	<th>	定义表头
<tr>	定义行	<thead>	定义表格头
<td>	定义单元格	<tbody>	定义表格的主体
<caption>	定义表格标题	<tfoot>	定义表格脚

注意：<tr>只能包含<td>或<th>。

2.5.2　表格标题

使用<caption>标签为表格设置标题，标题用来描述表格的内容。

常见的表格一般有标题，表格的标题使用<caption>标签来表示。默认情况下，表格的标题位于整个表格的第 1 行并且居中显示。一个表格只能有一个标题，也就是说<table>标签中只能有一个<caption>标签，如例 2-22 所示。

【例 2-22】　表格标题

```
<!DOCTYPE html>
<html lang = "en">
<head>
    <meta charset = "UTF-8">
    <title>表格标题</title>
</head>
<body>
    <table>
        <caption>动物世界</caption>
        <tr>
            <th>动物名称</th>
            <th>物种</th>
            <th>生活习性</th>
            <th>食性</th>
```

```
        </tr>
        <tr>
            <td>老虎</td>
            <td>猫科动物</td>
            <td>单独活动</td>
            <td>肉食</td>
        </tr>
        <tr>
            <td>狮子</td>
            <td>猫科动物</td>
            <td>集群</td>
            <td>肉食</td>
        </tr>
        <tr>
            <td>大象</td>
            <td>象鼩科动物</td>
            <td>集群</td>
            <td>草食</td>
        </tr>
    </table>
</body>
</html>
```

在浏览器中的显示效果如图 2-28 所示。

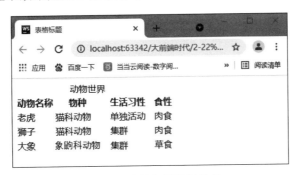

图 2-28　表格标题使用效果

2.5.3　表格属性

表格在网页中是数据分析的最好展示工具之一,在实际应用中借助于表格标签和标签属性可以完成表格的装饰和美化。表格标签的属性如表 2-13 所示。

表 2-13　表格标签的属性、值及描述

属　　性	值	描　　述
width	px、%	规定表格的宽度
align	left、center、right	设置表格在网页中的水平对齐方式

续表

属 性	值	描 述
border	px	规定表格边框的宽度
bgcolor	rgb(x,x,x)、#xxxxxx、colorname	表格的背景颜色
cellpadding	px、%	单元边沿与其内容之间的空白
cellspacing	px、%	单元格之间的空白
frame	above、below、hsides、vsides、lhs、rhs、border、void	规定外侧边框的哪部分是可见的
rules	none、all、rows、cols、groups	规定内侧边框的哪部分是可见的

表格中各自属性所控制的区域如图 2-29 所示,表格属性的设置如例 2-23 所示。

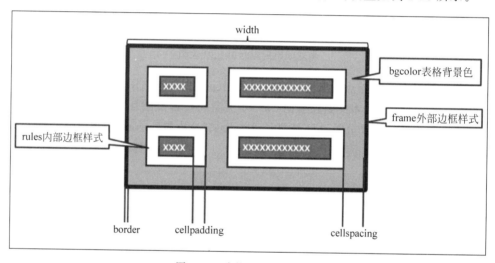

图 2-29　表格属性控制区域

【例 2-23】　表格属性设置

```
<!DOCTYPE html>
<html lang = "en">
<head>
    <meta charset = "UTF-8">
    <title>表格属性设置</title>
</head>
<body>
    <!-- 设置表格属性: cellpadding 内容与边框的距离 cellspacing 单元格之间的距离
    bordercolor 背景颜色 bgcolor 边框颜色 align 水平对齐方式 -->
    <table border = "2" cellpadding = "10" cellspacing = "0"
            bordercolor = "red" bgcolor = "aqua" width = "500px"
            height = "20px"align = "center">
        <tr>
```

```
            <th>编号</th>
            <th>姓名</th>
            <th>成绩</th>
        </tr>
        <tr>
            <td>100861</td>
            <td>张三</td>
            <td>80</td>
        </tr>
        <tr>
            <td>100862</td>
            <td>李四</td>
            <td>90</td>
        </tr>
    </table>
</body>
</html>
```

在浏览器中的显示效果如图 2-30 所示。

图 2-30　表格属性设置效果展示

2.5.4　表格行和列的属性

表格中行、列属性的设置与表格的属性设置类似，只需将相关的属性值添加在行、列标签中。

表格中行<tr>的属性用于设置表格某一行的样式，其属性设置如表 2-14 所示。

表 2-14　行标签的属性表

属　　性	描　　述	属　　性	描　　述
height	行高	valign	行内容的垂直对齐
align	行内容的水平对齐	bordercolor	行的边框颜色
bgcolor	行的背景颜色		

表格列标签< td >、< th >的属性可以设置表格单元格的显示风格,其属性设置如表 2-15
所示。

表 2-15 列标签的属性表

属　　　性	描　　　述	属　　　性	描　　　述
height	单元格高度	width	单元格宽度
valign	单元格内容的垂直对齐	background	单元格背景图像
align	单元格内容的水平对齐	rowspan	单元格跨行
bordercolor	单元格的边框颜色	colspan	单元格跨列
bgcolor	单元格的背景颜色		

表格行、列属性的设置应用如例 2-24 所示。

【例 2-24】 设置表格行、列属性

```html
<! DOCTYPE html >
< html lang = "en">
< head >
    < meta charset = "UTF - 8">
    <title>设置表格行、列属性</title>
</head>
< body >
    < table border = "1" width = "500px" align = "center">
        < tr height = "60px" bgcolor = "♯a9a9a9">
            < th >编号</th>
            < th >姓名</th>
            < th >成绩</th>
        </tr>
        < tr align = "center" height = "60px" valign = "middle">
            < td > 100861 </td>
            < td background = "images/zly.png">张三</td>
            < td > 80 </td>
        </tr>
        < tr >
            < td width = "30px" height = "30px"> 100862 </td>
            < td align = "center" bgcolor = "aqua">李四</td>
            < td > 90 </td>
        </tr>
    </table>
</body>
</html>
```

在浏览器中的显示效果如图 2-31 所示。

图 2-31　表格行、列属性应用效果

2.5.5　合并单元格

和 Excel 类似,HTML 也支持单元格的合并,包括跨行合并和跨列合并两种。

(1) rowspan:表示跨行合并。在 HTML 代码中,允许使用 rowspan 属性来表明单元格所要跨越的行数。

(2) colspan:表示跨列合并。同样,在 HTML 中,允许使用 colspan 属性来表明单元格所要跨越的列数。

使用格式如下:

```
< td rowspan = "n">单元格内容</td>
< td colspan = "n">单元格内容</td>
```

n 是一个整数,表示要合并的行数或者列数。

将多个内容合并时,会有多余的单元格,需把它们删除。例如,把 3 个 td 合并成一个,那就多余了两个,需要删除,即删除的个数 = 合并的个数－1,如例 2-25 所示。

【例 2-25】　合并单元格

```
<! DOCTYPE html >
< html lang = "en">
< head >
    < meta charset = "UTF - 8">
    <title>合并单元格</title>
</head >
< body >
    < table border = "1px" width = "300px" height = "300px" align = "center">
        < tr >
            < td colspan = "2"></td>
            < td rowspan = "2"></td>
```

```
        </tr>
        <tr>
            <td rowspan = "2"></td>
            <td></td>
        </tr>
        <tr>
            <td colspan = "2"></td>
        </tr>
    </table>
</body>
</html>
```

在浏览器中的显示效果如图 2-32 所示。

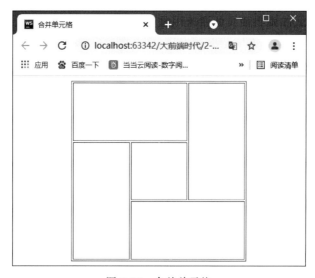

图 2-32　合并单元格

注意：不论是 rowspan 还是 colspan 都是 < td > 标签的属性。

2.5.6　表格嵌套

表格的嵌套就是表格里又有表格，表格的嵌套作用一方面可以使外观更漂亮，另一方面出于布局的需要，或者两者皆有。只要在外表格（最外面的表格）的< td ></td>标签间嵌套对应的 table 标签就行了，如例 2-26 所示。

基本语法如下：

```
<table>
    <tr>
        <td><!-- 单元格内嵌套表格 -->
```

```
            < table >
                < tr >
                    < td >...</td >
                    ...
                </tr >
                ...
            </table >
        </td >
        < td >...</td >
        ...
    </tr >
    ...
</table >
```

【例2-26】 表格嵌套

```
<! DOCTYPE html >
< html lang = "en">
< head >
    < meta charset = "UTF - 8">
    < title > Title </title >
</head >
< body >
< table width = "600px" align = "center" border = "1">
    < caption style = "font:bold 24px/3 microsoft yahei">表格嵌套代码演示
    </caption >
    < thead bgcolor = " ♯ 33FF66">
    < tr height = "60px" align = "center">
        < td width = "200px">网站 logo </td >
        < td width = "400px">网站头部内容</td >
    </tr >
    </thead ><!-- 网站头部结束 -->
    < tfoot bgcolor = " ♯ 6699FF">
    < tr height = "80">
        < td colspan = "2" align = "center">网站底部信息</td >
    </tr >
    </tfoot ><!-- 网站底部结束 -->
    < tbody bgcolor = " ♯ FFFF99">
    < tr height = "200">
        < td width = "200px" align = "center">
            < table width = "80 %" height = "90 %" border = "1" bgcolor = " ♯ 99FF33"
                style = "text - align:center; color: ♯ F00">
            < tr >
                < td >导航栏目一</td >
                </tr >
            < tr >
                < td >导航栏目二</td >
            </tr >
< tr >
```

```
                <td>导航栏目三</td>
            </tr>
            <tr>
                <td>导航栏目四</td>
            </tr>
            <tr>
                <td>导航栏目五</td>
            </tr>
        </table><!-- 第1个表格嵌套结束 -->
    </td>
    <td width = "400" height = "200" align = "center">
        <table width = "90%" height = "90%" border = "1" bgcolor = "#FF9900"
            style = "text-align:center; color:#fff;
                font-size:24px">
            <tr>
                <td>网站模板一</td>
                <td>网站模板二</td>
            </tr>
            <tr>
                <td>网站模板三</td>
                <td>网站模板四</td>
            </tr>
        </table><!-- 第2个表格嵌套结束 -->
    </td>
    </tr>
    </tbody><!-- 网站主体结束 -->
</table>
</body>
</html>
```

在浏览器中的显示效果如图 2-33 所示。

图 2-33　表格嵌套效果图

2.5.7　综合实战

以"淘宝店铺"项目为例,利用表格及常用标签对淘宝网站首页的布局进行设计,使用表格标签及标签属性的设置来美化表格,设计效果如图 2-34 所示。

图 2-34　淘宝店铺页面

淘宝店铺页面的布局分为头部区域、主体区域、底部区域。头部区域包含了 logo、搜索框及导航条;主体区域分为左右两侧,主要是店铺和商品信息的详细描述;底部区域主要是友情链接。

1. 头部设计

头部区域的布局采用两个表格分别对 logo、搜索框、导航条等图片进行引入,具体的代码如下:

```
<!-- 头部区域开始 -->
< table width = "950" border = "0" align = "center" cellpadding = "0"
        cellspacing = "0">
    < tr >
        < td >< img src = "images/logo.gif" width = "140" height = "35"
        /></td>
        < td align = "right">< img src = "images/search.gif" width = "600"
        height = "57" /></td>
    </tr>
</table>
```

```
< br />
< table width = "950" border = "0" align = "center" cellpadding = "0"
    cellspacing = "0">
    < tr >
        < td >< img src = "images/navbar.gif" width = "950" height = "34"
        />< /td >
    </tr >
    < tr >
        < td height = "30">淘宝首页 &gt; 店铺街 &gt; 所有店铺(4626173)</td >
    </tr >
</table >
<!-- 头部区域结束 -->
```

2. 主体设计

主体区域分为左右两侧区域,本质是表格的左右两列。右侧区域中每个店铺是一个完整的表格,共 3 个店铺,即在右侧列中嵌套了 3 个完整的表格,具体的代码如下:

```
<!-- 主体区域开始 -->
< table width = "950" border = "0" align = "center" cellpadding = "0"
    cellspacing = "0">
    < tr >
        <!-- 主体的左侧区域 -->
        < td width = "190" valign = "top">
            < table width = "100 %" border = "0" cellspacing = "0"
                        cellpadding = "4">
                < tr >
                    < td bgcolor = "#e5f1ff">< strong >淘店</strong ></td >
            </tr >
                < tr >
                    < td >< img src = "images/shop_search.gif" width = "181"
                    height = "350" />< /td >
            </tr >
            </table ></td >
    < td ></td >
    <!-- 主体的右侧区域 -->
    < td width = "750" valign = "top">< img
    src = "images/list_header.gif" width = "750" height = "67" />
        <!-- 第 1 个店铺表格 -->
        < table width = "100 %" border = "0" cellspacing = "0"
        cellpadding = "0">
            < tr >
                < td width = "90" height = "90" rowspan = "3" align = "center">
                < img src = "images/shop_ico_01.gif" width = "70"
                height = "70" />
                </td >
                < td width = "268" height = "24">< a href = "#">韩都衣舍旗舰店</a >
```

```
        </td>
        < td width = "82" align = "center">  </td>
        < td width = "95" align = "center">  </td>
        < td width = "86" align = "center">  </td>
        < td align = "center">  </td>
    </tr>
    < tr >
        < td height = "24">主营宝贝：韩都衣舍 2011 现货</td>
        < td align = "center">< p > 8122 </p ></td>
        < td align = "center">< img src = "images/online.gif"
                width = "77" height = "19" /></td>
        < td align = "center">山东济南</td>
        < td align = "center">旗舰店</td>
    </tr>
    < tr >
        < td height = "24">< img src = "images/baozhang.gif"
                width = "46" height = "15" /></td>
        < td align = "center">  </td>
        < td align = "center">
            < img src = "images/icon_shangcheng.gif" width = "28"
             height = "16" />
        </td>
        < td align = "center">  </td>
        < td align = "center">  </td>
    </tr>
    < tr >
        < td height = "1" colspan = "6" bgcolor = " ♯ eeeeee"></td>
    </tr>
</table>
<!-- 第 2 个店铺表格 -->
< table width = "100 % " border = "0" cellspacing = "0"
            cellpadding = "0">
    < tr >
        < td width = "90" height = "90" rowspan = "3" align = "center">
            < img src = "images/shop_ico_02.gif" width = "70"
             height = "70" />
        </td>
        < td width = "268" height = "24">< a href = " ♯ "> osa 品牌服饰旗舰店</a></td>
        < td width = "82" align = "center">  </td>
        < td width = "95" align = "center">  </td>
        < td width = "86" align = "center">  </td>
        < td align = "center">  </td>
    </tr>
    < tr >
        < td height = "24">主营宝贝：t 恤 连衣裙 女装</td>
        < td align = "center">< p > 696 </p ></td>
```

```
                    < td align = "center" >< img src = "images/online.gif"
                        width = "77" height = "19" /></td >
                    < td align = "center" >广东深圳</td >
                    < td align = "center" >旗舰店</td >
                </tr >
                < tr >
                    < td height = "24" >< img src = "images/baozhang.gif"
                        width = "46" height = "15" /></td >
                    < td align = "center" >  </td >
                    < td align = "center" >
                        < img src = "images/icon_shangcheng.gif"
                        width = "28" height = "16" />
                    </td >
                    < td align = "center" >  </td >
                    < td align = "center" >  </td >
                </tr >
                < tr >
                    < td height = "1" colspan = "6" bgcolor = " # eeeeee"></td >
                </tr >
            </table >
            <!-- 第 3 个店铺表格 -->
            < table width = "100 %" border = "0" cellspacing = "0"
                    cellpadding = "0" >
                < tr >
                    < td width = "90" height = "90" rowspan = "3" align = "center" >
                    < img src = "images/shop_ico_03.gif"
                    width = "70" height = "70" />
                    </td >
                    < td width = "268" height = "24" >< a href = " # " >andostore 安都专卖店</a >
        </td >
                    < td width = "82" align = "center" >  </td >
                    < td width = "95" align = "center" >  </td >
                    < td width = "86" align = "center" >  </td >
                    < td align = "center" >  </td >
                </tr >
                < tr >
                    < td height = "24" >主营宝贝：andostore t 恤 连衣裙</td >
                    < td align = "center" >< p > 321 </p ></td >
                    < td align = "center" >< img src = "images/online.gif"
                        width = "77" height = "19" /></td >
                    < td align = "center" >湖北武汉</td >
                    < td align = "center" >旗舰店</td >
                </tr >
                < tr >
                    < td height = "24" >< img src = "images/baozhang.gif"
                        width = "46" height = "15" /></td >
                    < td align = "center" >  </td >
                    < td align = "center" >
```

```
                    < img src = "images/icon_shangcheng.gif"
                    width = "28" height = "16" />
                    </td>
                < td align = "center">  </td>
                < td align = "center">  </td>
            </tr>
            < tr >
                < td height = "1" colspan = "6" bgcolor = "#eeeeee"></td>
            </tr>
        </table>
    </tr>
</table>
<!-- 主体区域结束 -->
```

3. 底部设计

底部区域也通过表格布局引入图片,具体的代码如下:

```
<!-- 底部区域开始 -->
    < table width = "950" border = "0" align = "center" cellpadding = "0" cellspacing = "0">
        < tr >
            < td >< img src = "images/footer.gif" width = "950" height = "79" /></td>
        </tr>
    </table>
<!-- 底部区域结束 -->
```

2.6 表单

现实中的表单类似我们去银行办理信用卡填写的单子。在我们设计的网页中,也需要跟用户进行交互,收集用户资料,此时也需要表单。表单在网页中主要负责数据采集,它用< form >标签定义。用户输入的信息都要包含在< form >标签中,通过按钮提交后,< form >、</ form >之间包含的数据将被提交到服务器或者电子邮件里。

表单在网页中用来供访问者填写信息,从而能采集客户端信息,使网页具有交互的功能。一般是将表单设计在一个 HTML 文档中,当用户填写完信息后执行提交(submit)操作,于是表单的内容就从客户端的浏览器传送到服务器端,经过服务器上的 ASP 或 PHP 等处理程序处理后,再将用户所需信息传送回客户端的浏览器上,这样网页就具有了交互性。表单应用的场景一般有登录注册、搜索框等,如图 2-35 所示。

在 HTML 中,一个完整的表单通常由表单控件(表单元素)、提示信息和表单域 3 部分构成,如图 2-36 所示。

对表单构成中的表单控件、提示信息和表单域的具体解释如下。

(1) 表单控件:包含了具体的表单功能项,如单行文本输入框、密码输入框、复选框、提

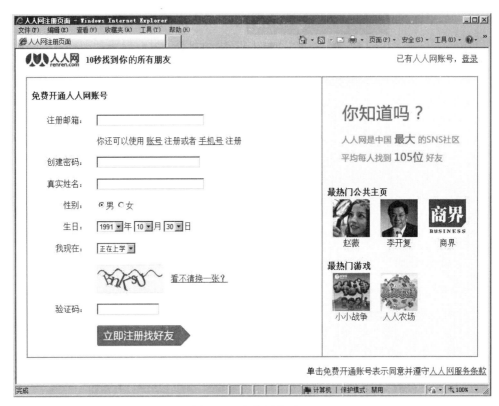

图 2-35　表单网站页面

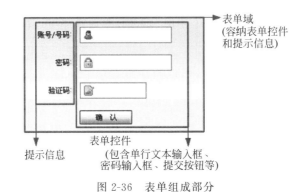

图 2-36　表单组成部分

交按钮、搜索框等。

（2）提示信息：一个表单中通常还需要包含一些说明性的文字，提示用户进行填写和操作。

（3）表单域：指<form>标签本身，它是一个包含表单元素的区域。相当于一个容器，用来容纳所有的表单控件和提示信息，可以通过它处理表单数据所用程序的 URL 网址，定义数据提交到服务器的方法。如果不定义表单域,表单中的数据就无法传送到后台服务器。

2.6.1　表单标签< form >

表单< form >标签是成对标签,用于定义一个完整的表单框架,其内部所包含的各式各样的表单控件数据将被完整地提交给服务器。

表单的基本语法格式如下:

```
< form action = "URL 网址" method = "提交方式" name = "表单名称">
    各种表单控件
</ form >
```

表单标签的常用属性主要有 name、action、method、enctype 等,其属性、取值及描述如表 2-16 所示。

表 2-16　表单标签属性、取值及描述

属 性	值	描 述
name	自定义表单名称	规定表单的名称,唯一性
action	URL	表单提交的地址
method	get 或 post	表单提交方式,默认为 get
enctype	text/plain multipart/form-data application/x-www-form-urlencoded	规定在表单发送数据之前的编码

method 属性用于设置表单数据的提交方式,其取值为 get 或 post,二者的区别如下:

(1) get 方式提交的数据参数会直接拼接在 URL 后面,直接在浏览器网址栏可以看到全部内容,而 post 方式则看不到。

(2) get 方式一般用于提交少量数据,最多提交 2KB 数据;post 方式用来提交大量数据,post 理论上对数据量没有限制,完全取决于服务器的限制要求。

(3) post 方式适用于安全级别相对较高的数据,而 get 方式相对不安全。

enctype 属性用于规定表单数据发送时的编码方式,有以下 3 种属性值。

(1) text/plain:主要用于向服务器传递大量文本数据,比较适用于电子邮件的应用。

(2) multipart/form-data:上传二进制数据,只有使用了 multipart/form-data 才能完整地对文件数据进行上传操作。

(3) application/x-www-form-urlencoded:是其默认值。该属性主要用于处理少量文本数据的传递。在向服务器发送大量文件(包含非 ASCII 字符的文本或二进制数据)时效率很低。

单纯的< form >标签不包含任何可视化内容,需要与表单组件配合使用达到完整的表单效果。

2.6.2　输入标签< input >

< input >标签为单标签,type 属性为其最基本的属性,其取值有多种,用于指定不同的控件类型,如文本输入框、密码框、单选和复选框等。除了 type 属性之外,< input >标签还可以定义很多其他的属性,其常用属性如表 2-17 所示。

表 2-17　< input >标签常用属性

属　　性	值	描　　述
type	text、password、checkbox、radio、submit、reset、file、hidden、image、button	指定 input 元素的类型。text:单行文本输入框;password:密码框;checkbox:复选框;radio:单选框;submit:提交按钮;reset:重置按钮;file:文件上传;hidden:隐藏框;image:图像框;button:普通按钮
name	自定义名称	指定表单元素的名称。如果没有写 name 属性值,则表单组件的数据不能被正确提交
value	文本值	元素的初始值
size	数值	指定表单元素的初始宽度
maxlength	数值	指定输入框中输入的最大字符数
checked	checked	当 type 为 radio 或 checkbox 时,指定按钮是否被选中
disabled	disabled	指定加载时禁用此元素
readonly	readonly	将文本框内容指定为只读

< input >标签的基本语法格式如下:

```
< input type = "输入类型" name = "自定义名称">
```

1. 单行文本框

在< input >标签中,type 的属性值为 text 时表示单行文本输入框,这也是 type 属性的默认值。这是见得最多也是使用最多的属性值,例如登录时输入用户名,注册时输入电话号码、电子邮件、家庭住址等。

基本语法格式如下:

```
< input type = "text" name = "自定义名称">
```

单行文本的 name 属性值必须是唯一的,可以使用 size 属性将文本框可见字符的宽度设置为 20,使用 maxlength 属性设置最多允许输入 10 个字符。默认情况下,单行文本框首次加载时内容为空,可以为其 value 属性预设初始文本,代码如下:

```
< input type = "text" name = "username" size = "20" maxlength = "10" value = "admin">
```

2. 密码框

在<input>标签中,type 的属性值为 password 时表示密码框,和单行文本框最大的区别是当在此输入框输入信息时显示为保密字符,其余特征和单行文本框相同,如例 2-27所示。

基本语法如下:

```
< input type = "password"name = "自定义名称">
```

【例 2-27】 用户信息输入

```
<!DOCTYPE html>
< html lang = "en">
< head >
    < meta charset = "UTF - 8">
    <title>用户信息输入</title>
</head >
< body >
    < form action = "">
        姓名:< input type = "text" name = "username" size = "20" maxlength = "10"
            value = ""><br>
        身份:< input type = "text" name = "sf" maxlength = "20" readonly
            value = "学生"><br>
        密码:< input type = "password" name = "pwd" size = "20" maxlength = "15">
    </form >
</body >
</html >
```

在浏览器中的显示效果如图 2-37 所示。

图 2-37 输入用户信息

注意：表单控件要想正确提交,必须设置 name 属性。

3. 单选按钮

在<input>标签中,type 的属性值为 radio 时表示单选按钮,默认样式是小圆圈,通常出现在多选一的页面设定中。

基本语法格式如下：

```
< input type = "radio" name = "自定义名称" value = "值">
```

多个 radio 类型的按钮可以组合在一起使用，为它们添加相同的 name 属性值即可表示这些单选按钮属于同一个组。name 值一定要相同，否则就不能多选一，其中 value 属性值为该表单元素在提交数据时传递的数据值，示例代码如下：

```
< input type = "radio" name = "gender"value = "女"/> 女
< input type = "radio" name = "gender" value = "男" /> 男
```

单选按钮可以使用 checked 属性设置默认选项。checked 属性的完整写法为 checked ＝ "checked"，可简写为 checked。如果没有使用 checked 属性，则首次加载时所有选项均处于未被选中状态，示例代码如下：

```
< input type = "radio" name = "gender"value = "女"/> 女
< input type = "radio" name = "gender" value = "男" checked/> 男
```

注意：只能为单选按钮组的其中一个选项使用 checked 属性。

4. 复选框

在<input>标签中，type 的属性值为 checkbox 时表示复选框，复选框也叫多选框。

基本语法格式如下：

```
< input type = "checkbox" name = "自定义名称" value = "值">
```

用户可以选择多个选项，其中 value 属性中的值用来设置用户选中该项目后提交到服务器中的值，name 为复选框的名称，相同的 name 属性值即可表示这些复选框属于同一个组，即使在同一个组内复选框也允许多选，而且在复选框中允许多个选项同时使用 checked 属性，并且允许默认选中多个选项，示例代码如下：

```
< input type = "checkbox" name = "hobby" value = "zq" checked /> 足球
< input type = "checkbox" name = "hobby" value = "ymq" checked /> 羽毛球
< input type = "checkbox" name = "hobby" value = "lq"/> 篮球
< input type = "checkbox" name = "hobby" value = "ppq"/> 乒乓球
```

复选框与单选按钮的应用如例 2-28 所示。

【例2-28】 复选框与单选按钮的应用

```
<!DOCTYPE html>
<html lang="en">
<head>
    <meta charset="UTF-8">
    <title>复选框与单选按钮的应用</title>
</head>
<body>
    <form action="">
        <!-- 单选框 -->
        性别: <input type="radio" name="sex" checked value="男">男
        <input type="radio" name="sex" value="女">女
        <!-- 复选框 -->
        <br><br>
        最喜欢的游戏:
        <input type="checkbox" name="fav" value="LOL" checked>英雄联盟
        <input type="checkbox" name="fav" value="shoot">喷射战士
        <input type="checkbox" name="fav" value="zelder" checked>塞尔达传说
        <input type="checkbox" name="fav" value="mario">马里奥
    </form>
</body>
</html>
```

在浏览器中的显示效果如图2-38所示。

图2-38 复选框与单选按钮的应用效果

5. 提交按钮

在<input>标签中,type的属性值为submit时表示提交按钮,在单击"提交"按钮时可以向服务器发送表单数据,数据会发送到表单的action属性中指定的页面,value属性中的值为按钮上显示的文字。

基本语法格式如下:

```
<input type="submit" value="提交" />
```

如果不设置value属性值,则它的初始值为"提交查询按钮"。

6. 重置按钮

在<input>标签中,type的属性值为reset时表示重置按钮,重置按钮的作用是单击按钮之后表单会刷新回到默认状态,清空表单中所有的数据。在 value 属性中输入的值为按钮上显示的文本。

基本语法格式如下:

```
< input type = "reset" value = "清空" />
```

7. 普通按钮

在< input >标签中,type 的属性值为 button 时表示普通按钮,value 属性值为按钮上显示的文本。

基本语法格式如下:

```
< input type = "button" value = "值" />
```

该按钮在单击后无任何效果,需要和 JS 脚本配合使用。可以为其添加 onclick 事件,当用户单击按钮时触发事件并执行代码,示例代码如下:

```
< input type = "button" value = "Go!"
onclick = "window.open('http://www.baidu.com')">
```

8. 图片按钮

在< input >标签中,type 的属性值为 image 时表示图片按钮,这个功能是将图片转换为图片形式按钮,该按钮的单击效果与 submit 按钮的单击效果完全一样,也是用于表单数据的提交。

基本语法格式如下:

```
< input type = "image" src = "URL" alt = "替代文本"/>
```

图片提交按钮需要配合 src 和 alt 属性使用,其中 src 是图片的路径,alt 属性是图片无法正常显示时的替代文本内容,示例代码如下:

```
< input type = "image" src = "images/btn.png" alt = "提交" />
```

使用< input >标签中的 image 类型生成图片提交按钮,可以替代纯文字的 submit 按钮,如例 2-29 所示。

【例 2-29】 3 种按钮的应用

```
<!DOCTYPE html>
< html lang = "en">
< head >
    < meta charset = "UTF - 8">
```

```
        <title>3种按钮的应用</title>
    </head>
    <body>
        <form action = "http://www.baidu.com">
            姓名: <input type = "text" name = "username" value = ""><br>
            密码: <input type = "password" name = "pwd"><br>
            <input type = "submit" value = "提交">
            <input type = "reset" value = "清空">
            <input type = "image" src = "images/btn.png" alt = "登录" />
        </form>
    </body>
</html>
```

在浏览器中的显示效果如图 2-39 所示。

(a) 首次加载时输入信息数据

(b) 单机"提交"或图片"登录"按钮后的效果

图 2-39 3种按钮的应用效果

当单击图 2-39(a)中的"提交"或图片"登录"按钮时会跳转到百度页面。输入的信息数据以"name 属性值＝value 属性值"(键-值对)形式提交于服务器中,如 username＝admin。

注意:表单控件要想正确提交,必须设置 name 属性。用户在控件中输入的数据默认会赋值给 value 属性。

9. 文件上传

在<input>标签中,type 的属性值为 file 时表示文件上传,使用户可以选择一个或多个元素以提交表单的方式上传到服务器。

基本语法格式如下:

```
<input type = "file" name = "自定义名称" />
```

除了被所有＜input＞标签共享的公共属性,file 类型的＜input＞标签还支持下列属性,如表 2-18 所示。

表 2-18　file 类型的＜input＞标签支持的属性

属　　性	描　　述
accept	一个或多个期望的文件类型
capture	捕获图像或视频数据的源
files	FileList 列出了已选择的文件
multiple	布尔值,如果出现,则表示用户可以选择多个文件

file 类型的＜input＞标签特有属性的详细讲解如下。

（1）accept:accept 属性是一个字符串,它定义了文件 input 应该接受的文件类型,示例代码如下:

```
< input accept = "audio/ * ,video/ * ,image/ * ">
```

（2）capture:capture 属性指出了文件 input 是图片还是视频/音频类型,如果存在,则请求使用设备的媒体捕获设备(如摄像机),而不是请求一个文件输入。

（3）files:FileList 对象每个已选择的文件。如果 multiple 属性没有指定,则这个列表只有一个成员。

（4）multiple:当将布尔类型属性指定为 multiple 时,文件 input 允许用户选择多个文件。用户可以用他们选择的平台允许的任何方式从文件选择器中选择多个文件(如按住 Shift 或 Ctrl 键,然后单击)。如果只想让用户为每个＜input＞选择一个文件,则可省略 multiple 属性。

让我们来看一个完整文件上传的示例,如例 2-30 所示。

【例 2-30】　多格式文件上传应用

```
<! DOCTYPE html >
< html lang = "en">
< head >
    < meta charset = "UTF - 8">
    < title >文件上传应用</title>
</head >
< body >
    <!-- 上传文件时
        请求方法(method)应该设置为 POST
        编码类型(enctype: encode type)应该设置为 multipart/form - data -->
    < form action = "#" method = "POST" enctype = "multipart/form - data">
        <!-- accept 表示期望的文件类型。格式:
        image/ *
        .jpg,.png 或其他文件扩展名(后缀名)
```

```
                accept 不是强制的,用户可以通过在弹出框上选择"所有文件"来选择任何文件
                添加 multiple 属性支持多文件上传 -->
                <h5>图片格式文件:</h5>
                <input type = "file" name = "file01" accept = ".jpg,.png" multiple>
                <h5>Word 格式文件:</h5>
                <input type = "file" name = "file02"
                    accept = ".doc,application/msword" multiple>
                <h5>所有格式文件:</h5>
                <input type = "file" name = "file03"><br>
                <input type = "submit" value = "上传">
            </form>
    </body>
</html>
```

在浏览器中的显示效果如图 2-40 所示。

(a) 首次加载后的效果　　　　　　　　(b) 选中图片格式文件效果

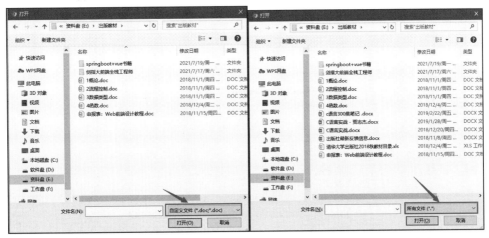

(c) 选中Word格式文件的效果　　　　　(d) 选中所有文件类型的效果

图 2-40　多格式文件上传应用效果

10. 隐藏域

在<input>标签中,type 的属性值为 hidden 时表示隐藏域,隐藏域在页面中对于用户来讲是不可见的,在表单中插入隐藏域的目的在于收集或发送信息,以利于被处理表单的程序所使用。

基本语法格式如下:

```
< input type = "hidden" name = "自定义名称" value = "">
```

浏览者单击"发送"按钮发送表单时,隐藏域的信息也被一起发送到服务器。有些时候我们要给用户一信息,让他在提交表单时确定用户的身份,如例 2-31 所示。

【**例 2-31**】 隐藏域的应用

```
<! DOCTYPE html >
< html lang = "en">
< head >
    < meta charset = "UTF - 8">
    <title>隐藏域的应用</title>
</head >
< body >
    < form action = "">
    用户名: < input type = "text" name = "username"><br >
        密码: < input type = "password" name = "pwd"><br >
        <!-- 插入隐藏域,用户看不见 -->
        < input type = "hidden" name = "user" value = "admin">
        < input type = "submit" value = "登录">
    </form >
</body >
</html >
```

在浏览器中的显示效果如图 2-41 所示。

图 2-41 隐藏域的应用效果

2.6.3　标记标签< label >

在 HTML 中< label >标签不会向用户展示任何特殊内容,它的作用是把自己与其他标签"绑定"起来,也可以说是与其他元素关联到一起。它提升了用户的使用体验,当用户单击由< label >元素定义的文本内容时,与该文本内容关联的输入控件将获得焦点。

< label >与其他元素关联的方式有以下两种。

(1) 显式关联:显式关联只要< label >的 "for" 属性值和目标标签的 ID 属性值一致即可。

(2) 隐式关联:隐式关联可通过标签嵌套完成。

1. 显式关联

一个具有两个文本输入框及相关标签(label)的 HTML 表单,示例代码如下:

```
< form >
  < label for = "male">男</label>
  < input type = "radio" name = "sex" id = "male" />
  < br />
  < label for = "female">女</label>
  < input type = "radio" name = "sex" id = "female" />
</form >
```

当单击文本内容或文本框时都会在文本框中聚焦,这就是< label >标签的功能。

2. 隐式关联

现在把< input >标签嵌套到< label >标签中以实现隐式关联,示例代码如下:

```
< form >
    < label >< input type = "radio" name = "sex" value = "男"/>男</label>
    < label >< input type = "radio" name = "sex" value = "女"/>女</label>
</form >
```

2.6.4　多行文本标签< textarea >

在使用表单时,例如姓名、年龄字段一般使用单行文本框,但是当涉及描述信息且内容比较多时,单行文本框很有可能放不下所有的内容,这时就需要用到多行文本框。

在 HTML 中,使用 < textarea > 标签来表示多行文本框,又叫作文本域。与其他 <input > 标签不同,< textarea > 标签是闭合标签,它包含起始标签和结束标签,文本内容需要写在两个标签中间。

具体语法格式如下:

```
< textarea name = "自定义名称" cols = "x" rows = "y">文本内容 </textarea >
```

文本域< textarea >的属性解释：

（1）同所有表单元素相同，文本域要想正确提交数据，也必须设置 name 属性。

（2）cols 属性用来指定每行可以显示的字符数，也就是文本域的可见宽度。一般情况下，如果内容超出文本域宽度，会自动换行显示。

（3）rows 属性用来设置文本域的可见行数，也就是文本域的高度。当文本内容超出设置高度时，会出现纵向滚动条。用户拖动滚动条可以查看全部内容。

默认情况下，< textarea >标签形成的多行文本框是可编辑状态，可以使用 readonly 属性将文本域设置为只读状态，或使用 disabled 属性禁用该文本域，如例 2-32 所示。

【例 2-32】 文本域的应用

```html
<!DOCTYPE html>
< html lang = "en">
< head >
    < meta charset = "UTF - 8">
    < title >文本域的应用</title>
</head >
< body >
    < form action = "" method = "post">
        可编辑描述：
        < textarea name = "description" rows = "6" cols = "40">
        这本「剑指大前端时代」可以帮助读者快速提升技能，其中包含了作者大量的实践经验，将
        知识系统化，浓缩为精华，用通俗易懂的语言直指前端开发者的痛点。
        </textarea >< br >
        只读描述：
        < textarea name = "description" readonly rows = "6" cols = "40">
        这本「剑指大前端时代」可以帮助读者快速提升技能，其中包含了作者大量的实践经验，将
        知识系统化，浓缩为精华，用通俗易懂的语言直指前端开发者的痛点。
        </textarea >< br >
        禁用描述：
        < textarea name = "description" disabled rows = "6" cols = "40">
        这本「剑指大前端时代」可以帮助读者快速提升技能，其中包含了作者大量的实践经验，将
        知识系统化，浓缩为精华，用通俗易懂的语言直指前端开发者的痛点。
        </textarea >
    </form >
</body >
</html >
```

在浏览器中的显示效果如图 2-42 所示。

通过运行结果可以发现，文本域的右下角有一个收缩按钮，拖曳该按钮可以手动改变文本域的宽和高。

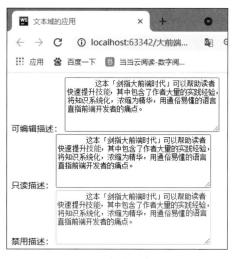

图 2-42　文本域的应用效果

2.6.5　下拉列表标签< select >

下拉列表是网页中一种最节省页面空间的选择方式,最常见的用法是< select >标签配合< option >标签使用,形成下拉菜单。

基本语法格式如下:

```
< select >
    < option >选项 1 </option >
    < option >选项 2 </option >
    < option >选项 3 </option >
    ...
</select >
```

< select >标签和< option >标签的属性、取值及描述如表 2-19 所示。

表 2-19　< select >标签和< option >标签的属性、取值及描述

标　　签	属　　性	值	描　　述
select	name	自定义名称	规定列表元素名称
	size	number	规定下拉列表框中可见选项数目
	multiple	multiple	规定允许同时选中多个选项
	disabled	disabled	禁用列表菜单
option	value	文本内容	规定列表选项的值
	selected	selected	规定默认选中的选项
	disabled	disabled	禁用当前选项

当下拉选项比较多且需要进行分类时,可以使用< optgroup >标签定义选项组。< optgroup >标签有两个属性,如表 2-20 所示。

表 2-20 　＜optgroup ＞标签属性、值及描述

属　　　　性	值	描　　　　述
disabled	disabled	禁用选项组中的所有选项
label	文本内容	规定选项组的标题

具体语法格式,示例代码如下：

```
< select >
    < optgroup label = "语言">
        < option >中文</option >
        < option >英语</option >
        < option >日语</option >
    </optgroup >
    < optgroup label = "开发">
        < option > web </option >
        < option > Java </option >
        < option > c </option >
    </optgroup >
</select >
```

使用列表＜ select ＞标签配合选项＜ option ＞标签、选项组 ＜/optgroup ＞标签可形成不同样式的列表菜单,如例 2-33 所示。

【例 2-33】　列表标签应用

```
<! DOCTYPE html >
< html lang = "en">
< head >
    < meta charset = "UTF - 8">
    < title >列表标签应用</title >
</head >
< body >
< form action = "">
    < h5 >普通下拉菜单(单选)</h5 >
    < select name = "sel">
        < option >请选择省份</option >
        < option selected value = "山西省">山西省</option >
        < option value = "山东省">山东省</option >
        < option value = "陕西省">陕西省</option >
    </select >
    < select >
        < option >请选择城市</option >
        < option value = "太原市">太原市</option >
        < option value = "晋中市" selected >晋中市</option >
        < option value = "阳泉市">阳泉市</option >
    </select >
    < h5 >普通下拉菜单(多选)</h5 >
```

```
    < select name = "" multiple size = "3">
        < option value = "apple">苹果</option >
        < option value = "watermelon">西瓜</option >
        < option value = "strawberry">草莓</option >
        < option value = "grape">葡萄</option >
    </select >
< hr/>
< h5 >分组列表菜单</h5 >
< select name = "">
        < optgroup label = "语言">
            < option value = "chinese">中文</option >
            < option value = "english">英语</option >
            < option value = "japanese">日语</option >
        </optgroup >
        < optgroup label = "开发">
            < option value = "web"> Web </option >
            < option value = "Java"> Java </option >
            < option value = "c"> C </option >
        </optgroup >
    </select >
</form >
</body >
</html >
```

在浏览器中的显示效果如图 2-43 所示。

图 2-43　列表标签应用效果

2.6.6　域标签< fieldset >

< fieldset >标签可将表单内的相关元素分组,通常和< legend >标签一起用,< legend >标签定义了< fieldset >的提示信息。

具体语法格式如下:

```
< fieldset >
    < legend >健康信息</legend>
身高: < input type = "text" />
体重: < input type = "text" />
</fieldset>
```

示例显示效果如图 2-44 所示。

这个标签主要用于页面元素的分组,因为现在流行的页面布局方式是 DIV + CSS,所以这些传统的 HTML 标签应用的机会已经非常少了。

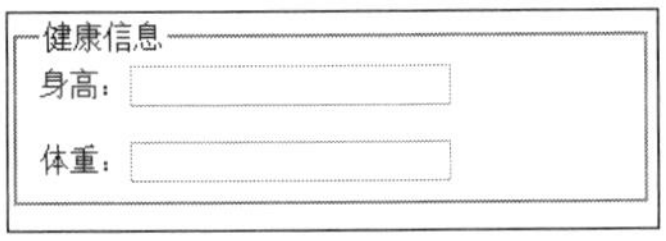

图 2-44　域标签运行效果

2.6.7　综合实战

以"阿里巴巴注册页面"为例,其页面显示效果如图 2-45 所示。

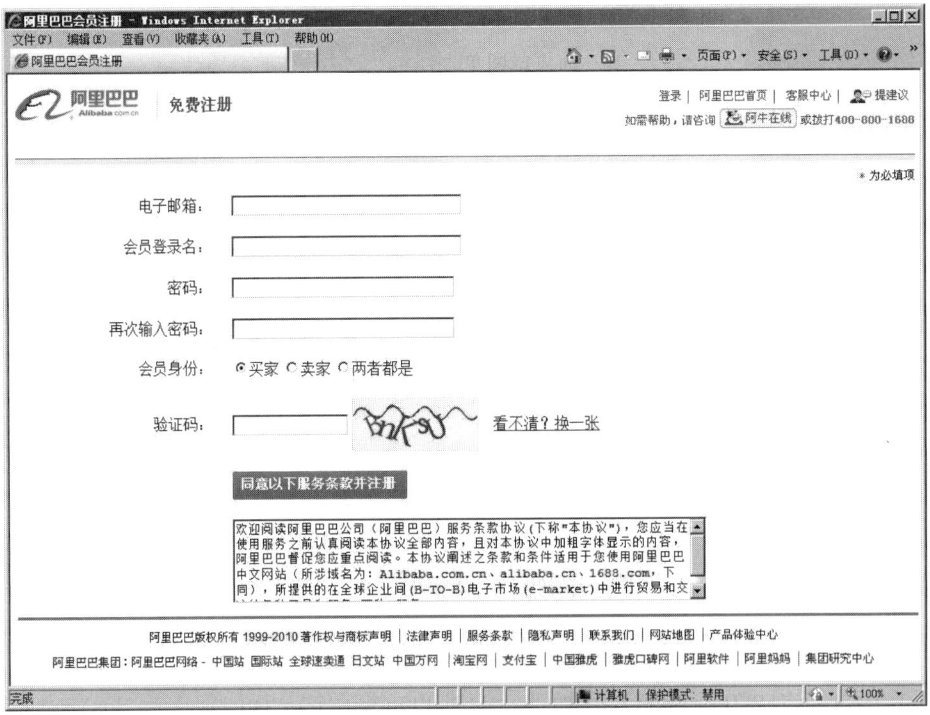

图 2-45　阿里巴巴注册页面

页面整体采用表格布局来完成页面设计,注册页面使用表单和表单控件实现,实现代码如下:

```
<!DOCTYPE html>
<html lang = "en">
<head>
<meta charset = "UTF - 8">
    <title>阿里巴巴注册页面</title>
    </head>
<body>
<table width = "954" border = "0" align = "center" cellpadding = "0"
    cellspacing = "0">
    <tr>
        <td><img src = "images/header.jpg" width = "954" height = "107"
        /></td>
    </tr>
    <tr>
        <td>
            <form action = "" method = "post">
                <table width = "100 %" border = "0" cellspacing = "0"
                cellpadding = "10">
                    <tr>
                        <td width = "200" align = "right">电子邮箱: </td>
                        <td><input name = "email" type = "text" size = "35"
                        maxlength = "32" /></td>
                    </tr>
                    <tr>
                        <td align = "right">会员登录名: </td>
                        <td><input name = "userName" type = "text" size = "35"
                        maxlength = "32" /></td>
                    </tr>
                    <tr>
                        <td align = "right">密码: </td>
                        <td><input name = "passWord" type = "password"
                        size = "35" maxlength = "32" /></td>
                    </tr>
                    <tr>
                        <td align = "right">再次输入密码: </td>
                        <td><input name = "rePassWord" type = "password"
                        size = "35" maxlength = "32" /></td>
                    </tr>
                    <tr>
                        <td align = "right">会员身份: </td>
                        <td><input name = "userType" type = "radio" value = "1"
                        checked = "checked" />买家
                        <input type = "radio" name = "userType" value = "2" />卖家
                        <input type = "radio" name = "userType" value = "3" />两者都是
                        </td>
```

```
            </tr>
            <tr>
                <td align = "right">验证码：</td>
                <td>< input name = "veryCode" type = "text" size = "15"
                maxlength = "5" />
                < img src = "images/verycode.gif" width = "132"
                height = "55" align = "absmiddle"/>   
                  <a href = "#">看不清?换一张</a>
                </td>
            </tr>
            <tr>
                <td align = "right">  </td>
                <td>< input type = "image" name = "imageField"
                id = "imageField" src = "images/btn_reg.gif" />
                </td>
            </tr>
            <tr>
                <td align = "right"></td>
                <td>< textarea name = "readMe" cols = "60" rows = "5">欢迎阅
                阿里巴巴公司(阿里巴巴)服务条款协议(下称"本协议"),您应当在使用服
                务之前认真阅读本协议全部内容,并且对本协议中加粗字体显示的内容,阿
                里巴巴督促您应重点阅读。本协议阐述之条款和条件适用于您使用阿里巴
                巴中文网站(所涉域名为 Alibaba.com.cn、alibaba.cn、1688.com,下同),所
                提供的在全球企业间(B-TO-B)电子市场(e-market)中进行贸易和交流的
                各种工具和服务(下称"服务")。</textarea></td>
                </td>
            </tr>
        </table>
        </form>
        </td>
    </tr>
    <tr>
        <td>< img src = "images/footer.jpg" width = "954" height = "61" /></td>
    </tr>
</table>
</body>
```

2.7 块级元素和行内元素的区别

1. 行内元素的特点

(1) 行内元素只能容纳文本或者其他行内元素。

(2) 宽度只与内容有关。

(3) 和其他元素都在一行上。

(4) 高度、行高及外边距和内边距部分可改变。

2. 块级元素的特点

（1）高度、行高及外边距和内边距都可控制。

（2）总是在新行上开始，占据一整行。

（3）可以容纳内联元素和其他块元素。

（4）宽度始终与浏览器宽度一样，与内容无关。

3. 区别

（1）行内元素与块级元素直观上的区别：行内元素会在一条直线上排列，都是同一行的，水平方向排列；块级元素各占据一行，垂直方向排列。块级元素从新行开始、结束时接着一个断行。

（2）块级元素可以包含行内元素和块级元素，但行内元素不能包含块级元素。

（3）行内元素与块级元素属性的不同主要表现在盒模型属性上。

行内元素设置 width 时无效、设置 height 时无效（可以设置 line-height）、设置 margin 上下时无效、设置 padding 上下时无效。

（4）常见的块级元素有 h1～h6、p、div、form、hr、table 等，行内元素有 a、em、b、i、u、br、select、span、textarea 等。

第 3 章

HTML5 新增标签和属性

在网站开发过程中,表单是获取用户信息的重要手段,HTML5 大大加强了表单的功能,增加了从用户手机获得特定类型数据的新方法和在浏览器中检查数据的能力,以便提高用户交互的黏性,而且 HTML5 为了使页面元素更加丰富、多元,新增了 video 和 audio 等媒体标签。本章主要介绍表单新增特性、语义化结构标签及媒体标签的应用。

本章思维导图如图 3-1 所示。

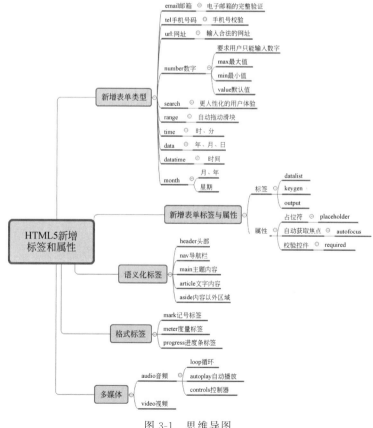

图 3-1　思维导图

3.1　HTML5 表单新增

HTML5 对表单系统进行了彻底的改造,新特性提供了更多语义明确的表单类型,并能够及时响应用户交互,以适应当前的应用。下面从表单新增类型、新增元素及新增属性等方面分别进行介绍。

3.1.1　HTML5 新增输入类型

HTML5 新增了多项表单输入类型,这些新类型具有更明确的含义,提供了更好的输入控制和验证,而不用借助其他前端脚本语言(如 JavaScript),为开发人员带来了极大的方便。新增的输入类型如表 3-1 所示。

表 3-1　HTML5 新增输入类型

类　　型	示　　例	描　　述
email	< input type="email" />	输入邮箱格式
tel	< input type="tel" />	输入手机号码格式
url	< input type="url" />	输入 URL 格式
number	< input type="number" />	输入数字格式(只能是数字)
search	< input type="search" />	搜索框(体现语义化)
range	< input type="range" />	包含数值范围的滚动条
time	< input type="time" />	选中时间(包含时、分)
date	< input type="date" />	选择日期(包含年、月、日)
datetime	< input type="datetime" />	UTC 时间(包含年、月、日、时、分)
month	< input type="month" />	选择月份(包含年、月)
week	< input type="week" />	选择星期(包含年、第几周)
datetime-local	< input type="datetime-local">	本地时间和日期
color	< input type="color" />	颜色选择器

其中,datetime、datetime-local、time、date、week 和 month 类型是 6 种样式不同的时间日期选择器控件,统称为日期选择器。目前主流浏览器一般支持新的 input 类型,即使不支持,也可以显示常规的文本域。

1. 电子邮箱类型 email

在提交表单时,会自动验证 email 域的值是否符合 email 的标准格式,再也不用自己用正则表达式去写 email 的格式验证了,代码如下:

```
Email: < input type = "email" name = "useremail" />
```

2. 电话号码类型 tel

tel 类型的元素用于让用户输入和编辑电话号码,在提交表单之前,输入值不会被自动验证为特定格式,因为世界各地的电话号码格式差别很大。尽管 tel 类型的输入在功能上和 text 输入一致,但它们确实有用,其中最明显的就是移动浏览器,特别是在手机上可能会选择专为输入电话号码而优化的自定义键盘,如图 3-2 所示。

图 3-2　手机端运行效果

由图 3-2 可知 type＝"tel"会唤起系统的数字键盘。或者 tel 类型的文本框也可以和 pattern 属性一起使用,达到校验的效果,代码如下:

```
< input type = "tel" id = "phone" name = "phone" pattern = "[0 − 9].{10}">
```

3. 地址类型 url

将 type 属性设置为 url,在提交表单时,会自动验证 url 域的值是否符合 url 的标准格式,输入的内容中必须包含"http://",后面必须有内容,如百度网址或谷歌网址,代码如下:

```
< input type = "url" name = "link_url" />
```

4. 数字类型 number

number 类型是用来专门输入数字的文本框,在提交时会检测其中内容是否为数字。此类型的 input 标签的常用属性如表 3-2 所示,代码如下:

```
< input type = "number" name = "user_num" min = "1" max = "10" />
```

表 3-2　数值设置限定属性

属　　性	描　　　　述
max	规定允许的最大值
min	规定允许的最小值
step	规定合法的数字间隔(如果 step＝"3",则合法的数字是－3、0、3、6 等)
value	规定默认值
disabled	规定输入字段是禁用的
maxlength	规定输入字段的最大字符长度
pattern	规定用于验证输入字段的模式
readonly	规定输入字段的值无法修改
required	规定输入字段的值是必需的
size	规定输入字段的可见字符

5. 搜索类型 search

search 类型是一种专门用来输入搜索关键词的文本框。不同于普通类型的文本框,当用户开始输入时,输入框的右边会出现一个用于清除内容的图标,单击此图标可以快速清除,代码如下:

```
< input type = "search" name = "googlesearch">
```

6. 数值范围类型 range

range 类型用于包含一定范围内数字值的输入域。range 类型显示为滑动条。还能够设定对所接收的数字的限定,代码如下:

```
< input type = "range" name = "user_range" min = "1" max = "10" />
```

其用于数字限定的属性同 number 类型的前 4 个。

7. 颜色类型 color

color 类型用来选取颜色,它提供了一种颜色选取器,代码如下:

```
< input type = "color" name = "favcolor">
```

8.（Date Pickers)日期选择器

< input >标签中与时间日期选择相关的 type 属性值有以下 6 种:

(1) date 用于选取日、月、年。

(2) month 用于选取月、年。

(3) week 用于选取周和年。

(4) time 用于选取时间(小时和分钟)。

（5）datetime 用于选取时间、日、月、年（UTC 时间，有时区）。

（6）datetime-local 用于选取时间、日、月、年（本地时间）。

使用日期选择器的语法格式如下：

```
< input type = "日期类型" name = "date"/>
```

其中，type 属性值可以填写上边 6 种类型中的任意一种。

新增 input 标签类型的综合应用如例 3-1 所示。

【例 3-1】 表单新增输入类型

```
<!DOCTYPE html >
< html lang = "en">
< head >
    < meta charset = "UTF - 8">
    < title >表单新增输入类型</title >
</head >
< body >
    < form action = "">
        < fieldset >
            < legend >学生档案</legend >
            姓名: < input type = "text" name = "username"/>< br >
            相片: < input type = "file" name = "file"
                    multiple = "multiple"/>< br >
            邮箱: < input type = "email" name = "mail">< br >
            博客:< input type = "url" name = "blog">< br >
            身高: < input type = "number" max = "226" min = "80" step = "10"
                    value = "170" />< br >
            体重: < input type = "range" max = "500" min = "30" step = "5"
                    value = "65" />< br >
            电话: < input type = "tel" name = "tel"
                    pattern = "^\d{3} - \d{8}|\d{4} - \d{7} $">< br >
            肤色: < input type = "color" name = "color">< br >
            艺名: < input type = "search" name = "name">< br >
            出生日期: < input type = "date" name = "date">< br >
            生日: < input type = "time" name = "time">< br >
            入学日期: < input type = "datetime" name = "datetime">< br >
            毕业日期: < input type = "datetime - local"
                        name = "datetime - local">< br >
            毕业月份: < input type = "month" name = "month">< br >
            毕业星期: < input type = "week" name = "week" id = "">< br >
            < input type = "submit">
        </fieldset >
    </form >
</body >
</html >
```

在浏览器中的显示效果如图 3-3 所示。

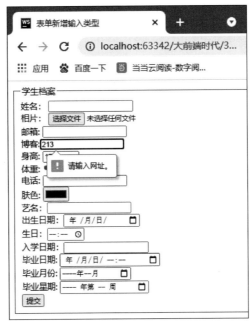

图 3-3　表单新增输入类型综合应用效果

3.1.2　HTML5 新增元素标签

HTML5 新增表单元素有 datalist、keygen、output 等，其功能描述如表 3-3 所示。

表 3-3　HTML5 新增表单元素标签

标 签 名 称	描　　述
datalist	定义选项列表，需与 input 标签配合使用
keygen	规定用于表单的密钥对生成器
output	定义不同类型的输出

1. datalist 标签

datalist 标签用来定义选项列表，它无法单独使用，需要与 input 标签配合使用，来定义 input 可能的值。初始加载时 datalist 元素及其选项不会被显示出来，它仅仅是合法的输入值列表。

input 标签的 list 属性要与 datalist 标签的 id 属性一致才能进行绑定，如例 3-2 所示。

【例 3-2】　datalist 标签应用

```
<!DOCTYPE html>
< html lang = "en">
```

```
< head >
    < meta charset = "UTF - 8">
    < title >datalist 标签应用</title >
</head >
< body >
    < form action = "">
        < input id = "input" list = "input_list">
        < datalist id = "input_list">
            < option value = "小红">
            < option value = "小明">
            < option value = "小丽">
            < option value = "大华">
        </datalist >
    </form >
</body >
</html >
```

在浏览器中的显示效果如图 3-4 所示。

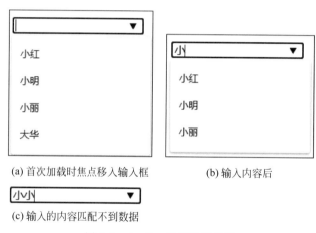

(a) 首次加载时焦点移入输入框   (b) 输入内容后

(c) 输入的内容匹配不到数据

图 3-4　datalist 标签应用效果

2. keygen 标签

keygen 标签的作用是提供一种验证用户的可靠方法。keygen 标签是密钥对生成器 (key-pair generator)。当提交表单时,会生成两个键,一个是私钥,另一个是公钥。私钥 (Private Key)存储于客户端,公钥(Public Key)则被发送到服务器端。公钥可用于之后验证用户的客户端证书(Client Certificate),代码如下:

```
< form action = "">
    < input type = "text" name = "name" /><br >
    Encryption:
```

```
< keygen name = "security" /><!-- 加入密钥安全 -->
< br >< input type = "submit" />
</form >
```

目前,各大浏览器对此元素的支持程度都不高。

3. output 标签

output 标签用定义不同类型的输出(例如脚本的输出)。output 标签通常和 form 表单一起使用,用来输出显示计算结果。output 标签有 3 个属性,如表 3-4 所示。

表 3-4　output 标签属性

属　　性	值	描　　述
for	元素的 id 名称	定义输出域相关的一个或多个元素
form	表单的 id 名称	定义输入字段所属的一个或多个表单
name	自定义名称	定义对象的唯一名称(表单提交时使用)

基本语法格式如下:

```
< output name = "名称" for = "element_id">默认内容</output >
```

注意:output 标签中的内容为默认显示内容,它会随着相关元素的改变而变化。

使用 output 标签实现加法计算器的应用,如例 3-3 所示。

【例 3-3】　output 标签应用

```
<!DOCTYPE html >
< html lang = "en">
< head >
    < meta charset = "UTF - 8">
    < title > output 标签应用</title >
</head >
< body >
    < h4 > output 标签演示: </h4 >
    < h5 >加法计算器</h5 >
    < form oninput = "x.value = parseInt(a.value) + parseInt(b.value)">
        < input type = "number" id = "a" value = "0"> +
        < input type = "number" id = "b" value = "0"> =
        < output name = "x" for = "a b">0 </output >
        < br >
        < input type = "submit">
    </form >
</body >
</html >
```

在浏览器中的显示效果如图 3-5 所示。

(a) 首次加载后的效果　　　　　　　　　　(b) 计算后的效果

图 3-5　加法计算器效果

3.1.3 HTML5 新增属性

HTML5 给表单新增了一些属性，如表 3-5 所示。

表 3-5　新增常用属性

属性	值	描　　述
placeholder	<input type="text" placeholder="请输入用户名">	占位符，提供可描述输入字段预期值的提示信息
autofocus	<input type="text" autofocus>	规定当页面加载时 input 元素应该自动获得焦点
multiple	<input type="file" multiple>	多文件上传
autocomplete	<input type="text" autocomplete="off">	规定表单是否应该启用自动完成功能，有两个值：on 和 off，on 表示记录已经输入的值
required	<input type="text" required>	校验控件为必填项，内容不能为空
accesskey	<input type="text" accesskey="s">	规定激活（使元素获得焦点）元素的快捷键，采用 Alt＋s 的形式

1. placeholder 属性

placeholder 属性为 input 控件提供一种提示信息，该属性的值将会以灰色的字体显示在文本框中，当文本框获得焦点时，提示信息消失；当失去焦点时，提示信息显示（前提是该文本框的内容为空）。

语法格式如下：

```
< input type = "text" name = "userName" placeholder = "请输入用户名">
```

2. autofocus 属性

autofocus 是指在页面加载时，控件自动获得焦点，可以直接输入内容。这个属性在注册登录页面及表单的第 1 项 input 中比较实用。

语法格式如下：

```
< input type = "text" name = "username"autofocus >
```

注意：一个页面只能有一个控件有该属性。

3. autocomplete 属性

autocomplete 属性用于启用/关闭自动完成功能。其作用是对表单字段的值填写完成后记录所填写的值，当再返回时，恢复之前表单字段的值，即用户正在输入的内容是否显示曾经填写过的内容选项，此功能取决于两个属性值 on(开启)、off(关闭)。autocomplete 属性适用于 < form >，以及下面的 < input > 类型：text、search、url、telephone、email、password、datepickers、range 及 color，如例 3-4 所示。

【例 3-4】 autocomplete 属性的应用

```
<!DOCTYPE html >
< html lang = "en">
< head >
    < meta charset = "UTF - 8">
    < title > autocomplete 属性的应用</title >
</head >
< body >
< form action = "http://www.baidu.com" method = "get">
    姓氏: < input type = "text" name = "xing" autocomplete = "on"><br >
    名字: < input type = "text" name = "ming" autocomplete = "on"><br >
    地址: < input type = "text" name = "dizhi" autocomplete = "off"><br >
    < input type = "submit" value = "提交">
</form >
</body >
</html >
```

在浏览器中的显示效果如图 3-6 所示。

(a) 首次加载后的效果　　(b) 重新输入时的提示

图 3-6　autocomplete 属性的应用效果

为<input>标签添加 autocomplete＝"on"属性,开启自动提示内容效果。图 3-6(a)为页面首次加载后的效果,由图可见与普通框没有什么区别。先在文本框中输入一次关键词(如 admin)并单击"提交"按钮后重新回到该页面,在第 2 次重新输入内容时会在输入框下方自动显示出曾经填写过的关键词内容,如图 3-6(b)所示的效果。

4. required 属性

一旦为某输入型控件设置了 required 属性,则此项必镇,不能为空,否则无法提交表单。

以文本输入框为例,要将其设置为必填项,按照以下方式添加 required 属性即可:

```
< input type = "text" name = "username"reaquired >
```

required 属性是最简单的一种表单验证方式。

5. accesskey 属性

accesskey 属性的示例代码如下:

```
用户名:< input type = "text" name = "name" accesskey = ";">
密码:< input type = "text" name = "password" accesskey = "p">
< a href = "http://www.baidu.com" accesskey = "x">单击此处</a>
```

将这些标签设置 accesskey 属性后,使用 Alt＋accesskey 属性中设置的值,就可激活对应的 HTML 元素,例如,在浏览器中按快捷键 Alt＋x 时会跳转到超链接的百度页面;按快捷键 Alt＋p 时密码文本框会自动获取焦点。

注意:accesskey 的值可以为任意字母、数字、标点符号,即键盘上存在的字符(前提是这个快捷键没有被占用)。

表单新增属性的综合应用如例 3-5 所示。

【例 3-5】 表单新增属性综合应用

```
<!DOCTYPE html >
< html lang = "en">
< head >
    < meta charset = "UTF - 8">
    <title>表单新增属性综合应用</title>
</head >
< body >
    < form action = "">
        < fieldset >
            < legend align = "center">学生档案</legend >
            <!-- autofocus 聚焦 required 必填项 placeholder 提示信息 -->
            用户名: < input type = "text" name = "username" autofocus
                    placeholder = "请输入用户名" required ><br >
            住宿费: < input type = "number" name = "money" min = "5" max = "1000"><br >
```

```
                    <!-- autocomplete 启动记忆功能 -->
        手机号: < input type = "tel" name = "phone"
                    required pattern = "[0 - 9].{10}" autocomplete = "on">< br >
        相片: < input type = "file" name = "files" multiple >< br >
        < input type = "submit">
    </fieldset>
  </form>
</body>
</html>
```

在浏览器中的显示效果如图 3-7 所示。

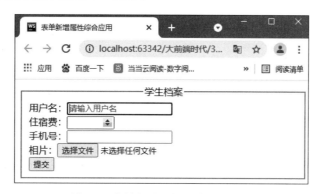

图 3-7　表单新增属性综合应用效果

3.2　HTML5 新增结构标签

3.2.1　新增文档结构标签

在 HTML5 之前,使用机器来阅读一个网页是非常困难的,通常用< div >对网页整体布局,常见网页布局包括页眉、页脚、导航菜单和正文部分,为了区分文档中的不同< div >内容,一般会为其配上不同的 id 来标识,代码如下:

```
< div id = "header">
    这是网页的页眉
</div >
< div id = "nav">
    这是网页的导航
</div >
< div id = "content">
    这是网页的正文
</div >
< div id = "footer">
    这是网页的页脚
</div >
```

这些元素的用途,从机器搜索引擎的角度出发,它并不认识这些 div 元素具体是用来做什么的,因为它看不懂这些 id 的意义,所以为了能够让机器理解这些元素的意义,HTML5新增了语义化标签来代替之前的 div 布局方式,这样的网页结构对于搜索引擎更加友好,使网页内容能够更好地被搜索引擎抓取,新增文档结构标签如表 3-6 所示。

表 3-6　HTML5 新增文档结构标签

标　签	描　述
＜header＞	页眉标签,定义文档的标题
＜nav＞	导航标签,定义导航菜单栏
＜section＞	节标签,定义节段落
＜aside＞	侧栏标签,定义网页正文两侧的侧栏内容
＜article＞	文章标签,定义正文内容
＜footer＞	页脚标签,定义文档的页脚

以语义化文档结构标签来搭建网页的结构,当去掉 CSS 后,网页结构不会变,这样可使页面具有逻辑性结构、容易维护,并且对数据挖掘服务更友好,如图 3-8 所示。

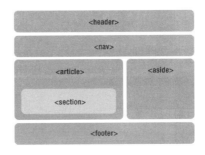

图 3-8　以语义化标签搭建网页结构

3.2.2　新增格式标签

1. 记号标签＜mark＞

＜mark＞标签表示为引用或符号目的而标记或突出显示的文本,这是由标记的段落在封闭上下文中的相关性或重要性造成的,会给标记文字添加黄色底色。

具体语法格式如下:

```
＜p＞你是＜mark＞大长腿＜/mark＞吗?＜/p＞
```

注意:Internet Explorer 9＋、Firefox、Opera、Chrome 及 Safari 支持＜mark＞标签。

2. 度量标签＜meter＞

＜meter＞标签用来定义度量衡,仅用于已知最大值和最小值的度量。例如,磁盘使用情况、查询结果等。

基本语法格式如下：

```
< meter value = "值"></meter>
```

<meter>标签是 HTML5 的新标签,有一系列属性用于辅助显示效果,属性列表如表 3-7 所示。

表 3-7 <meter>标签属性

属性	值	描 述
high	number	设置范围最高的值。 如果该属性值小于 low 属性值,则把 low 属性值视为 high 属性值; 如果该属性值大于 max 属性值,则把 max 属性值视为 high 属性值
low	number	设置范围最低的值,必须小于或等于 high 属性值。 如果 low 属性值小于 min 属性值,则浏览器会把 min 属性值视为 low 属性值
max	number	规定范围的最大值,默认值为 1。 如果设定该属性值小于 min 属性的值,则浏览器会把 min 设置为最大值
min	number	规定范围的最小值(值不可小于 0),默认值为 0
optimum	number	设置度量衡的最佳值。 必须在 min 属性值与 max 属性值之间,可以大于 high 属性值
value	number	必须设置度量的当前值。默认值为 0,可指定浮点数小数值

注意:

(1)<meter>不能作为一个进度条来使用,进度条应用 progress 标签。

(2)<meter>标签是双标签,但在<meter>和</meter>之间的元素内容是不可见的,也就是此内容不在浏览器中显示。

<meter>标签的具体用法如下:

(1)<meter>标签用于定义度量衡为 0% 的情况。

当<meter>标签无 value 属性、value 属性值为空或为 0 时,整个度量衡区间为灰色,如图 3-9 所示。

图 3-9 <meter>标签无 value 值时的效果

当 value 属性值小于或等于 min 属性值时,整个度量衡区间为灰色,如图 3-10 所示。

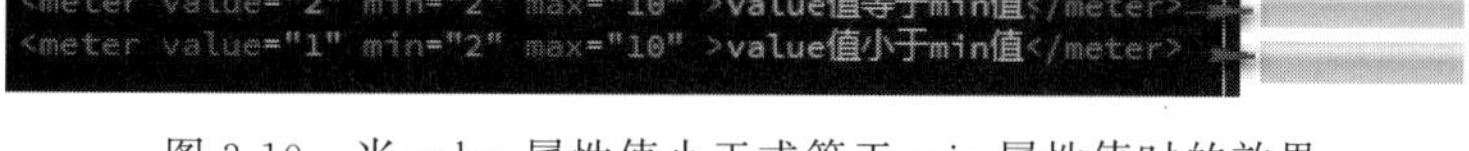

图 3-10 当 value 属性值小于或等于 min 属性值时的效果

说明：实际上，当 value 属性值小于 0 或小于 min 属性值时没有意义。

（2）当只有 value 属性的情况下，min 属性值默认为 0，max 属性值默认为 1。当 value 属性值小于或等于 0 或 min 属性值时，整个度量衡区间为灰色，如图 3-11 所示。

当 value 属性值大于或等于 max 属性值时，整个度量衡区间为绿色，如图 3-12 所示。

图 3-11　value 小于或等于 min 值时　　图 3-12　value 大于或等于 max 值时

当 value 属性值在 min 属性值和 max 属性值之间时，min 到 value 的区间为绿色，而 value 到 max 区间为灰色，如图 3-13 所示。

（3）<meter>标签度量衡显示比例。

以下 3 种情况，度量衡显示比例一致，如图 3-14 所示。

图 3-13　value 在 min 和 max 值之间时　　图 3-14　度量衡显示比例效果

（4）<meter>标签度量衡颜色变化。

当<meter>标签同时出现了 min、max、low、high、value 属性时，度量衡显示的颜色会有以下几种变化：

当 value 值在 low 和 high 之间时，显示为绿色，代码如下：

```
< meter value = "5" min = "0" low = "3" high = "6" max = "10"></meter>
```

以上代码在浏览器中的显示效果如图 3-15 所示。

图 3-15　value 值在 low 和 high 之间时

当 value 值在 min 和 low 之间或在 high 和 max 之间时，显示为黄色，代码如下：

```
< meter value = "2" min = "0" low = "3" high = "6" max = "10"></meter>
< meter value = "8" min = "0" low = "3" high = "6" max = "10"></meter>
```

以上代码在浏览器中的显示效果如图 3-16 所示。

当<meter>标签同时出现了 min、max、low、high、value、optimum 属性时，度量衡的颜色变化会有更多情况，还会出现红色。

以上代码在浏览器中的显示效果如图 3-17 所示。

图 3-16　value 值在 min 和 low 之间或在
　　　　　high 和 max 之间时

图 3-17　<meter>中同时出现
　　　　　5 个属性

3. 进度条标签<progress>

<progress>标签用于定义一个进度条,用途很广泛,可以用在文件上传的进度显示及文件下载的进度显示,也可以作为一种 loading 的加载状态条使用。通常与 JavaScript 一同使用,以此来显示任务的进度。

该属性加上 max 和 value 属性分别表示任务进度的最大值和当前值,示例代码如下:

```
<progress max = "100" value = "20"></progress>
```

3.3　HTML5 媒体标签

HTML5 新增了音频和视频标签,使用这些标签可以在页面上直接播放当前浏览器所支持的音频或视频格式,无须再安装插件(如 Flash)来播放。

3.3.1　音频

<audio>标签用来定义声音(音乐或其他音频流),有了这个标签就可以在个人网站中引入声音了。目前,<audio>元素支持的 3 种文件格式为 MP3、Wav、Ogg。

基本语法格式如下:

```
<audio src = "音频地址">此浏览器不支持 audio 标签。</audio>
```

提示:可以在<audio>和</audio>之间放置文本内容,这些文本信息将会被显示在那些不支持<audio>标签的浏览器中。

<audio>标签有一系列属性用于对音频文件的播放进行设置,如表 3-8 所示。

表 3-8　<audio>标签属性

属　　性	值	描　　　　述
autoplay	autoplay	如果出现该属性,则音频就绪后马上播放
controls	controls	如果出现该属性,则向用户显示音频控件(例如播放/暂停按钮)
loop	loop	如果出现该属性,则每当音频结束时重新开始播放
muted	muted	如果出现该属性,则音频输出为静音

续表

属　　性	值	描　　述
preload	auto metadata none	规定当网页加载时,音频是否默认被加载及如何被加载
src	URL	规定音频文件的 URL,必需的属性

注意:preload 属性和 autoplay 属性不能同时使用。当属性名与值完全相同时,可以简写,如 autoplay="autoplay",可简写为 autoplay。

<audio>标签支持多个<source>标签,<source>标签可以嵌套在<audio>容器内,用来引入多个音频,浏览器会选择一个支持的音频格式进行加载,对于不支持<audio>标签的浏览器,<source>元素也可以作为浏览器不识别的内容加入文档中,使用语法如下:

```
< audio >
        < source src = "music.mp3">
        < source src = "music.ogg">
        < source src = "music.wav">
</audio>
```

注意:Internet Explorer 8 及更早的版本不支持<audio>标签。

使用<audio>标签来完成网页中音频的引入,如例 3-6 所示。

【例 3-6】 <audio>标签应用

```
<!DOCTYPE html >
< html lang = "en">
< head >
        < meta charset = "UTF - 8">
        < title >audio 标签应用</title >
</head >
        < body >
        < h5 >晚风 -- 伍佰</h5 >
        <!-- autoplay 自动播放 controls 音频控件 loop = "2"播放两次 muted 静音 -->
        < audio src = "song.mp3" autoplay controls loop = "2" muted ></audio >
        < hr/>
        <!-- 为了浏览器兼容,可以提供 3 种声音文件 Ogg、Mp3、Wav -->
        < audio controls >
                < source src = "song.mp3"/>
                < source src = "song.ogg"/>
                此浏览器不支持音频播放
        </audio >
</body >
</html >
```

在浏览器中的显示效果如图 3-18 所示。

图 3-18　＜audio＞标签应用效果

3.3.2　视频

＜video＞标签用于定义视频,例如电影片段或其他视频流。

基本语法格式如下:

```
< video src = "视频地址 URL" controls = "controls">
    此浏览器不支持 video 标签
</video>
```

注意:可以在＜video＞和＜/video＞标签之间放置文本内容,这样不支持＜video＞元素的浏览器就可以显示出该标签的信息。

＜video＞元素支持 3 种视频格式:MP4、WebM、Ogg。

(1) MP4 = 带有 H.264 视频编码和 AAC 音频编码的 MPEG 4 文件。

(2) WebM = 带有 VP8 视频编码和 Vorbis 音频编码的 WebM 文件。

(3) Ogg = 带有 Theora 视频编码和 Vorbis 音频编码的 Ogg 文件。

＜video＞标签提供了播放、暂停和音量控件来控制视频。同时,＜video＞元素也提供了 width 和 height 属性控制视频的尺寸。如果设置了高度和宽度,所需的视频空间则会在页面加载时保留。当然还提供了其他属性对视频播放进行设置,如表 3-9 所示。

表 3-9　＜video＞标签属性

属性	值	描　　述
autoplay	autoplay	如果出现该属性,则视频就绪后马上播放
controls	controls	如果出现该属性,则向用户显示控件,例如"播放"按钮
height	pixels	设置视频播放器的高度
loop	loop	如果出现该属性,则当媒介文件完成播放后再次开始播放

续表

属性	值	描述
muted	muted	规定视频的音频输出应该被静音
poster	URL	规定视频下载时显示的图像(视频封面),或者在用户单击"播放"按钮前显示的图像
preload	preload	如果出现该属性,则视频在页面加载时进行加载,并预备播放。如果使用 "autoplay",则忽略该属性
src	url	要播放的视频的 URL
width	pixels	设置视频播放器的宽度,必需的属性

< video >标签支持多个 < source > 标签。< source >标签可以连接不同格式的视频文件,这样浏览器会自动选择一个它所支持的视频格式类型来展示,而忽略其他类型,使用格式如下:

```
< video width = "320" height = "240" controls >
    < source src = "movie.mp4" type = "video/mp4">
    < source src = "movie.ogg" type = "video/ogg">
        此浏览器不支持 video 标签
</video >
```

使用< video >标签来完成网页中视频的引入,如例 3-7 所示。

【例 3-7】 < video >标签应用

```
<!DOCTYPE html >
< html lang = "en">
< head >
    < meta charset = "UTF - 8">
    < title >video 标签应用</title >
</head >
< body >
    <!-- controls 视频控件 loop 循环播放 muted 静音 poster 封面 -->
    < video src = "video.mp4" width = "320" height = "240" controls loop muted
        poster = "images/guangtouqiang.jpg"></video >

    < video width = "320" height = "240" controls >
    < source src = "video.mp4" type = "video/mp4">
    < source src = "video.ogg" type = "video/ogg">
        此浏览器不支持 video 标签
    </video >
</body >
</html >
```

在浏览器中的显示效果如图 3-19 所示。

图 3-19　＜video＞标签应用效果

第 4 章

CSS3 核心模块

CSS 的出现，拯救了混乱的 HTML，当然也拯救了 Web 开发者，让网页更加丰富多彩。

随着 Web 技术的不断发展和广泛传播，用户对于网页的要求越来越高，需要实现更加美观、用户体验更好的界面。CSS3 这个新一代的标准应运而生，它就是为了简化页面元素修饰、美化工作而诞生的，所以引入 CSS，主要为了实现对网页字体、背景、布局等进行精确控制，解决网页内容与网页表现分离的问题，进一步提高网站的可维护性，方便网站快速重构，实现网站定期换肤的功能。

本章思维导图如图 4-1 所示。

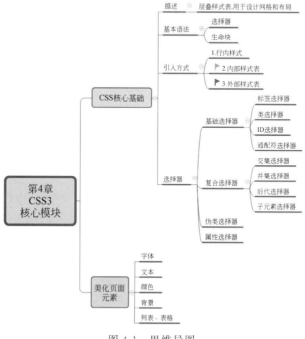

图 4-1　思维导图

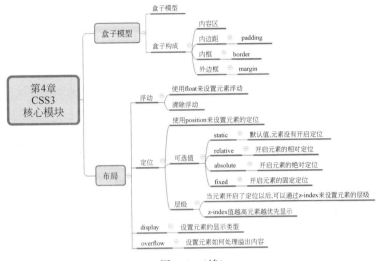

图 4-1　（续）

4.1　CSS 核心基础

CSS 文件是以 .css 扩展名保存的纯文本文件。CSS 的最大贡献是让 HTML 从样式中脱离苦海，实现了 HTML 专注于结构呈现，而将样式放心地交给 CSS。

CSS 通常称为 CSS 样式表或层叠样式表（级联样式表），主要用于设置 HTML 页面中的文本内容（字体、大小、对齐方式等）、图片的外形（宽和高、边框样式、边距等）及版面的布局等外观显示样式等。

4.1.1　CSS 介绍

CSS 代表级联样式表（Cascading Style Sheets），也叫层叠样式表。CSS 是一种标准样式表语言，用于描述网页的表示形式（布局和格式）。

在 CSS 之前，HTML 文档的大部分表示形式属性包含在 HTML 标记内（特别是在 HTML 标签内），所有字体颜色、背景样式、元素对齐方式、边框和大小都必须在 HTML 中明确描述。这样做产生的后果就是由于样式信息被重复地添加到网站的每个页面中，因此大型网站的开发成为一个漫长而昂贵的过程，同时也增加了维护的成本。

为了解决此问题，万维网联盟（W3C）于 1996 年引入了 CSS，该联盟制定了其标准。CSS 旨在将表示和内容分开。现在，Web 设计人员可以将网页的格式设置信息移动到单独的样式表中，从而大大简化 HTML 标记并提高可维护性。

CSS 的出现解决了下面两个问题：

（1）将 HTML 页面的内容与样式分离。

（2）提高 Web 开发的工作效率。

CSS 与 HTML 之间的关系：

（1）HTML 用于构建网页的结构。

（2）CSS 用于构建 HTML 元素的样式。

（3）HTML 是页面的内容组成，CSS 是页面的表现。

提示：前端"三剑客"，即 HTML（结构层）、CSS（表示层）、JavaScript（行为层）。

4.1.2 CSS 的优势

CSS 可以将样式、布局与文档的内容分开，使网站的设计风格更加多样化、多元化，其具有以下几点优势。

（1）CSS 节省大量时间：CSS 提供了很多灵活地设置元素样式属性的方式。编写一次 CSS，相同的代码可以应用于 HTML 元素组，也可以在多个 HTML 页面中重复使用。

（2）易于维护：CSS 提供了一种简便的方法来更新文档的格式，并在多个文档之间保持一致性。因为可以使用一个或多个样式表轻松控制整个网页的内容。

（3）页面加载速度更快：CSS 使多个页面可以共享格式信息，从而降低了文档结构内容的复杂性和重复性。它显著地减小了文件传输的大小，从而加快了页面加载速度。

（4）HTML 的高级样式：CSS 比 HTML 具有更广泛的表示功能，并且可以更好地控制网页的布局，因此，与 HTML 表示元素和属性相比，可以使网页看起来更好。

（5）多种设备兼容性：CSS 还允许针对多种类型的设备或媒体优化网页。使用 CSS，可以针对不同的呈现设备（例如台式机、手机等）以不同的查看样式呈现同一 HTML 文档。

（6）有利于优化：采用 DIV-CSS 布局的网站对于搜索引擎很友好，简洁、结构化的代码更加有利于突出重点和适合搜索引擎抓取。

提示：大多数情况下不建议使用 HTML 属性，最好使用尽可能多的 CSS，以提高网站的适应性，使它们与未来的浏览器更好地兼容。

4.1.3 基本语法

CSS 规则由两个主要的部分构成：选择器，以及一条或多条声明，如图 4-2 所示。

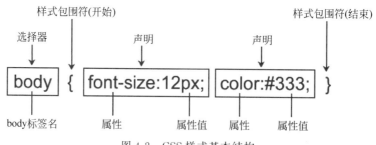

图 4-2 CSS 样式基本结构

1. 选择器（Selector）

选择器告诉浏览器该样式将作用于页面中哪些对象，这些对象可以是某个标签、所有网页对象、指定 class 或 id 值等。浏览器在解析这个样式时，根据选择器来渲染对象的显示效果。

2. 声明（Declaration）

可以增加一个或者无数个声明，这些声明告诉浏览器如何去渲染选择器指定的对象。

声明必须包括两部分：属性和属性值，并用分号来标识一个声明的结束，在一个样式中最后一个声明可以省略分号。

所有声明被放置在一对大括号{ }内，并且整体紧邻在选择器的后面。

3. 属性（Property）

属性是 CSS 提供的设置好的样式选项。属性名由一个单词或多个单词组成，多个单词之间通过连字符相连。这样能够很直观地表示属性所要设置样式的效果。

4. 属性值（Value）

属性值是用来显示属性效果的参数，它包括数值和单位，或者关键字。

提示：CSS 的最后一条声明后的";"可写也可不写，但是，基于 W3C 标准规范考虑，建议最后一条声明的结束";"都要写上。

将 h1 元素内的文字颜色定义为红色，同时将字体大小设置为 14 像素，代码如下：

```
h1 {color:red; font - size:14px;}
```

所有 <p> 元素都居中对齐，并带有红色文本颜色，代码如下：

```
p {
  color: red;
  text - align: center;
}
```

在 CSS 中增加注释很简单，所有被放在/ * 和 * /分隔符之间的文本信息都被称为注释。

CSS 只有一种注释，不管是多行注释还是单行注释，都必须以/ * 开始、以 * /结束，中间加入注释内容，示例代码如下：

```
p{
    color: #ff7000;              / * 字体颜色设置 * /
    height: 30px;               / * 段落高度设置 * /
}
```

4.1.4 CSS 引入方式

CSS 的引入方式共有 3 种：行内样式、内部样式表、外部样式表。为了方便理解本节内容，表 4-1 列出了部分常用 CSS 属性和参考值。

表 4-1 部分常用 CSS 属性和参考值

属　　性	描　　述	示　　例
color	设置文本颜色	color:red;
font-size	设置字体大小	font-size:20px;
border	设置边框	border:5px solid red;
width	设置宽度	width:300px;
height	设置高度	height:100px;
background-color	设置背景颜色	background-color: gray;

1. 行内样式

在开始标签中添加 style 属性设定 CSS 样式，由于行内样式直接插入 HTML 标签中，故是最直接的一种方式，用于为单个元素应用唯一的样式，同时也是修改最不方便的样式。这种方式没有体现出 CSS 的优势，一般不推荐使用。

基本语法格式如下：

```
<标签 style = "属性 1: 属性值 1;属性 2: 属性值 2;…">修饰的内容</标签>
```

使用行内样式为多个元素分别设置各自的样式，如例 4-1 所示。

【例 4-1】 行内样式应用

```
<!DOCTYPE html>
< html lang = "en">
< head >
    < meta charset = "UTF - 8">
    < title>行内样式应用</title>
</head >
< body >
    < h1 style = "color:blue;text - align:center;"> This is a heading </h1>
    < p style = "color:red;font - size:20px;"> This is a paragraph.</p>
    < p style = "background - color: #999900">行内元素,控制段落 - 2 </p>
</body >
</html >
```

在浏览器中的显示效果如图 4-3 所示。

代码解释：代码中使用行内样式为< h1 >标题标签设置了字体颜色蓝色、居中的 CSS 样式；代码中为< p >段落标签设置了字体颜色(红色)、字体大小(20 像素)；此外还为< p >

图 4-3　行内样式应用效果

段落标签设置了背景颜色。

注意：多个 CSS 属性值通过分号间隔。

2. 内部样式表

内部样式表通常是将 CSS 样式集中写在网页的< head >和</ head >标签里，使用< style >和</ style >标签将其样式包围，其作用范围是当前的整个文档。

基本语法格式如下：

```
< style >
    选择器{
        属性 1:属性值 1;
        属性 2:属性值 2;
        …
    }
    …
</ style >
```

这里的选择器可以是指定样式的标签，如 p、body、h1 等均可，可以定义多个此类型选择器，示例代码如下：

```
< style >
    p {margin - left: 20px;}
    body {background - image: url("images/test.gif");}
</ style >
```

使用内部样式表可以为多个元素批量设置相同的样式，如例 4-2 所示。

【例 4-2】　内部样式表应用

```
<!DOCTYPE html >
< html lang = "en">
< head >
    < meta charset = "UTF - 8">
```

```
        <title>内部样式表应用</title>
        <style>
            body {
                background - color: linen;
            }
            h1 {
                color: maroon;
            }
            p{
             background - color: yellow;
             width: 300px;
             height: 50px;
            }
        </style>
    </head>
    <body>
        <p>这是段落标签</p>
        <h1>这是标题标签</h1>
        <p> This is a paragraph.</p>
    </body>
    </html>
```

图 4-4　内部样式表应用效果

在浏览器中的显示效果如图 4-4 所示。

3. 外部样式表

外部样式表是将 CSS 规则写在以.css 为后缀的 CSS 文件里,在需要用到此样式的网页文档里引入 CSS 文件。HTML 文件引用扩展名为.css 的样式表有两种方式:链接式、导入式。

1) 链接式

链接样式是使用频率最高、最实用的样式,只需要在<head>和</head>标签之间使用<link>标签将独立的.css 文件引入 HTML 文件中,代码如下:

```
<link type = "text/css" rel = "stylesheet" href = "style.css" />
```

使用链接式为 HTML 代码应用样式,书写、更改方便,如例 4-3 所示。

【例 4-3】　链接外部样式表应用

CSS 文件 common.css,代码如下:

```
p{color:red;font - size:14px;}
h1{color: orange;}
```

HTML 文件,代码如下:

```
<!DOCTYPE html>
<html lang = "en">
<head>
    <meta charset = "UTF - 8">
    <title>链接式应用</title>
    <link href = "css/common.css" rel = "stylesheet" type = "text/css" />
</head>
<body>
    <h1>北京欢迎你</h1>
    <p>北京欢迎你,有梦想谁都了不起!</p>
    <p>有勇气就会有奇迹。</p>
    <p>北京欢迎你,为你开天辟地</p>
    <p>流动中的魅力充满朝气。</p>
</body>
</html>
```

在浏览器中的显示效果如图 4-5 所示。

图 4-5   链接外部样式表应用效果

2) 导入式(不推荐使用)

导入样式使用 @import 命令导入外部样式表,代码如下:

```
<style type = "text/css">
    @import url(css/common.css);
</style>
```

链接式和导入式的区别:

(1) <link/>标签属于 XHTML,@import 属于 CSS2.1。

(2) 使用<link/>链接的 CSS 文件先加载到网页中,再进行编译显示。

(3) 使用@import 导入的 CSS 文件,客户端先显示 HTML 结构,再把 CSS 文件加载到网页中,如果网速慢,则会出现页面刚加载时没有样式。

(4) @import 是属于 CSS 2.1 特有的,对于不兼容 CSS 2.1 的浏览器来讲无效。

4.1.5　CSS 引入方式的优先级

理论上(优先级):行内样式＞内部样式＞外部样式。实际上内部样式与外部样式的优先级取决于所处位置的先后,最后的定义优先级最高(就近原则),如例 4-4 所示。

【例 4-4】　CSS 引入方式的优先级测试

CSS 文件 style.css,代码如下:

```
p{
    color: red;
}
li{
    color: red;
}
```

HTML 文件,代码如下:

```
<!DOCTYPE html>
<html lang = "en">
<head>
    <meta charset = "UTF-8">
    <title>CSS 引入方式的优先级</title>
    <!-- 外部样式表 -->
    <!-- <link rel = "stylesheet" type = "text/css" href = "css/style.css" /> -->
    <!-- 内嵌样式表 -->
    <style type = "text/css">
        p{
            color: blue;
        }
        div{color: blue}
    </style>
    <!-- 外部样式表 -->
    <link rel = "stylesheet" type = "text/css" href = "css/style.css" />
</head>
<body>
    <p>这是 p 段落(注意: 内部样式和外部引入样式,离此处最近的那种样式方式所带来的影响)
    </p>
    <!-- 行内样式 -->
    <div style = "color: hotpink;">这是行内样式</div>
    <ol>
        <li>欢迎进入我的博客一起学习</li>
        <li>贝西奇谈</li>
```

```
        </ol>
    </body>
</html>
```

在浏览器中的显示效果如图 4-6 所示。

图 4-6　CSS 引入方式的优先级测试效果

结论：行内样式优先级最高。内部样式、链接外部样式、导入外部样式遵循的原则是就近原则。哪个样式离结构近，就执行哪个样式。

4.1.6　开发者工具(Chrome)

Chrome 开发者工具是一套内置于谷歌 Chrome 中的 Web 开发和调试工具，可用来对网站进行迭代、调试和分析。

打开 Chrome 开发者工具的方式有以下 3 种：

(1) 按 F12 键调出。

(2) 右击"检查"(或按快捷键 Ctrl+Shift+I)调出。

(3) 在 Chrome 菜单中选择"更多工具"→"开发者工具"，如图 4-7 所示。

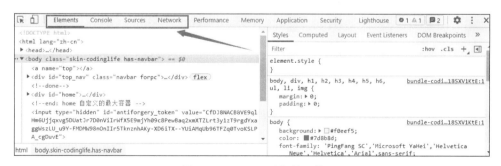

图 4-7　Chrome 开发者工具

Chrome 开发者工具最常用的 4 个功能模块：元素(Elements)、控制台(Console)、源代码(Sources)、网络(Network)。

（1）元素（Elements）：用于查看或修改 HTML 元素的属性、CSS 属性、监听事件、断点等。CSS 可以即时修改，即时显示。大大方便了开发者调试页面。

（2）控制台（Console）：控制台一般用于执行一次性代码，查看 JavaScript 对象，查看调试日志信息或异常信息。还可以当作 JavaScript API 查看用。例如查看 Console 都有哪些方法和属性，可以直接在 Console 中输入"console"并执行。

（3）源代码（Sources）：该页面用于查看页面的 HTML 文件源代码、JavaScript 源代码、CSS 源代码，此外最重要的是可以调试 JavaScript 源代码，可以给 JavaScript 代码添加断点等。

（4）网络（Network）：网络页面主要用于查看 header 等与网络连接相关的信息。

1. 元素（Elements）

（1）查看元素的代码：单击左上角的箭头图标（或按快捷键 Ctrl＋Shift＋C）进入选择元素模式，然后从页面中选择需要查看的元素，然后可以在开发者工具元素（Elements）一栏中定位到该元素源代码的具体位置。

（2）查看元素的属性：定位到元素的源代码之后，可以从源代码中读出该元素的属性，如图 4-8 中的 class、id、width 等属性的值。

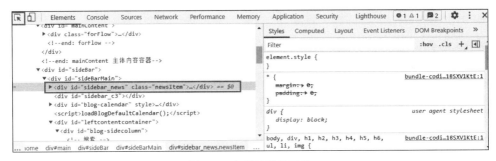

图 4-8　查看元素的属性

（3）当然从源代码中读到的只是一部分显式声明的属性，要查看该元素的所有属性，可以在右边的侧栏中查看，如图 4-9 所示。

图 4-9　查看元素的所有属性

（4）修改元素的代码与属性：单击元素，然后右击，查看菜单，可以看到 Chrome 提供的可对元素进行的操作，包括编辑元素代码（Edit as HTML）、修改属性（Add attribute、Edit attribute）等。选择 Edit as HTML 选项时，元素进入编辑模式，可以对元素的代码进行任意修改。当然，这个修改也仅对当前的页面渲染生效，不会修改服务器的源代码，故而这个功能可作为调试页面显示效果而使用，如图 4-10 所示。

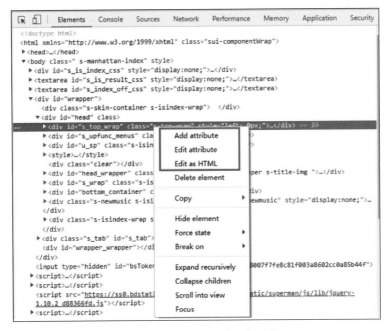

图 4-10　修改元素的代码与属性

（5）查看元素的 CSS 属性：在元素的右边栏中的 styles 页面可以查看该元素的 CSS 属性，这个页面可展示该元素原始定义的 CSS 属性及从父级元素继承的 CSS 属性。从这个页面还可以查到该元素的某个 CSS 特性来自哪个 CSS 文件，使编码调试时修改代码变得非常方便，如图 4-11 所示。

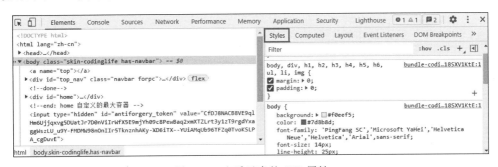

图 4-11　查看元素的 CSS 属性

2. 控制台（Console）

（1）控制台可以查看 JS 对象及其属性，还可以执行 JS 语句，如图 4-12 所示。

图 4-12　执行 JS 语句

（2）查看控制台日志：当网页的 JS 代码中使用了 console.log()函数时，该函数输出的日志信息会在控制台中显示。日志信息一般在开发调试时启用，而当正式上线后，一般会将该函数去掉。

3. 源代码（Source）

（1）查看文件：在源代码（Source）页面可以查看当前网页的所有源文件。在左侧栏中可以看到源文件以树结构进行展示，如图 4-13 所示。

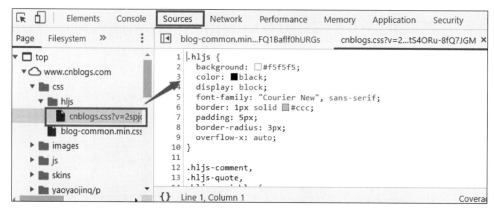

图 4-13　查看源文件

（2）添加断点：在源代码左边有行号，单击对应行的行号，就可给该行添加上一个断点（再次单击可删除断点）。右击断点，在弹出的菜单中选择 Edit breakpoint 可以给该断点添加中断条件，如图 4-14 所示。

（3）中断调试：添加断点后，当 JS 代码运行到断点时会中断（对于添加了中断条件的断点在符合条件时中断），此时可以将光标放在变量上查看变量的信息。

4. 网络（Network）

网络（Network）的详细介绍如图 4-15 所示。

（1）●记录按钮：处于打开状态时会在此面板进行网络连接的信息记录，关闭后则不会记录。

（2）🚫清除按钮：清除当前的网络连接记录信息（单击一下就能清空）。

（3）📹捕获截屏：记录页面加载过程中一些时间点的页面渲染情况，截图根据可视窗口截取。

（4）🔽过滤器：能够自定义筛选条件，找到自己想要的资源信息，如图 4-16 所示。

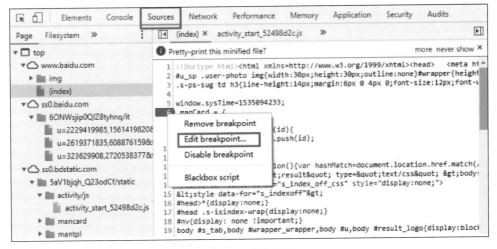

图 4-14　添加断点

图 4-15　网络图形界面

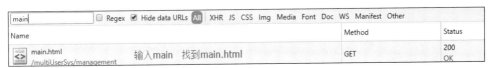

图 4-16　过滤器

4.1.7　基础选择器

CSS 基础选择器主要有 4 种类型：标签选择器、类选择器、ID 选择器和通配符选择器。CSS 选择器命名有以下两条规范：

（1）建议使用字符[a-zA-Z0-9]，连接符"-"，下画线"_"，不建议使用中文。

（2）不能以数字开头。

1. 标签选择器

标签选择器(元素选择器)即直接使用 HTML 标签名称作为选择器，标签选择器是最常见的选择器。前面示例使用的均是标签选择器。

语法格式如下：

```
标签{
    属性1:属性值1;
    属性2:属性值2;
    …
    }
```

标签选择器可以选用所有的标签,例如 div、ul、li、p 等;不管标签藏得多深,都能选中;选中的是所有的,而不是某一个,所以说标签选择器选中的是"共性"的属性,而不是"特性",如例 4-5 所示。

【**例 4-5**】 标签选择应用

```
<!DOCTYPE html>
<html lang = "en">
<head>
    <meta charset = "UTF - 8">
    <title>Title</title>
    <style>
        p{
        color:red;
        font - size:20px;
        }
    </style>
</head>
<body>
    <h3>人生四大悲</h3>
    <a href = ""><p>家里没宽带</p></a>
    <a href = ""><p>网速不够快</p></a>
    <a href = ""><p>手机没流量</p></a>
    <a href = ""><p>学校无 WiFi</p></a>
    <div>
        <div>
            <div>
                <div>
                    <p>
                        藏得深的段落
                    </p>
                </div>
            </div>
        </div>
    </div>
</body>
</html>
```

在浏览器中的显示效果如图 4-17 所示。

注意：标签选择器最大的优点是能快速地为页面中同类型的标签统一样式，同时这也是它的缺点，不能设计差异化样式。

2. 类选择器

任何合法的 HTML 标签都可以使用 class 属性，只要在标签中定义 class 属性，class 属性值作为类选择器的名称，因此类选择器可以给不同元素定义相同的样式。在 HTML 标签中可以定义多个类，多个类要用空格隔开，示例代码如下：

图 4-17　标签选择器应用效果

```
< div class = "pink fontWeight font20">亚瑟</div >
< div class = "font20">刘备</div >
< div class = "font14 pink">安琪拉</div >
< div class = "font14">貂蝉</div >
```

类选择器在申明时以一个点(.)前缀开头，然后跟随一个自定义的类名。

语法格式如下：

```
.类名{
        属性 1: 属性值 1;
        属性 2: 属性值 2;
        …
    }
```

为 HTML 标签设置自定义 class 名称，并使用类选择器对其进行 CSS 样式设置，如例 4-6 所示的谷歌 logo 案例。

【例 4-6】 类选择器应用

```
<! DOCTYPE html >
< html lang = "en">
< head >
    < meta charset = "UTF - 8">
    <title>谷歌 logo </title>
    < style >
        span {
            font - size: 100px;
        }
        .blue {
            color: blue;
        }
        .red {
```

```
            color: red;
        }
        .orange {
            color: orange;
        }
        .green {
            color: green;
        }
    </style>
</head>
<body>
    <span class = "blue">G</span>
    <span class = "red">o</span>
    <span class = "orange">o</span>
    <span class = "blue">g</span>
    <span class = "green">l</span>
    <span class = "red">e</span>
</body>
</html>
```

图 4-18　类选择器应用效果

在浏览器中的显示效果如图 4-18 所示。

注意：一个页面中 class 名字可以重复。

3. ID 选择器

ID 选择器使用 HTML 标签中指定的 id 名称来匹配元素，在 HTML 文件中，每个 id 属性的取值必须唯一，相当于为特定的某个元素进行样式设置。

ID 选择器以井号(♯)作为前缀，然后跟随一个自定义的 ID 名。

语法格式如下：

```
♯id名{
        属性1:属性值1;
        属性2:属性值2;
        …
    }
```

为 HTML 标签设置自定义 class 名称，并使用类选择器对其进行 CSS 样式设置，如例 4-7 所示。

【例 4-7】 ID 选择器应用

```
<!DOCTYPE html>
<html lang = "en">
```

```
< head >
    < meta charset = "UTF - 8">
    < title > ID 选择器</title>
    < style type = "text/css">
        # first{font - size:16px;color: red}
        # second{font - size:24px;}
    </style>
</head>
< body >
    < h1 >北京欢迎你</h1>
    < p id = "first">北京欢迎你,有梦想谁都了不起!</p>
    < p id = "second">有勇气就会有奇迹。</p>
    <p>北京欢迎你,为你开天辟地</p>
    <p>流动中的魅力充满朝气。</p>
</body>
</html>
```

在浏览器中的显示效果如图 4-19 所示。

一般来讲,class 选择器更加灵活,能完成 ID 选择器的
所有功能,也能完成更加复杂的功能。如果对样式可重用
性要求较高,则应该使用 class 选择器将新元素添加到类
中来完成。如果需要唯一标识的页面元素,则可以使用 ID
选择器。

图 4-19 ID 选择器应用效果

4. 通配符选择器

如果 HTML 的所有元素都需要定义相同的初始样
式,则可使用通配符选择器。通配符选择器用"＊"号表
示,它是所有选择器中作用范围最广的,但是它使用频率最低。

语法格式如下:

```
* {
    属性 1: 属性值 1;
    属性 2: 属性值 2;
        ...
    }
```

使用通配符选择器定义 CSS 样式,清除所有 HTML 标记的默认边距,示例代码如下:

```
* {
    margin: 0;              /* 定义外边距 */
    padding: 0;             /* 定义内边距 */
}
```

注意：通配符选择器的使用范围最广，但是它的优先级最低。

优先级顺序：ID 选择器＞类选择器＞元素选择器＞通配符选择器。也就是说，如果这 4 种选择器同时为某一个元素设定样式，则冲突的部分按优先级的顺序依次决定。

4.1.8 复合选择器

复合选择器是由两个或多个基础选择器通过不同的方式组合而成的，目的是可以选择更准确更精细的目标元素标签。CSS 提供了多种组合基本选择器的方式，详细说明如下。

1. 交集选择器

交集选择器由两个选择器构成，其中第 1 个为标签选择器，第 2 个为类选择器或者 ID 选择器，两个选择器之间不能有空格，必须连续书写。

语法格式如下：

```
标签选择器 1 选择器 2{
        属性 1: 属性值 1;
        属性 2: 属性值 2;
        …
    }
```

交集选择器的语法示例如图 4-20 所示。

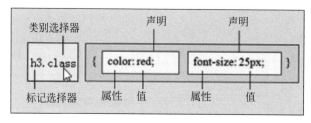

图 4-20 交集选择器的语法示例

利用交集选择器可以更准确地找到需要的标签，在 class 名或者 id 名前面加上标签名，可缩小查找的范围，如例 4-8 所示。

记忆技巧：交集选择器是并且的意思，也就是既……又……的意思。

【**例 4-8**】 交集选择器应用

```
<!DOCTYPE html >
< html lang = "en">
< head >
    < meta charset = "UTF - 8">
    <title>交集选择器</title>
    < style >
        .red {
```

```
        color: red;
    }
    p.red {/ * 交集选择器 * /
        font - size: 30px;
    }
    div # blue {/ * 交集选择器 * /
        color: blue;
    }
    </style>
</head>
< body >
    < div class = "red">熊大</div >
    < div id = "blue">熊二</div >
    < div >熊熊</div >
    < p >小明</p >
    < p >小红</p >
    < p class = "red">小强</p >
</body >
</html >
```

在浏览器中的显示效果如图 4-21 所示。

图 4-21　交集选择器应用效果

2. 并集选择器

CSS 并集选择器也叫群选择器,由多个选择器通过逗号连接在一起,这些选择器分别是标签选择器、类选择器或 id 选择器等。

语法格式如下:

```
选择器 1, 选择器 2,…{
    属性 1: 属性值 1;
    属性 2: 属性值 2;
    …
}
```

语法示例如图 4-22 所示。

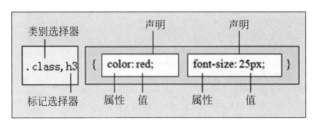

图 4-22　并集选择器语法示例

在声明各种 CSS 选择器时,如果某些选择器的风格完全相同,或者部分相同,则可以利用并集选择器同时声明这些风格相同的 CSS 选择器,如例 4-9 所示。

并集选择器作用是提取共同的样式,减少重复代码。

记忆技巧:并集选择器是和的意思,即只要逗号隔开的,所有选择器都会执行后面的样式。

【**例 4-9**】　并集选择器应用

```
<!DOCTYPE html>
<html lang = "en">
<head>
    <meta charset = "UTF - 8">
    <title>并集选择器</title>
    <style>
        h3,.two, # three {
            color: green;
            font - size: 19px;
        }
    </style>
</head>
<body>
    <h3>纳兰公子</h3>
    <p>回廊一寸相思地</p>
    <div class = "two">落月成孤倚</div>
    <p id = "three">背灯和月就花阴</p>
    <div>已是十年踪迹十年心</div>
</body>
</html>
```

在浏览器中的显示效果如图 4-23 所示。

3. 后代选择器

后代选择器又称为包含选择器,用来选择元素或元素组的后代,前面的一个选择器表示包含框对象的选择器,而后面的选择器表示被包含的选择器,中间用空格分隔。

图 4-23 并集选择器应用效果

语法格式如下:

```
选择器 1 选择器 2...{
    属性 1: 属性值 1;
    属性 2: 属性值 2;
    ...
}
```

语法示例如图 4-24 所示。

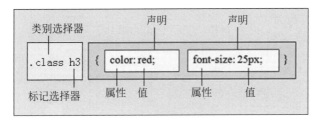

图 4-24 后代选择器语法示例

记忆技巧:子孙后代都可以这么使用。

后代选择器的功能极其强大。有了它,可以使 HTML 中不可能实现的任务成为可能,如例 4-10 所示。

【例 4-10】 后代选择器器应用

```
<!DOCTYPE html >
< html lang = "en">
< head >
    < meta charset = "UTF - 8">
    <title>后代选择器</title>
```

```
<style>
    ul li span{color: red}/* 后代选择器可以选择儿子、孙子、重孙子..*/
    .c span{/* 子孙后代受益于后代选择器 */
        color: blue;
    }
    .jianlin p {
        color: red;
    }
</style>
</head>
<body>
    <ul>
        <li><span>国服第一法师</span></li>
        <li><b>国服第一中单</b></li>
        <li><span>carry 全场</span></li>
    </ul>
    <div class = "c">
        <span>c 的子代</span>
        <div>
            <span>c 的后代</span>
        </div>
    </div>
    <span>c 的兄弟</span>
    <div class = "jianlin">
        <p>王思聪</p>
    </div>
    <div>
        <p>王宝强</p>
    </div>
</body>
</html>
```

在浏览器中的显示效果如图 4-25 所示。

图 4-25 后代选择器应用效果

后代选择器有一个易被忽视的方面：两个选择器或两个元素之间的层次间隔可以是无限的。

如写作 ul em，这个语法就会选择从 ul 元素继承的所有 em 元素，而不论 em 的嵌套层次有多深，它都能找得到，如例 4-11 所示。

【例 4-11】　后代选择器两个元素的间隔可以是无限的

```html
<!DOCTYPE html>
<html lang = "en">
<head>
    <meta charset = "UTF - 8">
    <title>后代选择器两个元素的间隔可以是无限的</title>
    <style>
        ul em{color: red;font - size: 20px;}
    </style>
</head>
<body>
    <ul>
        <li>List item 1
            <ol>
                <li>List item 1 - 1</li>
                <li>List item 1 - 2</li>
                <li>List item 1 - 3
                    <ol>
                        <li>List item 1 - 3 - 1</li>
                        <li>List item <em>1 - 3 - 2</em></li>
                        <li>List item 1 - 3 - 3</li>
                    </ol>
                </li>
                <li>List item 1 - 4</li>
            </ol>
        </li>
        <li>List item 2</li>
        <li>List item 3</li>
    </ul>
</body>
</html>
```

在浏览器中的显示效果如图 4-26 所示。

图 4-26　后代选择器两个元素的间隔可以是无限的

4. 子选择器

子选择器是指父元素所包含的直接子元素,其写法就是把父级选择器写在前面,把子级选择器写在后面,中间用大于号">"进行连接。

语法格式如下:

```
选择器 1 >选择器 2{
        属性 1: 属性值 1;
        属性 2: 属性值 2;
        …
    }
```

语法示例如图 4-27 所示。

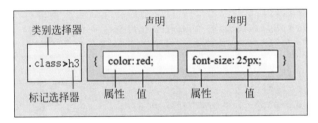

图 4-27　子选择器语法示例

记忆技巧: 这里的子指的是亲儿子,对孙子、重孙子等元素不起作用。

使用子选择器为其直接子元素添加样式,如例 4-12 所示。

【例 4-12】　子选择器应用

```
<!DOCTYPE html>
< html lang = "en">
< head >
    < meta charset = "UTF - 8">
    < title >子选择器</title >
    < style >
        .c > span{
            color: blue;
        }
    </style >
</head >
< body >
<div class = "c">
    < span >c 的子代</span >
    < div >
        < span >c 的后代</span >
    </div >
</div >
```

```
      <span>c 的兄弟</span>
</body>
</html>
```

在浏览器中的显示效果如图 4-28 所示。

```
c的子代
c的后代
c的兄弟
```

图 4-28 子选择器应用效果

4.1.9 伪类选择器

伪类选择器(伪类)通过冒号来定义,冒号前后没有空格,它定义了元素的状态,如单击按下、单击完成等,通过伪类可以为元素的状态修改样式,使元素看上去更"动态",如图 4-29 所示。

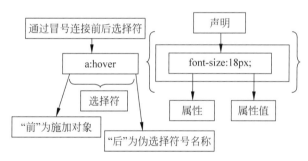

图 4-29 伪类选择器语法示例

CSS 伪类选择器有两种用法:

(1) 单纯式,E:pseudo-class{peoperty:value;...},其中 E 为元素,pseudo-class 为伪类名称,如 a:hover {color:red;}。

(2) 混用式,E.class:pseudo-class{peoperty:value;...},其中.class 表示类选择符。把类选择符与伪类选择符组成一个混合式的选择器,能够设计更复杂的样式,以精准匹配元素,如 a.selected:hover {color:blue;}。

伪类的功能和一般的 DOM 中的元素样式相似,但和一般的 DOM 中的元素样式不一样,它并不改变任何 DOM 内容,只是插入了一些修饰类的元素。这些元素对于用户来讲是可见的,但是对于 DOM 来讲不可见。伪类的效果可以通过添加一个实际的类来达到。

CSS3 的伪类选择器主要包括动态伪类、结构伪类、状态伪类。

1. 动态伪类

动态伪类是一类行为类样式,这些伪类并不存在于 HTML 中,只有当用户与页面进行交互时才能体现出来。动态伪类选择器包括两种形式:

（1）锚点伪类，这是一种在超链接上常见的样式，如：link、:visited。

（2）行为伪类，也称为用户操作伪类，如：hover、:active 和：focus。

< a > 标签可以根据用户行为的不同划分为 4 种状态，通过标签的伪类可以将 4 种状态选中设置为不同的样式效果，用户触发对应行为，就可以加载对应的样式，如例 4-13 所示。

【例 4-13】 锚点伪类应用

```html
<!DOCTYPE html>
<html lang = "en">
<head>
    <meta charset = "UTF-8">
    <title>锚点伪类</title>
    <style>
        /* 访问前状态 */
        a:link {
            color: gray
        }
        /* 访问后状态 */
        a:visited {
            color: cyan;
        }
        /* 鼠标悬停状态 */
        a:hover {
            color: red;
        }
        /* 鼠标单击状态 */
        a:active {
            color: yellow;
        }
    </style>
</head>
<body>
    <a href = "https://www.baidu.com"> 这是一个 a 标签 </a>
</body>
</html>
```

在浏览器中的显示效果如图 4-30 所示。

图 4-30　锚点伪类应用效果

注意：a:hover 必须在 CSS 定义中的 a:link 和 a:visited 之后才能生效！a:active 必须在 CSS 定义中的 a:hover 之后才能生效！伪类名称对大小写不敏感。当 4 个同时存在时顺序为 link、visited、hover、active。

在实际应用中,一般会将访问前和访问后的状态设置为一样的效果,以保证页面的统一性,设置鼠标移动时不一样的样式属性,示例代码如下:

```
a:link, a:visited {
    color: #666;
}
a:hover {
    color: red;
}
```

当然伪类的 E 元素可以是任何适合的元素,如在 < div > 元素上使用:hover 伪类的示例:

```
div:hover {
    background-color: blue;
}
```

其中,:hover 和:active 有被列入用户行为伪类中。

(1) E:active:选择匹配的 E 元素,并且匹配元素被激活。常用于链接描点和按钮上。

(2) E:hover:选择匹配的 E 元素,并且用户鼠标停留在元素 E 上。IE 6 及以下浏览器仅支持 a:hover。

(3) E:focus:选择匹配的 E 元素,而且匹配元素获取焦点,常用于表单元素上,如例 4-14 所示。

【例 4-14】　伪类选择符聚焦

```
<!DOCTYPE html >
< html lang = "en">
< head >
    < meta charset = "UTF-8">
    <title>伪类选择符聚焦</title>
    < style >
        h1{font-size:16px;}
        ul{list-style:none;margin:0;padding:0;}
        input:focus{/* 伪类选择器 */
        /* 阴影属性,4 个值分别为左右偏移、上下偏移、阴影模糊度、阴影颜色 */
            box-shadow:1px 0px 4px rgb(98,153,236);
        }
    </style>
</head>
< body >
< h1 >请聚焦到以下输入框</h1>
    < form action = "#">
        < ul >
```

```
                    <li><input placeholder = "姓名" /></li>
                    <li><input placeholder = "单位" /></li>
                    <li><input placeholder = "年龄" /></li>
                    <li><input placeholder = "职业" /></li>
                </ul>
            </form>
        </body>
    </html>
```

图 4-31　伪类选择符聚焦效果

在浏览器中的显示效果如图 4-31 所示。

2.结构伪类

结构伪类是 CSS3 新增的选择器,它利用文档结构树实现元素过滤,通过文档结构的相互关系来匹配特定的元素,从而减少文档内 class 属性和 ID 属性的定义,使文档更加简洁。

结构伪类有很多种形式,这些形式的用法是固定的,但可以灵活使用,以便设计各种特殊样式效果。

1) E:first-child

匹配父元素的第 1 个子元素 E。

结构伪类选择器很容易遭到误解,需要特别强调,代码如下:

```
p:first-child{color: red}
```

它表示的是选择父元素下的第 1 个子元素 p,而不是选择 p 元素的第 1 个子元素。
示例代码如下:

```
<ul>
    <li>列表项一</li>
    <li>列表项二</li>
    <li>列表项三</li>
    <li>列表项四</li>
</ul>
```

在上述代码中,如果要设置第 1 个 li 的样式,则代码应该写成 li:first-child{sRules},而不是 ul:first-child{sRules}。

再来看一段示例代码:

```
p:first-child{color:#f00;}

<div>
```

```
        <p>这是一个 p</p>
</div>
```

这段代码中 p 元素的内容被修饰后变成了红色。

现将代码简单地修改一下：

```
p:first - child{color: #f00;}

< div >
        < h2 >这是一个标题</h2>
        <p>这是一个 p</p>
</div>
```

只是在 p 前面加了一个 h2 标签,此时会发现选择器失效了,为什么?

因为对于 first-child 选择符 E 必须是它的兄弟元素中的第 1 个元素,换言之,E 必须是父元素的第 1 个子元素。与之类似的伪类还有 last-child,只不过情况正好相反,它是最后一个子元素。

2）E:last-child

匹配父元素的最后一个子元素 E。

对于 last-child 选择符,E 必须是它的兄弟元素中的最后一个元素,换言之,E 必须是父元素的最后一个子元素。与之类似的伪类是 first-child,只不过情况正好相反。

有效的示例代码如下：

```
p:last - child{color: #f00;}

< div >
        < h2 >这是一个标题</h2>
        <p>这是一个 p</p>
</div>
```

无效的示例代码如下：

```
p:last - child{color: #f00;}

< div >
        <p>这是一个 p</p>
        < h2 >这是一个标题</h2>
</div>
```

3）E:nth-child(n)

匹配父元素的第 n 个子元素 E,假设该子元素不是 E,则选择符无效。

该选择符允许使用一个乘法因子(n)来作为换算方式,例如想选中所有的偶数子元素 E,则选择符可以写成 nth-child(2n)。

注意:在结构伪类选择器中,子元素的序号是从 1 开始的,也就是说,第 1 个子元素的序号是 1,而不是 0。换句话说,当参数 n 的计算结果为 0 时,将不选择任何元素。

使用 nth-child(n)实现奇数和偶数,示例代码如下:

```
<style>
li:nth-child(2n){color:#f00;} /* 偶数 */
li:nth-child(2n+1){color:#000;} /* 奇数 */
</style>

<ul>
    <li>列表项一</li>
    <li>列表项二</li>
    <li>列表项三</li>
    <li>列表项四</li>
</ul>
```

因为(n)代表一个乘法因子,可以是 0,1,2,3,…,所以($2n$)换算出来是偶数,而($2n+1$)换算出来是奇数。

有一点需要注意,示例代码如下:

```
<div>
    <p>第 1 个 p</p>
    <p>第 2 个 p</p>
    <span>第 1 个 span</span>
    <p>第 3 个 p</p>
    <span>第 2 个 span</span>
    <p>第 4 个 p</p>
    <p>第 5 个 p</p>
</div>
```

p:nth-child(2){color:#f00;},很明显第 2 个 p 元素的内容会被渲染成红色。

p:nth-child(3){color:#f00;}这条选择符不会命中任何一个元素,因为第 3 个元素是 span,而不是 p。

4) E:nth-last-child(n)

匹配父元素的倒数第 n 个子元素 E,假设该子元素不是 E,则选择符无效。

该选择符允许使用一个乘法因子(n)来作为换算方式,例如想选中倒数第 1 个子元素 E,选择符则可以写成 nth-last-child(1)。有一点需要注意,示例代码如下:

```
<div>
    <p>第 1 个 p</p>
```

```
    <p>第2个p</p>
    <span>第1个span</span>
    <p>第3个p</p>
    <span>第2个span</span>
</div>
```

如上 HTML 代码,假设要命中倒数第 1 个 p(正数第 3 个 p),则 CSS 选择符应该如下:

```
p:nth-last-child(2){color:#f00;}
```

而不是如下代码:

```
p:nth-last-child(1){color:#f00;}
```

因为倒数第 1 个 p,其实是倒数第 2 个子元素。基于选择符从右到左解析,首先要找到第 1 个子元素,然后去检查该子元素是否为 p,如果不是 p,则 n 递增,继续查找。

5) E:nth-of-type(n)

匹配同类型中的第 n 个同级兄弟元素 E。

该选择符总是能命中父元素的第 n 个为 E 的子元素,不论第 n 个子元素是否为 E。有一点需要注意,示例代码如下:

```
<div>
    <p>第1个p</p>
    <p>第2个p</p>
    <span>第1个span</span>
    <p>第3个p</p>
    <span>第2个span</span>
</div>
```

如上述 HTML 代码,假设要命中第 1 个 span,代码如下:

```
span:nth-of-type(1){color:#f00;}
```

如果使用 nth-child(n),则代码如下:

```
span:nth-child(3){color:#f00;}
```

6) E:nth-last-of-type(n)

匹配同类型中的倒数第 n 个同级兄弟元素 E。

该选择符总是能命中父元素的倒数第 n 个为 E 的子元素,不论倒数第 n 个子元素是否为 E。

3. 状态伪类

状态伪类主要针对表单进行设计,由于表单是 UI 设计的灵魂,因此吸引了广大用户的关注。UI 是 User Interface(用户界面)的缩写,UI 元素的状态一般包括可用、不可用、选中、未选中、获取焦点、失去焦点、锁定、待机等。

CSS3 新定义了 3 种常用的 UI 状态伪类选择器。

(1) E:enabled 指定用户界面上处于可用状态元素 E 的样式。

(2) E:disabled 指定用户界面上处于不可用状态元素 E 的样式。

(3) E:checked 指定用户界面上处于选中状态元素 E 的样式(一般用于 input type 为 radio 与 checkbox)。

状态伪类选择器在表单中的应用,如例 4-15 所示。

【例 4-15】 状态伪类选择器应用

```
<!DOCTYPE html>
<html lang = "en">
<head>
    <meta charset = "UTF-8">
    <title>状态伪类选择器应用</title>
    <style>
        li{padding:3px;}
        input:enabled{/* 可用状态样式 */
            border:1px solid #090;
            background: #fff;
            color: #000;
        }
        input:disabled{/* 不可用状态样式 */
            border:1px solid #ccc;
            background: #eee;
            color: #ccc;
        }
        input:checked + span{background: #f00;}/* 选中状态样式 */
    </style>
</head>
<body>
<form method = "post" action = "#">
    <fieldset>
        <legend>enabled 与 disabled</legend>
        <ul>
            <li><input type = "text" value = "可用状态" /></li>
            <li><input type = "text" value = "禁用状态" disabled = "disabled"
                /></li>
        </ul>
    </fieldset>
    <fieldset>
```

```
        < legend >选中下面的项试试</legend >
        < ul >
            < li >< label >< input type = "radio" name = "colour - group" value = "0"
                 />< span >蓝色</span ></label ></li >
            < li >< label >< input type = "radio" name = "colour - group" value = "1"
                 />< span >红色</span ></label ></li >
            < li >< label >< input type = "radio" name = "colour - group" value = "2"
                 />< span >黑色</span ></label ></li >
        </ul >
    </fieldset >
</form >
</body >
</html >
```

在浏览器中的显示效果如图 4-32 所示。

图 4-32　状态伪类选择器应用效果

4.1.10　属性选择器

从 CSS2 开始引入了属性选择器,属性选择器可以根据元素的属性及属性值来选择元素,如表 4-2 所示。

表 4-2　属性选择器

属性名	描　　　述	示　　　例
E[att]	匹配指定属性名的所有元素	E[align]{color: red;}
E[att＝val]	匹配属性等于指定值的所有元素	E[align＝center]{color: red;}
E[att^＝val]	匹配属性以指定的属性值开头的所有元素	E[class^＝"♯f"]{color:mediumblue;}
E[att$＝val]	匹配属性以指定的属性值结尾的所有元素	E[class$＝"aa"]{color:mediumblue;}
E[att*＝val]	匹配属性中包含指定的属性值的所有元素	E[class*＝"aa"]{color:mediumblue;}

续表

属性名	描　　述	示　　例
E[att～＝"val"]	匹配属性且属性值是用空格分隔的字词列表,其中一个属性值等于 val 的元素	E[class～＝"a"]{color：red；}
E[att∣＝"val"]	匹配属性且属性值以 val 开头并用连接符"-"分隔的字符串的元素	E[class∣＝"a"]{color：red；}

1. E[att]

选择具有 att 属性的 E 元素,代码如下：

```
<style>
    img[alt]{width:100px;}
</style>

<img src="图片 url" alt="" />
<img src="图片 url" />
```

此例将会命中第一张图片,因为匹配到了 alt 属性。

2. E[att＝val]

选择具有 att 属性且属性值等于 val 的 E 元素,代码如下：

```
<style>
    input[type="text"]{border:2px solid #000;}/*设置边框*/
</style>

<input type="text" />
<input type="submit" />
```

此例将会命中第一张 input,因为匹配到了 type 属性,并且属性值为 text。

3. E[att^＝val]

选择具有 att 属性且属性值以 val 开头的字符串的 E 元素,代码如下：

```
<style>
    div[class^="a"]{border:2px solid #000;}
</style>

<div class="abc">1</div>
<div class="acb">2</div>
<div class="bac">3</div>
```

此例将会命中 1、2 两个 div,因为匹配到了 class 属性,并且属性值以 a 开头。

4. E[att $ = val]

选择具有 att 属性且属性值以 val 结尾的字符串的 E 元素,代码如下:

```
<style>
    div[class $ = "c"]{border:2px solid #000;}
</style>

<div class = "abc">1</div>
<div class = "acb">2</div>
<div class = "bac">3</div>
```

此例将会命中 1、3 两个 div,因为匹配到了 class 属性,并且属性值以 c 结尾。

5. E[att * = val]

选择具有 att 属性且属性值包含 val 的字符串的 E 元素,代码如下:

```
<style>
    div[class * = "b"]{border:2px solid #000;}
</style>

<div class = "abc">1</div>
<div class = "acb">2</div>
<div class = "bac">3</div>
```

此例将会命中所有的 div,因为匹配到了 class 属性,并且属性值中都包含了 b。

6. E[att~ = "val"]

选择具有 att 属性且属性值是用空格分隔的字词列表,其中一个等于 val 的 E 元素(包含只有一个值且该值等于 val 的情况),代码如下:

```
<style>
    div[class~ = "a"]{border:2px solid #000;}
</style>

<div class = "a">1</div>
<div class = "b">2</div>
<div class = "a b">3</div>
```

此例将会命中 1、3 两个 div,因为匹配到了 class 属性,并且属性值中有一个值为 a。

7. E[att| = "val"]

选择具有 att 属性且属性值以 val 开头并用连接符"-"分隔的字符串的 E 元素,代码如下:

```
< style >
    div[class| = "a"]{border:2px solid #000;}
</style >


< div class = "a - test"> 1 </div >
< div class = "b - test"> 2 </div >
< div class = "c - test"> 3 </div >
```

此例将会命中第 1 个 div,因为匹配到了 class 属性,并且属性值以紧跟着"-"的 a 开头。

4.1.11 继承与层叠

CSS 具有两个核心的概念——继承和层叠。

1. 继承

所谓继承,就是给父级设置了一些属性。子级继承了父级的该属性,其中相当一部分是跟文字相关的,例如颜色、字体、字号等是可以继承的。当然还有一部分是不能继承的,例如浮动、边框、内外边距、定位等,代码如下:

```
< style >
  .father{ color:red; }
</style >


< div class = "father">
< p > Content Goes Here.</p >
</div >
```

此例中段落文本被渲染为红色,显然继承了父类。

修改父类样式,代码如下:

```
< style >
    .father{
            font - size: 30px;
            background - color: green;
        }
</style >


< div class = "father">
    < p > Content Goes Here.</p >
</div >
```

此例中背景色没有被继承。

2. 层叠

我们知道文档中的一个元素可能同时被多个 CSS 选择器选中,每个选择器都有一些 CSS 规则,这就是层叠。这些规则有可能不矛盾,自然这些规则将会同时有效,然而有些规则是相互冲突的,示例代码如下:

```
< style >
  h1{color:Red;}
  body h1{color:Blue;}
</style >

< h1 > Hello CSS </h1 >
```

此例中当层叠样式发生冲突时,需要为每条规则制定特殊性,当发生冲突时必须选出一条最高特殊性的规则来应用。CSS 规则的特殊性可以用 4 个整数来表示,例如 0,0,0,0。计算规则如下:

(1) 对于规则中的每个 ID 选择符,特殊性加 0,1,0,0。

(2) 对于规则中每个类选择符和属性选择符及伪类,特殊性加 0,0,1,0。

(3) 对于规则中的每个元素名或者伪元素,特殊性加 0,0,0,1。

(4) 对于通配符,特殊性加 0,0,0,0。

(5) 对于内联规则,特殊性加 1,0,0,0。

最终得到结果就是这个规则的特殊性。两个特殊性的比较类似字符串大小的比较,是从左往右依次比较,第 1 个数字大的规则的特殊性高。

上例中两条规则的特殊性分别是 0,0,0,1 和 0,0,0,2,显然第二条胜出,因此最终字是蓝色的。

4.1.12 DIV+CSS 布局

CSS 扩充了 HTML 标签的属性设置,使页面显示效果更加丰富,表现更加灵活,它与 DIV 的配合使用可以很好地对页面进行分割和布局。

绝大多数的模具工作是由 CSS+DIV 来完成的,因为表格布局复杂页面时需要频繁地嵌套,代码比较复杂、难以维护,而使用 CSS+DIV 布局,内容和表现可以分离,代码干净整洁、可读性好、便于维护,并且样式代码可以复用,提高了开发效率,同时分离后美工和网站开发人员也可以协同合作,进一步提高了开发效率和整体网站的质量。

利用 DIV+CSS 整体布局淘宝首页,如图 4-33 所示。

根据上面的效果图,实际布局整体页面结构如图 4-34 所示,首先说明一下层的嵌套关系,这样理解起来就会更简单了,如例 4-16 所示。

图 4-33　淘宝首页效果图

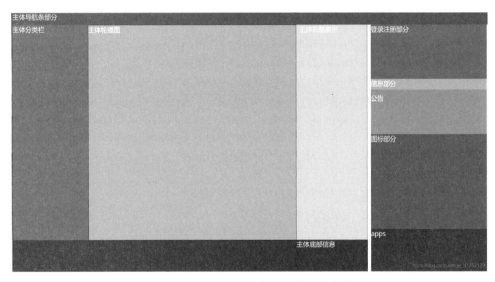

图 4-34　DIV＋CSS 布局淘宝首页结构图

【例 4-16】　DIV＋CSS 布局淘宝首页

HTML 代码如下：

```
<!DOCTYPE html>
<html lang = "en">
<head>
    <meta charset = "UTF - 8">
```

```
    <title>淘宝首页</title>
    < link rel = "stylesheet" href = "css/taobao.css"><!-- 引入外部样式 -->
</head>
< body >
< div class = "wrapper">
    <!-- 导航条 -->
    < div class = "top-nav-wrap">
        < div class = "top-nav">
            < div>导航条</div>
            < div>广告图</div>
        </div>
    </div>
    <!-- 搜索部分 -->
    < div class = "search-wrap">
        < div class = "search">
            < div>搜索部分</div>
        </div>
    </div>
    <!-- 主体部分 -->
    < div class = "main-wrap">
        <!-- 主体导航条部分 -->
        < div class = "main-nav">
            < div>主体导航条部分</div>
        </div>
        <!-- 主体部分 -->
        < div class = "main-box">
            <!-- 先两栏布局 -->
            < div class = "main">
                < div class = "main-inner">
                    < div class = "inner-lf">
                        < div>主体分类栏</div>
                    </div>
                    < div class = "inner-cer">
                        < div>主体轮播图</div>
                    </div>
                    < div class = "inner-rt">
                        < div>主体右侧展示</div>
                    </div>
                </div>
                < div class = "main-bottom">
                    < div>主体底部信息</div>
                </div>
            </div>
            < div class = "box-rt">
                < div class = "member">
                    < div>登录注册部分</div>
                </div>
                < div class = "massage">
```

```
            <div>信息部分</div>
         </div>
         <div class = "notice">
            <div>公告</div>
         </div>
         <div class = "mobule">
            <div>图标</div>
         </div>
         <div class = "app">
            <div> apps </div>
         </div>
      </div>
   </div>
</div>
</div>
</body>
</html>
```

CSS 样式代码如下：

```
* {
   margin: 0;
   padding: 0;
}
div{
   color: #fff;
   font - size: 16px;
}
html,body{
   width:100 % ;
   height: 100 % ;
}
.wrapper {
   width: 100 % ;
   height: 100 % ;
}
/ * 导航条部分 * /
.wrapper .top - nav - wrap
{
   width: 100 % ;
   height: 105px;
}
.wrapper .top - nav {
   width: 1190px;
   height: 105px;
   margin: 0 auto;
   background - color: green;
```

```
      border: 1px solid #000;
}
/* 搜索部分 */
.wrapper .search-wrap{
   width:100%;
   height: 97px;
}
.wrapper .search{
   width: 1190px;
   height: 97px;
   background-color: #ff5500;
   margin: 0 auto;
   border: 1px solid #000;
}
/* 主体部分 */
.wrapper .main-wrap{
   width: 1190px;
   height: 663px;
   margin: 0 auto;
   border: 1px solid #000;
}
.wrapper .main-wrap .main-nav{
   width: 100%;
   height: 30px;
   background-color:green;
}
.wrapper .main-wrap .main-box .main{
   width: 890px;
   height: 632px;
   float: left;
}
.main-wrap .main-box .main .main-inner{
   width: 890px;
   height: 522px;
   background-color: pink;
}
.main-wrap .main-box .main .main-inner .inner-lf{
   width: 190px;
   height: 100%;
   float: left;
   background-color: #ff5500;
}
.main-wrap .main-box .main .main-inner .inner-cer{
   width: 520px;
   height: 100%;
   float: left;
   border:1px solid #000;
}
```

```
.main-wrap .main .main-inner .inner-rt {
    padding: 0 8px;
    width: 160px;
    height: 100%;
    float: left;
    background-color: yellow;
}
.main-wrap .main .main-bottom{
    width: 890px;
    height: 110px;
    background-color:purple;
}
.wrapper .main-box .box-rt{
    width: 290px;
    height: 632px;
    float: left;
    margin-left: 8px;
    background-color: blue;
}
.wrapper .main-box .box-rt .member{
    width: 290px;
    height: 132px;
    background-color:#ff5500;
}
.wrapper .main-box .box-rt .massage{
    width: 290px;
    height: 26px;
    background-color: pink;
}
.wrapper .main-box .box-rt .notice{
    width: 290px;
    height: 98px;
    padding-top:10px;
    background-color:orange;
}
.wrapper .main-box .box-rt .module{
    width: 290px;
    height: 230px;
    background-color:red;
}
```

4.1.13　综合实战

以"制作开心餐厅页面"为例,其页面显示效果如图 4-35 所示。

运用前面所学综合知识来完成开心餐厅页面的设计。

图 4-35　开心餐厅

HTML 代码如下：

```html
<!DOCTYPE html>
<html lang = "en">
<head>
    <meta charset = "UTF-8">
    <title>开心餐厅</title>
    <!-- 引入外部样式 -->
    <link href = "css/refactory.css" rel = "stylesheet" type = "text/css" />
</head>
```

```
< body >
    < p >
        < img src = "images/game01.jpg" width = "887" height = "439" alt = "主题图片" />
    </p>
    < p >
        < img src = "images/game02.jpg" width = "195" height = "51" alt = "游戏简介"/>
    </p>
    < p class = "green">
        开心餐厅,让您可以开心地烹饪美味佳肴,从一个简洁的小餐厅起步,
        逐步打造自己的餐饮大食代。< br/>
        烹饪美食,雇佣好友帮忙,装修个性餐厅,获得顾客美誉。< br/>
        步步精心经营,细心打理,我们都能成为餐饮大亨哦。
    </p>
    < p >
        < img src = "images/game03.jpg" width = "192" height = "53" alt = "游戏特色" />
    </p>
    < p >< h2 id = "first">如何做菜?</h2 >
    1.单击餐厅中的炉灶,打开菜谱,选择自己要做的食物后,进行烹饪。不断单击炉灶,
    直到食物进入自动烹饪阶段;< br/>
    2.每道菜所需要制作的步骤和烹饪的时间不一样,可以根据自己的时间和偏好进行选择,还
    会有各地特色食物供应哦;< br/>
    3.烹饪完毕的食物要及时端到餐台上,否则过一段时间会腐坏;< br/>
    4.食物放在餐台上后,服务员会自动端给顾客,顾客吃完后会付钱给你。
    < h2 >如何经营餐厅?</h2 >
    1.自己做老板,当大厨,雇用好友来做服务员为你打工。心情越好的员工效率越高。员工兼
    职的份数越少,工作的时间越短心情越好;好友间亲密度越高,可雇用的时间越长;< br/>
    2.随着等级的升高,可雇用的员工、可购买的炉灶、餐台、经营面积都会随之增加;< br/>
    3.餐桌椅的摆放位置也很有讲究,它会影响顾客和服务员的行走路程。
    < h2 >如何吸引顾客?</h2 >
    1.美誉度决定了餐厅的客流量,美誉度高时来餐厅的顾客多,美誉度低时来餐厅的顾客少;
    < br/>
    2.如果不需要等待,就能及时享用到食物,顾客就会满意地增加餐厅美誉度;与之相反,如果
    没有吃到食物就离开的顾客会降低美誉度;< br/>
    3.总而言之,储备充足的食物、及时的服务、足够的餐桌椅是必不可少的!
    < h2 >如何和好友互动?</h2 >
    1.不忍眼睁睁看好友餐厅的食物腐坏,那就帮忙端到餐台吧!自己还可以获得经验值奖励;
    < br/>
    2.仓库里的东西可以赠送给好友,直接拖曳到礼物即可赠送;拖曳到收银即可出售。注意
    哦,每个级别能收到礼物的总价值是有上限的;< br/>
    3.系统的额外食物奖励可和好友分享,把分享消息发布到开心网动态上,让朋友们一起感受
    快乐!每天最多可以从 5 位好友的餐厅领取免费食物,食物将被放入仓库的冷藏室里,可出售给系
    统,也可以拖曳到餐台上卖给顾客;< br/>
    4.在好友需要帮助时,给予帮忙,当然啦,你也可以给好友捣捣乱、使使坏。作为奖励,你也
    会获得经验值和现金。
    </p>
    < p >
        < img src = "images/game04.jpg" width = "195" height = "50" alt = "游戏口碑" />
    </p>
```

```
<p class="blue">开心餐厅,让您可以开心地烹饪美味佳肴,从一个简洁的小餐厅起步,逐
步打造自己的餐饮大食代。<br/>
烹饪美食,雇用好友帮忙,装修个性餐厅,获得顾客美誉。<br/>
步步精心经营,细心打理,我们都能成为餐饮大亨哦。
</p>
</body>
</html>
```

CSS 样式代码(refectory.css)如下:

```
p{font-size:12px;}
h2{font-size:18px; color:red;}
p.green{color:green;}
p.blue{color:blue;}
#first{font-size:24px; color:green;}
```

4.2 CSS 美化页面元素

4.1 节介绍了 CSS 的语法及选择器,这一节将介绍如何使用 CSS 对网页文本进行美化,例如对字体、文本、背景及表格的设置,使页面漂亮、美观,更加吸引用户。

4.2.1 字体样式

在 CSS 中,通过 font 属性可以设置丰富多彩的文字样式,如表 4-3 所示。

表 4-3 字体属性

属性名	描 述	示 例
font-family	设置字体类型	font-family:隶书;
font-size	设置字体大小	font-size:12px;
font-style	设置字体风格	font-style:italic;
font-weight	设置字体的粗细	font-weight:bold;
font-variant	设置小型的大写字母字体	font-variant:small-caps;
font	简写属性,其作用是把所有针对字体的属性设置在一个声明中	font:italic bold 36px "宋体";

1. 字体类型 font-family

font-family 属性在 CSS 字体中比较常用,专门用于设置字体的类型。

基本语法如下:

```
font-family:字体1,字体2,…;
```

属性值可以是多种字体的名称,以逗号隔开。浏览器依次查找字体,只要存在就使用该字体,如果不存在就继续找下去,依此类推。

一般字体引用可以不加引号,如果字体名包含了空格、数字或者符号(如连接符),则需加上引号,避免引发错误。

2. 字体大小 font-size

font-size 用于设置字体大小。font-size 的属性值为长度值,可以使用绝对单位或相对单位。

(1) 绝对单位使用的是固定尺寸,不允许用户在浏览器中更改文本大小,采用了物理度量单位,如 cm、mm、px、pt 等。

(2) 相对单位是相对于周围的参照元素设置大小,允许用户在浏览器中更改字体大小,如 em、ch、% 等。

关于字体大小的设置,常用的单位是使用 px、em(1em＝16px)或百分比(%)来显示字体大小。

基本语法如下:

```
font-size:绝对大小 | 相对大小 | 关键字;
```

3. 字体风格 font-style

font-style 用于设置字体风格是否为斜体字,该属性有 3 个取值,如表 4-4 所示。

表 4-4　font-style 取值

属　性　值	描　　述	属　性　值	描　　述
normal	正常字体	oblique	倾斜字体
italic	斜体		

基本语法如下:

```
font-style: normal | italic | oblique;
```

4. 字体粗细 font-weight

font-weight 用于设置字体的粗细,该属性有 5 种取值,如表 4-5 所示。

表 4-5　font-weight 取值

属　性　值	描　　述
normal	正常字体
bold	粗体
bolder	特粗体
lighter	细体
整数	定义由粗到细的字符。400 等同于 normal,而 700 等同于 bold

基本语法如下：

```
font - weight: normal | bold | bolder | lighter | 整数;
```

5. 字体变化 font-variant

font-variant 用于设置字体变化，主要用于设置英文字体，实际上是设置文本字体是否为小型的大写字母。该属性有两种取值，如表 4-6 所示。

表 4-6　font-variant 取值

属　性　值	描　　述	属　性　值	描　　述
normal	正常字体	small-caps	小型的大写字母字体

6. 复合属性 font

font 简写属性用于一次设置多种字体属性，将相关属性汇总写在同一行。
基本语法如下：

```
font: font - style font - weight font - variant font - size/line - height font - family;
```

使用 font 属性时，必须按照如上的排列顺序，并且 font-size 和 font-family 是不可忽略的。每个参数仅允许有一个值。忽略的属性将使用其参数对应的独立属性的默认值。

多个属性以空格隔开，如果其中某属性没有规定，则可以省略不写，代码如下：

```
p{
    font - style: italic;
    font - weight: bolder;
    font - size: 20px;
    font - family: "黑体";
}
```

上述代码使用 font 属性可以简写为

```
p{font: italic bold 20px "黑体"}
```

效果完全相同。

设置字体大小、样式、风格、粗细及复合属性，如例 4-17 所示。

【例 4-17】　字体属性综合应用

```
<!DOCTYPE html>
< html lang = "en">
< head >
```

```
    < meta charset = "UTF - 8">
    < title>字体属性应用</title>
    < style>
        .style01{font - family: "楷体","Times New Roman";}
        .style02{font - size: 20px}
        .style03{font - style: italic}
        .style04{font - weight: bold}
        p span{font - variant:small - caps;}
        .style06{font: italic 28px 幼圆}
    </style>
</head>
< body>
    < p class = "style01">字体类型为 楷体</p>
    < p class = "style02">字体大小为 20px</p>
    < p class = "style03">字体风格为 斜体</p>
    < p class = "style04">字体粗细程度为 粗体</p>
    < p class = "style05"> HOW DO YOU DO & < span > how do you do.</span></p>
    < p class = "style06">将字体设置为斜体、大小为 28px、字体为幼圆</p>
</body>
</html>
```

在浏览器中的显示效果如图 4-36 所示。

图 4-36　字体属性应用效果

4.2.2　文本样式

在 CSS 中不仅可以设置字体、大小、粗细、风格等,还可以对文本显示进行更精细排版设置,文本相关属性如表 4-7 所示。

表 4-7 文本属性

属 性 名	描 述	示 例
text-align	设置文本水平对齐方式	text-align:right;
vertical-align	设置文本垂直对齐方式	vertical-align:middle;
text-indent	设置首行文本的缩进	text-indent:20px;
line-height	设置文本的行高	line-height:25px;
text-decoration	设置文本的装饰	text-decoration:underline;
text-transform	控制文本中的字母的大小写	text-transform:uppercase;
letter-spacing	设置字符间距	letter-spacing:2px;
text-shadow	为文本设置阴影	text-shadow:2px 2px 4px ♯000000;

1. 水平对齐方式 text-align

text-align 属性用来定义文本的水平对齐方式。

基本语法如下：

```
text-align: left | right | center | justify
```

语法中该属性有 4 种取值，如表 4-8 所示。

表 4-8 text-align 取值

属 性 值	描 述	属 性 值	描 述
left	左对齐，默认值	center	居中
right	右对齐	justify	两端对齐

要使 text-align 的 justify 两端对齐生效，需要在汉字间插入空白，如空格。所有主流浏览器都支持 text-align 的 justify 属性值。水平对齐方式的简单应用，如例 4-18 所示。

【例 4-18】 text-align 水平对齐应用

```html
<!DOCTYPE html>
<html lang="en">
<head>
    <meta charset="UTF-8">
    <title>text-align 水平对齐应用</title>
    <style>
        div{
            border: 1px solid; /*设置边框*/
            width: 300px;
        }
        .center{text-align: center}
        .left{text-align: left}
        .right{text-align: right}
```

```
        </style>
    </head>
    <body>
        <div>
            <p class="center">文字居中对齐</p>
            <p class="left">文字左对齐</p>
            <p class="right">文字右对齐</p>
        </div>
    </body>
</html>
```

在浏览器中的显示效果如图 4-37 所示。

图 4-37　水平对齐应用效果

2. 垂直对齐 vertical-align

vertical-align 属性用来定义文本的垂直对齐方式。

基本语法如下：

```
vertical-align: sub | super | top | text-top | middle | bottom | text-bottom
```

语法中该属性的常用取值如表 4-9 所示。

表 4-9　vertical-align 取值

属 性 值	描　　述
sub	垂直对齐文本的下标
super	垂直对齐文本的上标
top	把元素的顶端与行中最高元素的顶端对齐
text-top	把元素的顶端与父元素字体的顶端对齐
middle	把此元素放置在父元素的中部
bottom	把元素的顶端与行中最低元素的顶端对齐
text-bottom	把元素的底端与父元素字体的底端对齐
baseline	把元素内容与基线对齐

vertical-align 属性提供的值很多，如例 4-19 演示了不同垂直对齐方式的效果比较。

【例 4-19】 垂直对齐方式应用

```
<!DOCTYPE html>
<html lang = "en">
<head>
    <meta charset = "UTF-8">
    <title>垂直对齐方式</title>
    <style>
        body{font-size: 48px;}
        .baseline{vertical-align: baseline}
        .sub{vertical-align:sub}
        .super{vertical-align:super}
        .top{vertical-align:top}
        .text-top{vertical-align:text-top}
        .middle{vertical-align:middle}
        .bottom{vertical-align:bottom}
    </style>
</head>
<body>
    <p>valign:
    <span class = "baseline"><img src = "images/icon.gif" alt = ""></span>
    <span class = "sub"><img src = "images/icon.gif" alt = ""></span>
    <span class = "super"><img src = "images/icon.gif" alt = ""></span>
    <span class = "top"><img src = "images/icon.gif" alt = ""></span>
    <span class = "text-top"><img src = "images/icon.gif" alt = ""></span>
    <span class = "middle"><img src = "images/icon.gif" alt = ""></span>
    <span class = "bottom"><img src = "images/icon.gif" alt = ""></span>
    <span class = "text-bottom"><img src = "images/icon.gif"></span>
    </p>
</body>
</html>
```

在浏览器中的显示效果如图 4-38 所示。

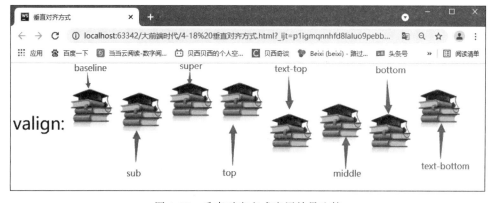

图 4-38 垂直对齐方式应用效果比较

3. 首行缩进 text-indent

text-indent 属性用于设置首行文本的缩进,其属性值可为不同单位的数值、em 字符宽度的倍数或相对于浏览器窗口宽度的百分比%,允许使用负值,建议使用 em 作为设置单位。

1em=16px,一个汉字不加任何修饰就是 16px,所以 1em 就是一个汉字的宽度。

基本语法如下:

```
text - indent:长度值 | 百分比值
```

text-indent 的简单应用如例 4-20 所示。

【例 4-20】 首行缩进应用

```
<! DOCTYPE html >
< html lang = "en">
< head >
    < meta charset = "UTF - 8">
    < title >首行缩进</title>
    < style >
        p{
            text - indent: 2em;
            border: 1px solid;
            width: 200px;
        }
    </style>
</head >
< body >
    < p >
        这是一段测试文字,用于测试首行缩进,当前缩进两个字符。
    </p>
</body >
</html >
```

在浏览器中的显示效果如图 4-39 所示。

图 4-39 首行缩进应用效果

4. 行高 line-height

line-height 属性用于设置行间距，也就是行与行之间的距离，即字符的垂直间距，一般称为行高，如图 4-40 所示。

图 4-40　行高与行距

基本语法如下：

```
line - height: normal | length
```

其中，normal 表示默认值，一般为 1.2em。length 表示百分比数字，或者由浮点数字和单位标识符组成的长度值，允许为负值。在实际工作中使用最多的是像素 px，如例 4-21 所示。

【例 4-21】　行高简单应用

```
<!DOCTYPE html >
< html lang = "en">
< head >
    < meta charset = "UTF - 8">
    < title>行高简单应用</title>
    < style type = "text/css">
        p {
            line - height:20px;
        }
    </style >
</head >
< body >
< div style = "background - color:♯ccc;">
    < p style = "font - size:1em;background - color:♯999;">中文 English </p>
    < p style = "font - size:1em;background - color:♯999;"> English 中文</p>
</div >
</body >
</html >
```

在浏览器中的显示效果如图 4-41 所示。

5. 文本装饰 text-decoration

text-decoration 属性用于为文本添加装饰效果，如上画线、下画线和删除线（贯穿线）等。

图 4-41　行高应用效果

基本语法如下：

```
text - decoration : none | underline | overline | line - through
```

语法中该属性的属性值及描述如表 4-10 所示。

表 4-10　text-decoration 取值

属 性 值	描　　述	属 性 值	描　　述
none	无装饰	overline	为文本添加上画线
underline	为文本添加下画线	line-through	为文本添加删除线

如例 4-22 所示演示如何向文本添加修饰。

【例 4-22】　向文本添加修饰

```
<!DOCTYPE html>
< html lang = "en">
< head >
    < meta charset = "UTF - 8">
    <title>向文本添加修饰</title>
    < style >
        .test li{margin - top:10px;}
        .test .none{text - decoration:none;}
        .test .underline{text - decoration:underline;}
        .test .overline{text - decoration:overline;}
        .test .line - through{text - decoration:line - through;}
        .test .text - decoration - css3{
            text - decoration: #f00 dotted underline;
        }
    </style >
</head >
< body >
    < ul class = "test">
        < li class = "none">无装饰文字</li>
```

```
            < li class = "underline">带下画线文字</li>
            < li class = "overline">带上画线文字</li>
            < li class = "line - through">带贯穿线文字</li>
            < li class = "text - decoration - css3">如果你的浏览器支持 text - decoration 在
                CSS3 下的改变,将会看到本行文字有一条红色的下画虚线</li>
        </ul>
    </body>
</html>
```

在浏览器中的显示效果如图 4-42 所示。

图 4-42　向文本添加修饰效果

6. 文本切换 text-transform

text-transform 属性用来转换英文大小写。

基本语法如下:

```
text - transform: none | capitalize | uppercase | lowercase
```

语法中该属性的属性值及描述如表 4-11 所示。

表 4-11　text-transform 取值

属 性 值	描 述	属 性 值	描 述
none	无转换	uppercase	将每个单词转换成大写
capitalize	将每个单词的第 1 个字母转换成大写	lowercase	将每个单词转换成小写

该属性会改变元素中的英文字母大小写,而不论源文档中文本的大小写,如例 4-23 所示。

【例 4-23】 text-transform 的简单应用

```
<!DOCTYPE html>
<html lang = "en">
<head>
    <meta charset = "UTF - 8">
    <title>text - transform 的简单应用</title>
    <style>
        .capitalize span{text - transform:capitalize;}
        .uppercase span{text - transform:uppercase;}
        .lowercase span{text - transform:lowercase;}
    </style>
</head>
<body>
    <ul class = "test">
        <li>
            <strong>将每个单词的首字母转换成大写</strong>
            <div>原　文：<span>how do you do.</span></div>
            <div class = "capitalize">转换后：<span>how do you do.</span></div>
        </li>
        <li>
            <strong>转换成大写</strong>
            <div>原　文：<span>how do you do.</span></div>
            <div class = "uppercase">转换后：<span>how do you do.</span></div>
        </li>
        <li>
            <strong>转换成小写</strong>
            <div>原　文：<span>HOW ARE YOU.</span></div>
            <div class = "lowercase">转换后：<span>HOW ARE YOU.</span></div>
        </li>
    </ul>
</body>
</html>
```

在浏览器中的显示效果如图 4-43 所示。

图 4-43　text-transform 的简单应用效果

7. 字符间距 letter-spacing

letter-spacing 属性用来设置字符与字符之间的间距。

基本语法如下：

```
letter - spacing: normal | 长度值
```

其中，长度一般为正数，也可以使用负数，单位一般选用 px。letter-spacing 不能用于一行的开始和结束，如例 4-24 所示。

【例 4-24】 字符间距 letter-spacing

```
<!DOCTYPE html >
< html lang = "en">
< head >
    < meta charset = "UTF - 8">
    < title >字符间距</title >
    < style >
        .test p{border:1px solid #000;}
        .normal p{letter - spacing:normal;}
        .length p{letter - spacing:10px;}
    </style >
</head >
< body >
< ul class = "test">
    < li class = "normal">
        < strong >默认间隔</strong >
        <p>默认情况下的文字间隔</p>
    </li >
    < li class = "length">
        < strong >自定义的间隔大小</strong >
        <p>自定义的文字间隔大小 Hello world</p>
    </li >
</ul >
</body >
</html >
```

在浏览器中的显示效果如图 4-44 所示。

8. 文本阴影 text-shadow

text-shadow 属性用来为文字添加阴影效果。

基本语法如下：

```
text - shadow: h - shadow v - shadow blur color;
```

参数解释如下。

图 4-44　字符间距应用效果

（1）h-shadow：必选，水平阴影的位置，允许负值。

（2）v-shadow：必选，垂直阴影的位置，允许负值。

（3）blur：可选，模糊的距离。

（4）color：可选，阴影的颜色。

霓虹灯效果的文本阴影，示例代码如下：

```
<style>
    h1 {
    text-shadow:0 0 3px #FF0000;
    }
</style>

<h1>霓虹灯效果的文本阴影!</h1>
```

示例代码的效果如图 4-45 所示。

霓虹灯效果的文本阴影！

图 4-45　霓虹灯效果的文本阴影

4.2.3　颜色

网页中结构和内容仅是一方面，没有色彩的页面再精致也很难吸引人。在 CSS 中 color 属性用于定义文本的颜色。

基本语法如下：

```
color : 指定颜色
```

其取值方式有 3 种：

（1）预定义的颜色值，如 red、green、blue 等。

（2）十六进制，如♯FF0000，♯FF6600，♯29D794 等。在实际工作中，十六进制是最常用的定义颜色的方式。

（3）rgb()函数，使用 rgb(r,g,b)或 rgb(r%,g%,b%)，字母 r、g、b 分别表示颜色分量红色、绿色、蓝色，前者参数取值为 0～255，后者参数取值为 0～100。如红色可以表示为 rgb(255,0,0)或 rgb(100%,0%,0%)。

使用技巧：颜色取值，可以利用 QQ 截屏（快捷键 Ctrl＋Shift＋A）功能获取当前鼠标屏幕位置的颜色 RGB 值和十六进制值，将鼠标移动到想查看的屏幕颜色上即可获得相应的 RGB 值和十六进制值。

注意：如果使用 RGB 代码的百分比颜色值，取值为 0 时也不能省略百分号，必须写为 0%。

用 3 种取值方式设置文本的颜色，如例 4-25 所示。

【例 4-25】 文本颜色应用

```
<! DOCTYPE html >
< html lang = "en">
< head >
< meta charset = "UTF - 8">
<title>文本颜色</title>
    < style >
        body {color:red}
        h1 {color:♯00ff00}
        p.ex {color:rgb(0,0,255)}
    </style >
</head >
< body >
    <h1>这是 heading 1 </h1>
    <p>该段落的文本是红色的。在 body 选择器中定义了本页面中的默认文本颜色。</p>
    <p class = "ex">该段落中的文本是蓝色的。</p>
</body >
</html>
```

在浏览器中的显示效果如图 4-46 所示。

文字颜色到了 CSS3 可以采取半透明的格式。

语法格式如下：

```
rgba(r,g,b,a)
```

其中，a 是 alpha 的简写，透明的意思，取值为 0%～100%，它规定了对象的透明度，如例 4-26 所示。

图 4-46　文本颜色应用效果

【例 4-26】　颜色透明度

```
<!DOCTYPE html>
<html lang = "en">
<head>
    <meta charset = "UTF - 8">
    <title>颜色透明度</title>
</head>
<body>
    <ul>
        <li style = "color:rgba(165, 42 ,42, 1)">100 ％透明度</li>
        <li style = "color:rgba(165, 42 ,42, 0.5)">50 ％透明度</li>
        <li style = "color:rgba(165, 42 ,42, 0.3)">30 ％透明度</li>
        <li style = "color:rgba(165, 42 ,42, 0.1)">10 ％透明度</li>
    </ul>
</body>
</html>
```

在浏览器中的显示效果如图 4-47 所示。

图 4-47　颜色透明度效果

4.2.4　背景样式

在 CSS 中对于背景的设置也比较丰富,可帮助用户设计大方、美观的页面显示效果。background 属性用来设置背景颜色、背景图片等,其属性如表 4-12 所示。

表 4-12　background 属性

属　性　名	描　　　述
background-color	设置背景颜色
background-image	设置背景图像
background-repeat	设置背景图像是否重复平铺
background-attachment	设置图像是否随页面滚动
background-position	放置背景图像位置
background	复合属性,上述所有属性的综合简写方式

1. 背景颜色 background-color

background-color 属性用于定义背景颜色,语法与 color 类似。

示例代码如下:

```
<ul>
    <li style = "background:rgba(165, 42 ,42, 1)">背景颜色</li>
    <li style = "background:green">背景颜色</li>
    <li style = "background:♯f46e44">背景颜色</li>
</ul>
```

2. 背景图像 background-image

background-image 属性用于定义背景图像。

基本语法如下:

```
background - image: none | <url>
```

其中,默认值 none 表示无背景图;<url>表示使用相对或绝对地址指定的背景图像。

示例代码如下:

```
background - image:url(images/ower.jpg)
```

注意:当同时定义了背景颜色和背景图像时,背景图像会覆盖在背景颜色之上。

3. 背景图像平铺方式 background-repeat

background-repeat 属性用于设置背景图像的平铺方式。如果不设置该属性,则默认背景图像会在水平和垂直方向上同时被重复平铺。

基本语法如下：

```
background - repeat: repeat - x | repeat - y | repeat | no - repeat
```

语法中该属性的属性值及描述如表 4-13 所示。

表 4-13　background-repeat 取值

属　性　值	描　　　　述	属　性　值	描　　　　述
repeat-x	背景图像横向平铺	repeat	背景图像在横向和纵向平铺
repeat-y	背景图像纵向平铺	no-repeat	背景图像不平铺

background-repeat 属性应用如例 4-27 所示。

【例 4-27】　background-repeat 属性应用

```
<!DOCTYPE html >
< html lang = "en">
< head >
    < meta charset = "UTF - 8">
    < title > background - repeat 属性应用</title >
    < style >
        div {
            width: 400px;
            height: 500px;
            background - color: pink;
            background - image: url(images/lt.png);
            background - repeat: no - repeat; / * 图像不重复 * /
        }
    </style >
</head >
< body >
    < div ></div >
</body >
</html >
```

在浏览器中的显示效果如图 4-48 所示。

4. 背景附着 background-attachment

background-attachment 属性用于设置背景图像是随对象内容滚动还是固定。

基本语法如下：

```
background - attachment : scroll | fixed
```

其中，scroll 表示背景图像随对象内容滚动，fixed 表示背景图像是固定的。

如例 4-28 所示，将本地图像固定在网页中，背景图像不随窗体内容滚动而始终固定。

图 4-48　background-repeat 属性应用效果

【**例 4-28**】　背景附着 background-attachment 应用

```html
<!DOCTYPE html>
<html lang = "en">
<head>
    <meta charset = "UTF-8">
    <title>背景附着 background-attachment</title>
    <style>
        body{
            background-image:url(images/vue.png);          /*引入图像*/
            background-repeat:no-repeat;                    /*背景图像不重复*/
            background-attachment:fixed;                    /*背景图像位置固定*/
        }
    </style>
</head>
<body>
    <p>背景图像不随窗体内容滚动而始终固定</p>
    <p>文字内容</p>
    <p>文字内容</p>
    <p>文字内容</p>
    <p>文字内容</p>
    <p>文字内容</p>
    <p>文字内容</p>
    <p>文字内容</p>
    <p>文字内容</p>
    <p>文字内容</p>
    <p>文字内容</p>
    <p>文字内容</p>
    <p>文字内容</p>
    <p>文字内容</p>
</body>
```

```
        <p>文字内容</p>
        <p>文字内容</p>
        <p>文字内容</p>
        <p>文字内容</p>
        <p>文字内容</p>
        <p>文字内容</p>
        <p>文字内容</p>
        <p>文字内容</p>
        <p>文字内容</p>
        <p>文字内容</p>
        <p>文字内容</p>
        <p>文字内容</p>
        <p>文字内容</p>
        <p>文字内容</p>
        <p>文字内容</p>
        <p>文字内容</p>
        <p>文字内容</p>
        <p>文字内容</p>
        <p>文字内容</p>
        <p>文字内容</p>
        <p>文字内容</p>
        <p>背景图像不随窗体内容滚动而始终固定</p>
    </body>
</html>
```

在浏览器中的显示效果如图 4-49 所示。

(a) 页面滚动前

(b) 页面滚动后

图 4-49　背景附着 background-attachment 应用效果

5. 定位背景图像 background-position

background-position 属性用来设置背景图像的具体起始位置。

基本语法如下：

```
background - position：参数 1 参数 2
```

图像的位置一般需要设置两个参数，并且用空格分隔。两个参数可以是百分比、长度单位或关键字。第 1 个参数表示水平位置，第 2 个参数表示垂直位置。也可以只设置一个参数，另一个参数自动为 50% 或居中位置，参数取值如表 4-14 所示。

表 4-14　background-position 取值

属 性 值	描 述
left、center、right	表示水平方向居左、居中、居右 3 个不同的位置
top、center、bottom	表示垂直方向顶部、中部、底部 3 个不同的位置
x%、y%	X%表示水平位置，y%表示垂直位置。左上角为 0% 0%
xpos、ypos	第 1 个值是水平位置，第 2 个值是垂直位置。左上角为 0 0

综合应用百分比、长度单位和关键字 3 种方式进行背景图像的定位，如例 4-29 所示。

【例 4-29】　背景图像定位

```
<!DOCTYPE html>
<html lang = "en">
<head>
    <meta charset = "UTF - 8">
    <title>背景图像定位</title>
    <style>
        div{
            width: 660px;
        }
        p{
            width: 200px;
            height: 200px;
            background - color: silver;
            background - image: url("images/football.png");
            background - repeat: no - repeat;
            text - align: center;              /* 文本居中 */
            float: left;                       /* 左浮动,后面节讲解 */
            margin: 10px;                      /* 外边距,后面节讲解 */
        }
        #p1_1{background - position: left top}    /* 图像在左上角 */
        #p1_2{background - position: top}         /* 图像在顶端居中 */
        #p1_3{background - position:right top}    /* 图像在右上角 */
        #p2_1{background - position:0 %}          /* 图像在水平向左对齐并且垂直居中 */
```

```
        #p2_2{background - position:50 %}          /*图像在正中*/
        #p2_3{background - position:100 %}         /*图像在水平向右对齐并且垂直居中*/
        #p3_1{background - position:0px 100px}      /*图像在左下角*/
        #p3_2{background - position:50px 100px}     /*图像在底端并水平居中*/
        #p3_3{background - position:100px 100px}    /*图像在右下角*/
    </style>
</head>
<body>
    <div>
        <p id = "p1_1"> left top </p>
        <p id = "p1_2"> top </p>
        <p id = "p1_3"> right top </p>

        <p id = "p2_1"> 0 % </p>
        <p id = "p2_2"> 50 % </p>
        <p id = "p2_3"> 100 % top </p>

        <p id = "p3_1"> 0px 100px </p>
        <p id = "p3_2"> 50px 100px </p>
        <p id = "p3_3"> 100px 100px </p>
    </div>
</body>
</html>
```

在浏览器中的显示效果如图 4-50 所示。

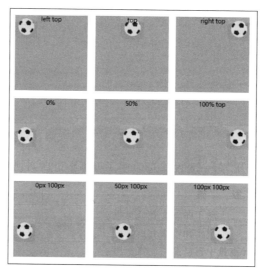

图 4-50　背景图像定位应用效果

6. 复合属性 background

background 是复合属性,可以用于概括其他 5 种背景属性,将相关属性值汇总写在一行。

基本语法如下：

```
background : background - color background - image background - repeat background - attachment
            background - position
```

书写顺序官方并没有强制标准，如果不设置其中的某个值，也不会出问题，例如
background：#ff0000 url('smiley. gif')。

一个元素可以设置多重背景图像。每组属性使用逗号分隔。如果设置的多重背景图像
之间存在交集(存在着重叠关系)，则前面的背景图像会覆盖在后面的背景图像之上。为了
避免背景色将图像盖住，背景色通常定义在最后一组上，如例 4-30 所示。

【例 4-30】 背景简写应用

```
<!DOCTYPE html >
< html lang = "en">
< head >
    < meta charset = "UTF - 8">
    <title>背景简写应用</title>
    < style >
        div {
            width: 500px;
            height: 500px;
            background: url(images/liu. jpg) no - repeat left top ,
            url(images/lt. png) no - repeat right bottom hotpink;
        }
    </style >
</head >
< body >
    < div ></div >
</body >
</html >
```

在浏览器中的显示效果如图 4-51 所示。

图 4-51 复合属性设置多重背景图像效果

4.2.5 列表样式

在 HTML 中列表可以分为无序列表、有序列表、定义列表。在网页中经常可以看到无序列表的使用,例如导航栏菜单、新闻列表、商品分类、图片展示等;使用有序列表实现条文款项的表示;使用定义列表实现制作图文混排的排列模式。在 CSS 中提供了列表样式属性来改变列表符号的样式,如表 4-15 所示。

表 4-15 列表样式属性

属 性 名	描　　述
list-style-image	将图像设置为列表项标志
list-style-position	设置列表中列表项标志的位置
list-style-type	设置列表项标志的类型
list-style	列表项的简写方式

1. 样式类型 list-style-type

list-style-type 属性用于设置列表项的标记类型,和 HTML 中列表标签中的 type 属性类似,常用属性值如表 4-16 所示。

表 4-16 list-sytle-type 取值

属 性 值	描　　述	属 性 值	描　　述
none	无标记符号	square	实心正方形
disc	默认值,实心圆	decimal	数字
circle	空心圆		

实际应用中,上述几种属性值用得最多的还是 none,也就是用于去掉列表项的标记。

2. 样式图片 list-style-image

list-style-image 属性用于使用图像来替换列表项的标记,但有一点需要注意,如果设置了 list-style-image 属性,这时设置的 list-sytle-type 属性将不起作用。

使用自定义图片制作列表的标志图标,一般取图片大小在 $20 \times 20px$ 以内,如例 4-31 所示。

【例 4-31】 list-style-image 应用

```
<! DOCTYPE html >
< html lang = "en" >
< head >
    < meta charset = "UTF - 8" >
    < title > list - style - image 应用</title>
    < style >
        ul{
            list - style - image:url(images/mifeng.png);
        }
```

```
        </style>
    </head>
    <body>
        <ul>
            <li>内容1</li>
            <li>内容2</li>
            <li>内容3</li>
        </ul>
    </body>
</html>
```

在浏览器中的显示效果如图 4-52 所示。

图 4-52　list-style-image 应用效果

3. 样式位置 list-style-position

list-style-position 属性用于设置在何处放置列表项标记,常用属性值如表 4-17 所示。

表 4-17　list-style-position 属性取值

属 性 值	描 述
outside	默认值,列表项目标记放置在文本以外,并且环绕文本不根据标记对齐
inside	列表项目标记放置在文本以内,并且环绕文本根据标记对齐

使用列表元素<ul>对比 list-style-position 属性值为 outside 和 inside 的显示区域,如例 4-32 所示。

【例 4-32】 list-style-position 简单应用

```
<!DOCTYPE html>
<html lang = "en">
<head>
    <meta charset = "UTF-8">
    <title>list-style-position 简单应用</title>
    <style>
        .outside{width:120px;list-style-position:outside;}
        .inside{width:120px;list-style-position:inside;}
    </style>
</head>
<body>
    <h1>outside 的项目符号: </h1>
```

```
    < ul class = "outside">
        <li>项目符号的位置是 outside </li>
        <li>项目符号的位置是 outside </li>
        <li>项目符号的位置是 outside </li>
    </ul>
    < h1 > inside 的项目符号: </h1>
    < ul class = "inside">
        <li>项目符号的位置是 inside </li>
        <li>项目符号的位置是 inside </li>
        <li>项目符号的位置是 inside </li>
    </ul>
</body>
</html>
```

在浏览器中的显示效果如图 4-53 所示。

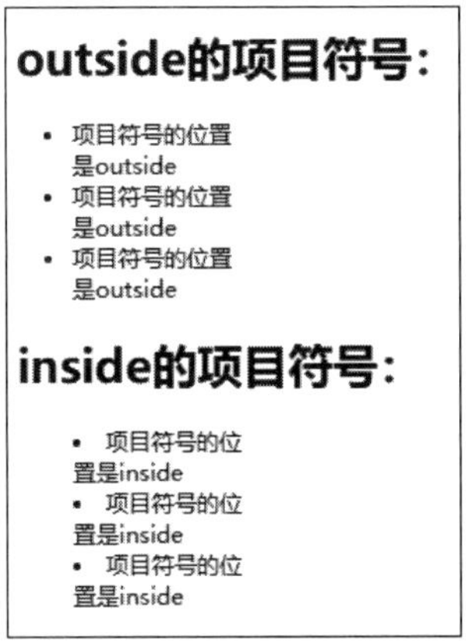

图 4-53　list-style-position 简单应用效果

4. 简写属性 list-style

list-style 属性是一个简写属性,是上述几个列表属性的简写形式,用于把所有列表的属性设置在一个声明中。

属性设置顺序为 list-style-type、list-style-position、list-style-image,也可以不设置其中的某个属性,如果不设置,则采用默认值,示例代码如下:

```
list – style:none url( image/wechat.png) outside;
```

4.2.6　综合实战

以"畅销书排行榜"为例,综合应用美化页面样式制作畅销书排行榜页面,页面完成后的效果如图 4-54 所示。

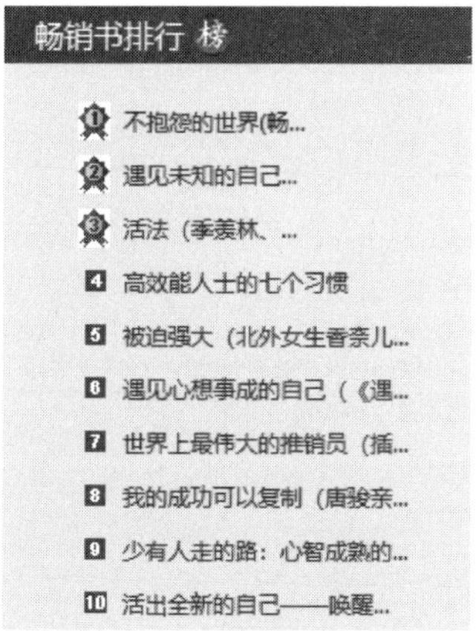

图 4-54　畅销书排行榜页面

主要使用背景属性及列表属性来制作畅销书排行榜页面。

HTML 代码如下：

```
<!DOCTYPE html>
<html lang = "en">
<head>
    <meta charset = "UTF-8">
    <title>畅销书排行榜</title>
    <link href = "css/book.css" rel = "stylesheet" type = "text/css" />
</head>
<body>
<div class = "book">
    <div class = "title">畅销书排行</div>
    <ul>
        <li class = "num01"><a href = "#" target = _blank>不抱怨的世界(畅…</a>
        </li>
        <li class = "num02"><a href = "#" target = _blank>遇见未知的自己…</a>
        </li>
        <li class = "num03"><a href = "#" target = _blank>活法(季羡林、…</a>
        </li>
        <li class = "num04"><a href = "#" target = _blank>高效能人士的七个习惯</a>
        </li>
        <li class = "num05"><a href = "#" target = _blank>被迫强大(北外女生香奈儿…</a></li>
        <li class = "num06"><a href = "#" target = _blank>遇见心想事成的自己(《遇…</a></li>
        <li class = "num07"><a href = "#" target = _blank>世界上最伟大的推销员(插…</a></li>
        <li class = "num08"><a href = "#" target = _blank>我的成功可以复制(唐骏亲…</a></li>
        <li class = "num09"><a href = "#" target = _blank>少有人走的路：心智成熟的…</a></li>
        <li class = "num10"><a href = "#" target = _blank>活出全新的自己——唤醒…</a></li>
    </ul>
</div>
</body>
</html>
```

CSS 样式代码(book.css)如下：

```
.book {
    width:250px;
    background - color: #f3f4df;
}
.title {
    font - size:16px;
    color: #FFF;
    line - height:30px;
    text - indent:1em;
    background: #518700 url(../image/bang.gif) 100px 2px no - repeat;
}
ul li {
    list - style - type:none;
    line - height:28px;
    font - size:12px;
    text - indent:2em;
}
ul .num01{background:url(../image/book_no01.gif) 0px 4px no - repeat;}
ul .num02{background:url(../image/book_no02.gif) 0px 4px no - repeat;}
ul .num03{background:url(../image/book_no03.gif) 0px 4px no - repeat;}
ul .num04{background:url(../image/book_no04.gif) 4px 8px no - repeat;}
ul .num05{background:url(../image/book_no05.gif) 4px 8px no - repeat;}
ul .num06{background:url(../image/book_no06.gif) 4px 8px no - repeat;}
ul .num07{background:url(../image/book_no07.gif) 4px 8px no - repeat;}
ul .num08{background:url(../image/book_no08.gif) 4px 8px no - repeat;}
ul .num09{background:url(../image/book_no09.gif) 4px 8px no - repeat;}
ul .num10{background:url(../image/book_no10.gif) 4px 8px no - repeat;}
ul li a {
    color: #1a66b3;
    text - decoration:none;
}
ul li a:hover {
    text - decoration:underline;
}
```

4.3　盒模型

在使用 CSS 进行网页布局时，一定离不开盒模型。盒模型，顾名思义，盒子就是用来装东西的，它装的东西就是 HTML 元素的内容，或者说，每个可见的 HTML 元素都是一个盒子，如图 4-55 所示。

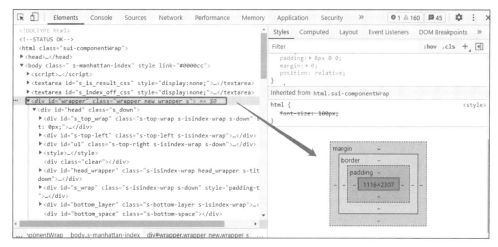

图 4-55　网页元素均为盒子

4.3.1　什么是盒模型

盒模型是 CSS 中一个重要的概念，理解了盒模型才能更好地排版。W3C 组织建议把网页上的元素看成一个个盒子。盒模型主要定义 4 个区域：内容（content）、内边距（padding）、边框（border）、外边距（margin），如图 4-56 所示。

转换到日常生活中，可以拿红酒来对比，如图 4-57 所示。

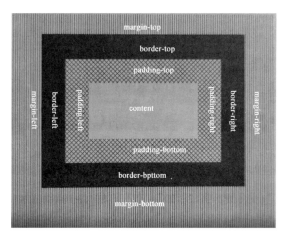

图 4-56　盒子模型

图 4-57　红酒及盒子

红酒是内容，内边距是盒子中的填充物，边框是盒子的厚度，而外边距是红酒堆在一起所留的空隙。在网页中，内容常指文字、图片等信息或元素。

4.3.2　盒子大小

盒子的大小指的是盒子的宽度和高度。大多数初学者容易将宽度和高度误解为 width 和 height 属性，然而默认情况下 width 和 height 属性只是设置 content（内容）部分的宽和高。盒子真正的宽和高按下面公式计算：

> 盒子的宽度 ＝ 内容宽度 ＋ 左填充 ＋ 右填充 ＋ 左边框 ＋ 右边框 ＋ 左边距 ＋ 右边距
> 盒子的高度 ＝ 内容高度 ＋ 上填充 ＋ 下填充 ＋ 上边框 ＋ 下边框 ＋ 上边距 ＋ 下边距

还可以用带属性的公式表示：

> 盒子的宽度 ＝ width(content) ＋ 2 ＊ (padding＋border＋margin)
> 盒子的高度 ＝ height(content) ＋ 2 ＊ (padding＋border＋margin)

4.3.3　定义边框 border

边框属性是 border，用于设置边框样式、颜色及宽度。CSS 边框的有关属性如表 4-18 所示。

表 4-18　border 属性

属　性　名	描　　述	属　性　名	描　　述
border-style	设置边框的样式	border-width	设置边框的宽度
border-color	设置边框的颜色	border	上述所有属性的综合简写

1. 边框样式 border-style

border-style 属性用于设置不同风格的边框样式，该属性常用取值如表 4-19 所示。

表 4-19　border-style 取值

属　性　值	描　　述	属　性　值	描　　述
none	无轮廓	double	双线轮廓
hidden	隐藏边框	groove	3D 凹槽轮廓
dotted	点状轮廓	ridge	3D 凸槽轮廓
dashed	虚线轮廓	inset	3D 凹边轮廓
solid	实线轮廓	outset	3D 凸边轮廓

border-style 属性可以设置多个值。

（1）如果提供全部 4 个参数值，将按上、右、下、左的顺序作用于四边，代码如下：

```
p{border - style : solid dotteddashed double}
```

（2）如果只提供 1 个参数值，将用于全部的四边，代码如下：

```
p{border - style : solid}
```

（3）如果提供 2 个参数值，第 1 个用于上、下，第 2 个用于左、右，代码如下：

```
p{border - style : solid dotted }
```

（4）如果提供 3 个参数值，第 1 个用于上，第 2 个用于左、右，第 3 个用于下，代码如下：

```
p{border - style : solid dotteddashed }
```

注意：如果 border-width 等于 0，则本属性将失去作用。

实验 CSS 属性 border-style 不同取值的显示效果，如例 4-33 所示。

【例 4-33】 border-style 的简单应用

```
<!DOCTYPE html>
<html lang = "en">
<head>
    <meta charset = "UTF - 8">
    <title>border - style 的简单应用</title>
    <style>
        p{width: 200px}
        .none{border - style:none}
        .dotted{border - style:dotted}
        .solid{border - style:solid}
        .groove{border - style:groove}
        .ridge{border - style:ridge}
        .fore{border - style : solid dotted dashed double}
        .two{border - style : solid dotted }
    </style>
</head>
<body>
    <p class = "none">无边框效果</p>
    <p class = "dotted">点状边框效果</p>
    <p class = "solid">实线边框效果</p>
    <p class = "groove">3D 凹槽轮廓</p>
    <p class = "ridge">3D 凸槽轮廓</p>
    <p class = "fore">四个参数值</p>
    <p class = "two">两个参数值</p>
</body>
</html>
```

在浏览器中的显示效果如图 4-58 所示。

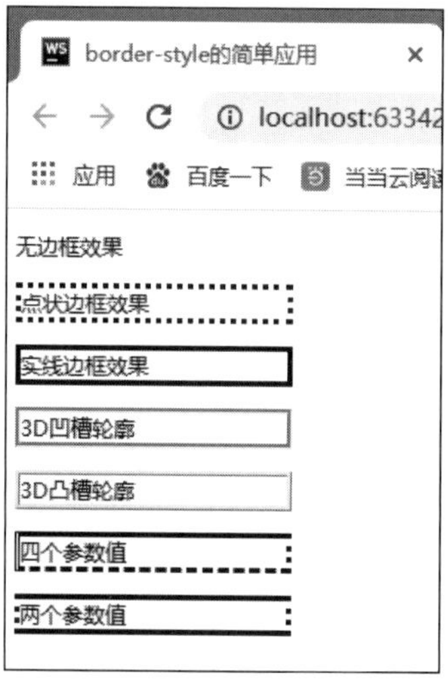

图 4-58　border-style 的应用效果

边框样式也可以通过单边样式属性进行设置,具有以下 4 个单边边框样式属性。

(1) border-top-style:属性值。

(2) border-right-style:属性值。

(3) border-bottom-style:属性值。

(4) border-left-style:属性值。

2. 边框宽度 border-width

border-width 属性用于设置边框的宽度,该属性的取值有两种长度值或关键字,如表 4-20 所示。

表 4-20　border-width 取值

属　性　值	描　　述	属　性　值	描　　述
thin	较窄的边框	thick	较宽的边框
medium	中等宽度的边框	长度值,如 1px	自定义像素值宽度的边框

注意:该属性必须和边框样式 border-style 属性一起使用方可看出效果。

border-width 属性可以设置多个值。

(1) 如果提供全部 4 个参数值,将按上、右、下、左的顺序作用于四边。

(2) 如果只提供 1 个参数值,将用于全部的四边。

(3) 如果提供 2 个参数值,第 1 个用于上、下,第 2 个用于左、右。

(4) 如果提供 3 个参数值,第 1 个用于上,第 2 个用于左、右,第 3 个用于下。

实验 CSS 属性 border-width 不同取值的显示效果,如例 4-34 所示。

【例 4-34】 border-width 的简单应用

```
<!DOCTYPE html>
<html lang = "en">
<head>
    <meta charset = "UTF - 8">
    <title>border - width 的简单应用</title>
    <style>
        p{width: 200px;border - style:solid }
        .one{border - width: 1px}
        .thin{border - width: thin}
        .medium{border - width: medium}
        .test{border - width: thin 10px}
    </style>
</head>
<body>
    <p class = "one">边框宽度为 1px</p>
    <p class = "thin">边框宽度为 thin</p>
    <p class = "medium">边框宽度为 medium</p>
    <p class = "test">边框宽度取 2 个值</p>
</body>
</html>
```

在浏览器中的显示效果如图 4-59 所示。

边框宽度也可以通过单边宽度属性进行设置,具有以下
4 个单边边框宽度属性。

（1）border-top-width：属性值。

（2）border-right-width：属性值。

（3）border-bottom-width：属性值。

（4）border-left-width：属性值。

3. 边框颜色 border-color

border-color 属性用于设置边框的颜色,与 color 类似。

border-color 属性可以设置多个值。

图 4-59 border-width 的简单
应用效果

（1）如果提供全部 4 个参数值,将按上、右、下、左的顺序
作用于四边。

（2）如果只提供 1 个参数值,将用于全部的四边。

（3）如果提供 2 个参数值,第 1 个用于上、下,第 2 个用于左、右。

（4）如果提供 3 个参数值,第 1 个用于上,第 2 个用于左、右,第 3 个用于下。

如例 4-35 分别为元素的各个边框定义不同的颜色。

【例 4-35】　border-color 的简单应用

```
<!DOCTYPE html>
<html lang = "en">
<head>
    <meta charset = "UTF - 8">
    <title>border - color 的简单应用</title>
    <style>
        div{
            width:194px;
            height: 291px;
            border - style: solid;
            border - width: 50px;
            border - top - color: #ff0000;
            border - right - color: gray;
            border - bottom - color: rgb(120,50,20);
            border - left - color: blue;
            /* 等价于简写属性 */
            /* border - color: #ff0000 gray rgb(120,50,20) blue; */
        }
    </style>
</head>
<body>
    <div><img src = "images/lt.png" width = "194"height = "291" alt = ""></div>
</body>
</html>
```

在浏览器中的显示效果如图 4-60 所示。

图 4-60　border-color 的简单应用效果

4. 复合属性 border

边框 border 是一个复合属性,可以一次设置边框的粗细、样式和颜色。

基本语法格式如下:

```
border: [ border - width ]  [ border - style ]  [ border - color ]
```

一个 border 属性是由 3 个小属性综合而成的。如果某一个小属性后面是空格隔开的多个值,则按上、右、下、左的顺序进行设置,示例代码如下:

```
border - bottom: 9px # F00 dashed ;
border: 9px # F00 dashed ;
```

利用 border 属性画一个三角形,如例 4-36 所示。

【例 4-36】 border 属性画三角形应用

(1) 设置盒子的 width 和 height 为 0,代码如下:

```
<!DOCTYPE html >
< html lang = "en">
< head >
    < meta charset = "UTF - 8">
    < title > border 简写属性应用</title >
    < style >
        div{
            width: 0px;
            height: 0px;
            border: 50px solid green;
            border - top - color: red;
        }
    </style >
</head >
< body >
    < div ></div >
</body >
</html >
```

在浏览器中的显示效果如图 4-61 所示。

图 4-61 三角形应用效果

(2) 将 border 的底部取消,代码如下:

```
<style>
    div{
        width: 0px;
        height: 0px;
        border: 50px solid green;
        border - top - color: red;
        border - bottom: none;
    }
</style>
```

在浏览器中的显示效果如图 4-62 所示。

(3) 最后将 border 的左边和右边设置为白色,代码如下:

```
<style>
    div{
        width: 0px;
        height: 0px;
        border: 50px solid white;
        border - top - color: red;
        border - bottom: none;
    }
</style>
```

在浏览器中的显示效果如图 4-63 所示。

图 4-62　border 底部去掉

图 4-63　将 border 的左右两边设置为白色

这样,一个三角形就画好了。

4.3.4　外边距 margin

1. 设置各边外边距

在 CSS 中,可以用 margin 属性设置 HTML 元素的外边距,表示盒子边框与页面边界或其他盒子之间的距离。margin 属性值可以是长度值、百分比或 auto,可以使用负值,属性值设置的效果是围绕在元素边框的"空白"。

基本语法格式如下:

```
margin: 长度单位值 | 百分比单位值 | auto
```

其中,auto 表示采用默认值,浏览器自动计算边距。

设置边界需要设置 4 个参数值,分别表示"上、右、下、左"4 条边,详细讲解如下:

(1) 如果提供全部 4 个参数值,将按上、右、下、左的顺序作用于四边。

(2) 如果只提供 1 个参数值,将用于全部的四边。

(3) 如果提供 2 个参数值,第 1 个用于上、下,第 2 个用于左、右。

(4) 如果提供 3 个参数值,第 1 个用于上,第 2 个用于左、右,第 3 个用于下。

2. 单边外边距

如果只需为 HTML 元素的某一条边设置外边距,则可以使用 margin 属性的 4 种单边外边距属性,如表 4-21 所示。

表 4-21　单边外边距属性

属 性 名	描 述	属 性 名	描 述
margin-top	设置元素的上外边距	margin-bottom	设置元素的下外边距
margin-right	设置元素的右外边距	margin-left	设置元素的左外边距

在同一个规则中可以使用多个单边属性,代码如下:

```
h2 {
  margin - top: 20px;
  margin - right: 30px;
  margin - bottom: 30px;
  margin - left: 20px;
  }
```

以上代码等价于

```
h2 {margin: 20px 30px 30px 20px;}
```

测试 HTML 元素使用外边距属性 margin 的不同效果,如例 4-37 所示。

【例 4-37】　margin 的应用

```
<!DOCTYPE html>
<html lang = "en">
<head>
    <meta charset = "UTF - 8">
    <title>margin 的应用</title>
    <style>
        div {
            width: 200px;
            height: 200px;
            background - color: pink;
```

```
            /* margin-top: 100px;
            margin-left: 50px; */
            margin: 30px auto; /* 上下 30px,左右 auto */
        }
        header {
            width:500px;
            height: 100px;
            background-color: gray;
            margin: 0 auto; /* 左右一定是 auto 就可以居中 */
        }
    </style>
</head>
<body>
    <div></div>
    <header>头部标签</header>
</body>
</html>
```

在浏览器中的显示效果如图 4-64 所示。

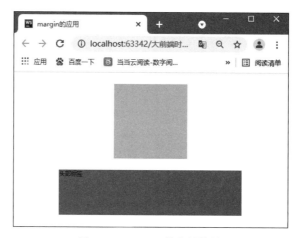

图 4-64 margin 的应用效果

3. 外边距合并

外边距合并(叠加)是一个相当简单的概念,但是,在实践中对网页进行布局时,它会造成许多混淆。

简单地说,外边距合并指的是,当两个垂直外边距相遇时,它们将形成一个外边距。合并后的外边距的高度等于两个发生合并的外边距的高度中的较大者。

当一个元素出现在另一个元素上面时,第 1 个元素的下外边距与第 2 个元素的上外边距会发生合并,如图 4-65 所示。

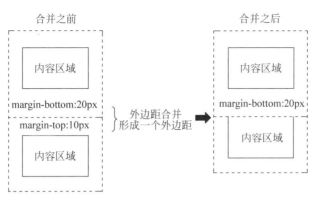

图 4-65　重叠合并

当一个元素包含在另一个元素中时(假设没有内边距或边框把外边距分隔开),它们的上和/或下外边距也会发生合并,如图 4-66 所示。

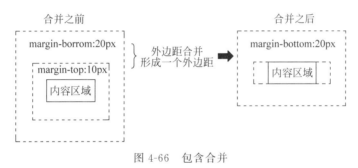

图 4-66　包含合并

margin 折叠常规认知:

(1) 块级元素的垂直相邻外边距会合并。

(2) 行内元素实际上不占上下外边距,行内元素的左右外边距不合并。

(3) 浮动元素的外边距也不会合并。

(4) 允许指定负的外边距值,不过使用时要小心。

注意:只有普通文档流中块框的垂直外边距才会发生外边距合并。行内框、浮动框或绝对定位之间的外边距不会合并。

4.3.5　内边距 padding

1. 设置各边内边距

在 CSS 中可以使用 padding 属性设置 HTML 元素的内边距。元素的内边距也可以理解为元素内容周围的填充物,因为内边距不影响当前元素与其他元素之间的距离,它只能用于增加元素内容与元素边框之间的距离。

padding 属性值可以是长度值或百分比,但不可以是负数。

基本语法格式如下:

```
padding: 长度单位值 | 百分比单位值
```

padding 属性可以设置 4 个参数值,分别表示"上、右、下、左"4 条边,详细讲解如下:

(1) 如果提供全部 4 个参数值,将按上、右、下、左的顺序作用于四边。

(2) 如果只提供 1 个参数值,将用于全部的四边。

(3) 如果提供 2 个参数值,第 1 个用于上、下,第 2 个用于左、右。

(4) 如果提供 3 个参数值,第 1 个用于上,第 2 个用于左、右,第 3 个用于下。

2. 单边内边距

如果只需为 HTML 元素的某一条边设置内边距,则可以使用 padding 属性的 4 种单边内边距属性,如表 4-22 所示。

表 4-22 单边内边距属性

属 性 名	描 述	属 性 名	描 述
padding-top	设置元素的上内边距	padding-bottom	设置元素的下内边距
padding-right	设置元素的右内边距	padding-left	设置元素的左内边距

测试 HTML 元素使用内边距属性 padding 的效果,如例 4-38 所示。

【例 4-38】 padding 的应用

```html
<!DOCTYPE html>
<html lang = "en">
<head>
    <meta charset = "UTF - 8">
    <title>padding 的应用</title>
    <style>
        div {
            width: 200px;
            height: 200px;
            background - color: pink;
            /* padding - left: 20px;
              padding - top: 30px; */
            /* padding: 20px; */
            /* padding: 10px 20px ; */
            padding: 10px 20px 30px 40px ;    /* 按照顺时针方向赋值 */
        }
    </style>
</head>
<body>
    <div>内容和边框之间的距离就是内边距</div>
</body>
</html>
```

在浏览器中的显示效果如图 4-67 所示。

图 4-67　padding 的应用效果

4.3.6　综合实战

以"聚美优品美容产品热点"为例,综合应用盒模型及美化页面样式元素制作聚美优品美容产品热点页面,页面完成后的效果如图 4-68 所示。

图 4-68　聚美优品美容产品热点页面

采用 DIV 及无序列表完成布局设计,利用选择器、页面美化元素及盒模型等元素编写相关 CSS 文件完成页面美化工作。

HTML 代码如下:

```html
<!DOCTYPE html>
<html lang = "en">
<head>
    <meta charset = "UTF - 8">
```

```html
    <title>聚美优品美容产品热点</title>
    <!-- 引入外部样式 -->
    <link href = "css/beauty.css" rel = "stylesheet" type = "text/css" />
</head>
<body>
    <div id = "beauty">
        <p>大家都喜欢买的美容品</p>
        <ul>
            <li><a href = "#"><span>1</span>雅诗兰黛即时修护眼部精华霜
                15ml</a></li>
            <li><a href = "#"><span>2</span>伊丽莎白雅顿显效复合活肤霜
                75ml</a></li>
            <li><a href = "#"><span>3</span>OLAY玉兰油多效修护霜50g</a></li>
            <li><a href = "#"><span>4</span>巨型一号丝瓜水320ml</a></li>
            <li><a href = "#"><span>5</span>倩碧保湿洁肤水2号
                200ml</a></li>
            <li><a href = "#"><span>6</span>比度克细肤淡印霜30g</a></li>
            <li><a href = "#"><span>7</span>兰芝 (LANEIGE)夜间修护锁水面膜
                80ml</a></li>
            <li><a href = "#"><span>8</span>SK-II护肤精华露215ml</a></li>
            <li><a href = "#"><span>9</span>欧莱雅青春密码活颜精华肌底液</a></li>
        </ul>
    </div>
</body>
</html>
```

CSS 样式代码(beauty.css)如下：

```css
p, ul, li {
    margin:0px;
    padding:0px;
}
ul, li {
    list - style - type:none;
}
body {
    background - color: #eee7e1;
    font - size:12px;
}
#beauty {
    width:260px;
    background - color: #FFF;
}
#beauty p {
    font - size:14px;
    font - weight:bold;
    color: #FFF;
```

```
        background - color: #e9185a;
        height:35px;
        line - height:35px;
        padding - left:10px;
    }
    #beauty li {
        border - bottom:1px #a8a5a5 dashed;
        height:30px;
        line - height:30px;
        padding - left:2px;
    }
    #beauty a {
        color: #666666;
        text - decoration:none;
    }
    #beauty a:hover {
        color: #e9185a;
    }
    #beauty a span {
        color: #FFF;
        background:url(../images/dot_01.gif) 0px 6px no - repeat;
        text - align:center;
        padding:10px;
        font - weight:bold;
    }
    #beauty a:hover span {
        color: #FFF;
        background:url(../images/dot_02.gif) 0px 5px no - repeat;
        cursor:pointer ;     /* 鼠标成小手状态 */
    }
```

4.4　浮动和定位

　　前面讲述了网页布局的核心,也就是用 CSS 来摆放盒子位置。如何把盒子摆放到合适的位置?

　　CSS 的定位机制有 3 种:普通流(标准流)、浮动和定位,如图 4-69 所示。

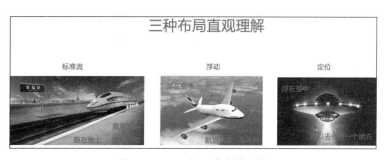

图 4-69　CSS 的 3 种定位机制

普通流实际上就是一个网页内标签元素正常按从上到下及从左到右的顺序进行排列的意思,例如块级元素会独占一行,行内元素会按顺序依次前后排列,按照这种大前提的布局排列之下绝对不会出现例外的情况叫作普通流布局。

4.4.1　浮动应用

浮动最早用来控制图片,以便达到其他元素(特别是文字)实现"环绕"图片的效果,如图 4-70 所示。

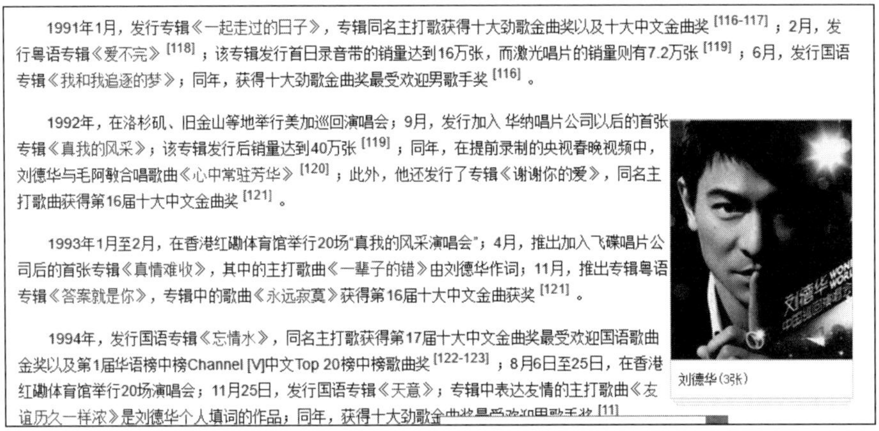

图 4-70　文字环绕图片效果

后来,我们发现浮动有个更有意思的作用,就是让任何盒子可以在同一行排列,因此我们就慢慢地偏离主题,用浮动的特性来布局了,如图 4-71 所示。

在 CSS 中,通过 float 属性来定义浮动,可以使元素向左或向右浮动,直到它的外边缘碰到包含框或另一个浮动框的边框为止。实际上任何元素都可以应用浮动效果,该属性的常用取值如表 4-23 所示。

图 4-71　浮动布局效果

表 4-23　float 属性取值

属　性　值	描　　　述	属　性　值	描　　　述
left	元素向左浮动	none	元素不浮动(默认值)
right	元素向右浮动		

浮动布局有以下几个特征:

(1)声明浮动效果后,浮动元素会自动生成一个块级框,因此可以设置浮动元素的宽和高,如例 4-39 所示。

【例 4-39】　行内元素声明浮动

```
<!DOCTYPE html>
<html lang = "en">
<head>
    <meta charset = "UTF-8">
    <title>行内元素声明浮动</title>
    <style>
        span{
            width: 300px;
            height: 200px;
            border: 1px solid red;
        }
        #float{float:right;}
    </style>
</head>
<body>
    <img src = "images/li.png" alt = "">
    <span id = "float">行内元素浮动效果</span>
</body>
</html>
```

在浏览器中的显示效果如图 4-72 所示。

图 4-72　行内元素右浮动效果

浮动元素应该明确定义大小。如果浮动元素没有定义宽度和高度,则它会自动收缩到仅能包住内容为止。例如,如果浮动元素内部包含一张图片,则浮动元素大小和图片大小一致;如果包含的是文本,则浮动元素将和文本一样宽,而当块级元素没有定义宽度时,则会自动显示为 100%。

（2）浮动元素只能改变水平方向的展示方式,不能改变垂直方向,如例 4-40 所示。

【例 4-40】 设置图片浮动

```html
<!DOCTYPE html>
<html lang = "en">
<head>
    <meta charset = "UTF-8">
    <title>设置图片浮动</title>
    <style>
        div {
            margin:10px;
            padding:5px;
        }
        #father {
            border:1px #000 solid;
        }
        .layer01 {
            border:1px #F00 dashed;
            float:right;
        }
        .layer02 {
            border:1px #00F dashed;
            float:right;
        }
        .layer03 {
            border:1px #060 dashed;
            float:left;
        }
        .layer04 {
            border:1px #666 dashed;
            font-size:12px;
            line-height:23px;
        }
    </style>
</head>
<body>
    <div id = "father">
        <div class = "layer01"><img src = "images/photo-1.jpg"
            alt = "日用品" /></div>
        <div class = "layer02"><img src = "images/photo-2.jpg"
            alt = "图书"/></div>
        <div class = "layer03"><img src = "images/photo-3.jpg"
            alt = "鞋子"/></div>
        <div class = "layer04">浮动的盒子可以向左浮动,也可以向右浮动,
            直到它的外边缘碰到包含框或另一个浮动盒子为止。本网页中共有三张图片,
            分别代表日用品图片、图书图片和鞋子图片。这里使用这三张图片和本段文字
            来演示讲解浮动在网页中的应用,根据需要图片所在的 div 分别向左浮动、向右浮动,
            或者不浮动。</div>
    </div>
</body>
</html>
```

在浏览器中的显示效果如图 4-73 所示。

浮动的盒子可以向左浮动，也可以向右浮动，直到它的外边缘碰到包含框或另一个浮动盒子为止。本网页中共有三张图片，分别代表日用品图片、图书图片和鞋子图片。这里使用这三张图片和本段文字来演示讲解浮动在网页中的应用，根据需要图片所在的div分别向左浮动、向右浮动，或者不浮动。

图 4-73　图片浮动效果

（3）浮动元素可以并列显示，如果一行宽度不足以放下浮动元素，则该元素会自动下移到足够的空间位置，如例 4-41 所示。

【例 4-41】　导航栏制作

```
<!DOCTYPE html >
< html lang = "en">
< head >
    < meta charset = "UTF – 8">
    < title>导航栏制作</title>
    < style >
        ul{/* 清楚列表样式 */
            margin: 0;
            padding: 0;
            list – style – type: none;                /* 去除列表类型样式 */
        }
        #nav{width: 100 % ; height: 32px;}            /* 定义列表的宽和高 */
        #nav li{                                      /* 定义列表项样式 */
            float: left;                              /* 浮动列表项 */
            width: 9 % ;                              /* 定义百分比宽 */
            padding: 0 5 % ;                          /* 内边距 */
            margin: 0 2px;                            /* 外边距 */
            background: red;
            color: white;
            font – size: 16px;
            line – height: 32px;       /* 垂直居中,当行高等于盒子(#nav)高度时垂直居中 */
            text – align: center;                     /* 水平居中 */
        }
    </style>
</head >
< body >
    < ul id = "nav">
        <li>美 丽 说</li>
        <li>聚美优品</li>
        <li>蘑 菇 街</li>
        <li>唯 品 会</li>
        <li>淘 宝 网</li>
```

```
    </ul>
</body>
</html>
```

在浏览器中的显示效果如图 4-74 所示。

图 4-74　导航栏效果

4.4.2　清除浮动

浮动本质上是用来实现一些文字混排效果的,但是如果被用来进行布局,则会出现一些问题。由于浮动元素不再占用原文档流的位置,所以它会对后面的元素排版产生影响,为了解决这些问题,此时就需要在该元素中清除浮动。

清除浮动主要为了解决父级元素因为子级浮动引起内部高度为 0 的问题。

在 CSS 中,clear 属性用于清除浮动,该属性的常用取值如表 4-24 所示。

表 4-24　clear 属性取值

属　性　值	描　　　　述
left	不允许左侧有浮动元素(清除左侧浮动的影响)
right	不允许右侧有浮动元素(清除右侧浮动的影响)
both	同时清除左右两侧浮动的影响
none	允许两边都可以有浮动对象

W3C 推荐的做法是在浮动元素末尾添加一个空的标签,例如 < div style = "clear:both"></div>,或者其他标签。

这种方式通俗易懂,书写方便,但是当添加许多无意义的标签时,结构化会较差。在实际工作中清除浮动常用的 4 种方法如下。

先看一个例子:现在有两个 div,div 上没有任何属性。每个 div 中都有 li,这些 li 都是浮动的。

```
<style>
    div li{float: left;list - style: none;margin: 10px;}
</style>


<div>
    <ul>
```

```
        <li> HTML </li>
        <li> CSS </li>
        <li> JS </li>
    </ul>
</div>
<div>
    <ul>
        <li>大前端</li>
        <li>前后端分离</li>
        <li>面试技巧</li>
    </ul>
</div>
```

本以为这些 li 列表项会被分为两排，但是展示效果却在一行显示，如图 4-75 所示。

图 4-75　列表项效果图

第 2 个 div 中的 li 列表项，去紧靠第 1 个 div 中最后一个 li 列表项了。这是因为 div 没有设置高度，不能给自己浮动的元素一个容器。

（1）清除浮动方法 1：给浮动的元素的祖先元素加上高度。

只要浮动在一个有高度的盒子中，这个浮动就不会影响后面的浮动元素，所以给祖先元素设置高度，代码如下：

```
<style>
    div{height: 30px}/*给祖先元素设置高度*/
    div li{float: left;list-style: none;margin: 10px;}
</style>

<div>
    <ul>
        <li> HTML </li>
        <li> CSS </li>
        <li> JS </li>
    </ul>
</div>
<div>
    <ul>
        <li>大前端</li>
```

```
            <li>前后端分离</li>
            <li>面试技巧</li>
        </ul>
    </div>
```

没有高度的容器是不能关注浮动元素的。设置高度后的显示效果如图 4-76 所示。

图 4-76　去除浮动效果

（2）清除浮动的方法 2：clear:both。

clear:both 指清除左右浮动，即清除左右浮动元素的影响，代码如下：

```
< style >
        div li{float: left;list - style: none;margin: 10px;}
</style >

< div >
    < ul >
        <li>HTML</li>
        <li>CSS</li>
        <li>JS</li>
    </ul>
</div>
< div style = "clear: both"><!-- 清除浮动 -->
    < ul >
        <li>大前端</li>
        <li>前后端分离</li>
        <li>面试技巧</li>
    </ul>
</div>
```

（3）清除浮动方法 3：隔墙法与内墙法。

隔墙法是通过块级元素这堵墙将两个父类分隔，可以通过设置墙的高度来控制间隙，代码如下：

```
< style >
        div li{float: left;list - style: none;margin: 10px;}
```

```
</style>

< div >
    < ul >
        < li >HTML </li>
        < li >CSS </li>
        < li >JS </li>
    < /ul >
</div>
< p style = "height: 10px;clear: both"></p><!-- 隔墙法 -->
< div >
    < ul >
        < li >大前端</li>
        < li >前后端分离</li>
        < li >面试技巧</li>
    < /ul >
</div>
```

内墙法顾名思义是将墙修在了父类里面,代码如下:

```
< style >
        div li{float: left;list - style: none;margin: 10px;}
</style>

< div >
    < ul >
        < li >HTML </li>
        < li >CSS </li>
        < li >JS </li>
    < /ul >
    < p style = "height: 10px;clear: both"></p><!-- 隔墙法 -->
</div>
< div >
    < ul >
        < li >大前端</li>
        < li >前后端分离</li>
        < li >面试技巧</li>
    < /ul >
</div>
```

(4) 清除浮动方法 4：overflow:hidden。

overflow:hidden 的本意是将所有溢出盒子的内容隐藏掉,但是,我们发现这种操作能够用于浮动的清除,代码如下:

```
< style >
    div{overflow: hidden}
```

```
    div li{float: left;list - style: none;margin: 10px;}
</style>

< div >
    < ul >
        < li > HTML </li>
        < li > CSS </li>
        < li > JS </li>
    </ul>
</div>
< div >
    < ul >
        < li >大前端</li>
        < li >前后端分离</li>
        < li >面试技巧</li>
    </ul>
</div>
```

4.4.3　display 和 overflow 属性

1. display 属性

根据 CSS 规范的规定,每个网页元素都有一个 display 属性,用于确定该元素的类型,每个元素都有默认的 display 属性值,例如 div 元素,它的默认 display 属性值为 block,称为块元素,而 span 元素的默认 display 属性值为 inline,称为行内(内联)元素。

块元素与行元素是可以转换的,也就是说 display 的属性值可以由我们来改变。display 的常用属性值如表 4-25 所示。

表 4-25　display 取值

属　性　值	描　　　述
none	此元素不会被显示
block	此元素将显示为块级元素,此元素前后会带有换行符
inline	此元素会被显示为内联元素,元素前后没有换行符
inline-block	行内块元素(CSS2.1 新增的值)
table	此元素会作为块级表格来显示(类似 < table >)

如例 4-42 把块元素转换为行内元素显示。

【例 4-42】　块元素转换为行内元素

```
<!DOCTYPE html >
< html lang = "en">
< head >
    < meta charset = "UTF - 8">
    < title >块元素转换为行内元素</title>
```

```
    <style>
        p {display: inline}          /*块元素转换为行内元素*/
        div {display: none}          /*元素隐藏*/
    </style>
</head>
<body>
    <p>本例中的样式表把段落元素设置为内联元素,</p>
    <p>而 div 元素不会显示出来!</p>
    <div>div 元素的内容不会显示出来!</div>
</body>
</html>
```

在浏览器中的显示效果如图 4-77 所示。

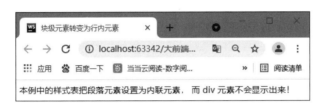

图 4-77　块元素转换为行内元素效果

如例 4-43 把行内元素转换为块元素显示。

【例 4-43】　行内元素转换为块元素

```
<!DOCTYPE html>
<html lang = "en">
<head>
    <meta charset = "UTF - 8">
    <title>行内元素转换为块元素</title>
    <style>
        span{ display: block }/*行内元素转换为块级元素*/
    </style>
</head>
<body>
    <span>本例中的样式表把 span 元素设置为块元素,</span>
    <span>两个 span 元素之间产生了一个换行行为。</span>
</body>
</html>
```

在浏览器中的显示效果如图 4-78 所示。

当 display 的属性值为 none 时表示隐藏对象,与它相反的是 block,除了可转换为块元素之外,同时还有显示元素的意思,如例 4-44 所示。

图 4-78   行内元素转换为块元素

【例 4-44】 鼠标经过时显示二维码

```html
<!DOCTYPE html>
<html lang = "en">
<head>
    <meta charset = "UTF-8">
    <title>鼠标经过时显示二维码</title>
    <style>
        div {
            width: 100px;
            height: 100px;
            background-color: pink;
            text-align: center;
            line-height: 100px;
            margin: 10px auto;            /* 垂直距离10,水平居中 */
        }
        div img {
            display: none;                /* 隐藏二维码 */
        }
        div:hover img {                   /* 鼠标经过div时,img图片会显示出来 */
            display: block;               /* 显示二维码 */
        }
    </style>
</head>
<body>
    <div>
        扫二维码加我
        <img src = "images/erweima.jpg" width = "200" alt = "">
    </div>
</body>
</html>
```

在浏览器中的显示效果如图 4-79 所示。

2. overflow 属性

overflow 属性定义了当元素溢出规定内容区域时所发生的事情。当一个元素固定为某个大小,但在内容区放不下时,就可以用 overflow 来解决。

overflow 属性的取值如表 4-26 所示。

(a) 初始加载状态

(b) 鼠标经过时的状态

图 4-79　鼠标经过时显示二维码应用效果

表 4-26　overflow 属性取值

属 性 值	描　述
visible	默认值,对溢出内容不做处理,内容可能会超出容器
hidden	隐藏溢出容器的内容且不出现滚动条
scroll	内容会被修剪,但是浏览器会显示滚动条以便查看其余的内容
auto	自动,即超出时会出现滚动条,不超出时就没有滚动条

overflow 属性的几种取值演示如例 4-45 所示。

【例 4-45】　overflow 属性应用

```
<!DOCTYPE html>
<html lang="en">
<head>
    <meta charset="UTF-8">
    <title>overflow 属性应用</title>
    <style type="text/css">
        div{
            width: 200px;
            height: 150px;
            background: #ab3795;
            overflow:visible; /* 默认值 */
            }
    </style>
</head>
<body>
    <h3>少年闰土</h3>
    <div>深蓝的天空中挂着一轮金黄的圆月,下面是海边的沙地,
    都种着一望无际的碧绿的西瓜,其间有一个十一二岁的少年,
    项带银圈,手捏一柄钢叉,向一匹猹尽力的刺去。
    那猹却将身一扭,反从他的胯下逃走了。</div>
```

```
</body>
</html>
```

在浏览器中的显示效果如图 4-80 所示。

图 4-80　属性值为 visible 应用效果

元素的内容不被隐藏,在规定内容区外部也可见。

4.4.4　定位

定位布局的思路比较简单,它允许用户精确定义网页元素的显示位置。CSS 定位的原理是将整个网页构建成一个坐标系统,把网页左上角的点定义为坐标原点(0,0),以像素为单位,其中 x 轴与数学中坐标系的 x 轴方向相同,越往右数字越大;y 轴与数学中坐标系的 y 轴方向相反,越往下数字越大。

在 CSS 中 position 属性用于定义元素位置,有 4 种定位方式:绝对定位、相对定位、固定定位和没有定位,如表 4-27 所示。

表 4-27　position 属性取值

属　性　值	描　　述	属　性　值	描　　述
static	默认值,自动定位	absolute	绝对定位
relative	相对定位	fixed	固定定位

1. 静态定位 static

静态定位是所有元素的默认定位方式,当 position 属性的取值为 static 时,可以将元素定位于静态位置。所谓静态位置就是各个元素在 HTML 文档流中默认的位置。其实就是标准流的特性,网页中所有元素默认都采用静态定位方式。

在静态定位状态下,无法通过边偏移属性(top、bottom、left 或 right)来改变元素的位置,如例 4-46 所示。

【例 4-46】　静态定位

```
<!DOCTYPE html>
< html lang = "en">
```

```
< head >
    < meta charset = "UTF - 8">
    < title >静态定位</title>
    < style >
        div {
            width: 100px;
            height: 100px;
            background - color: pink;
            position: static;            /* 定位模式,静态定位 */
            left: 100px;                 /* 静态定位,对于边偏移无效的 */
            top: 100px;
        }
    </style>
</head>
< body >
    < div ></div>
</body>
</html>
```

在浏览器中的显示效果如图 4-81 所示。

一般使用它来清除定位。一个原来有定位的盒子,如果不需要加定位了,就可以加静态定位让其失效。

2. 相对定位 relative

将 position 属性值设置为 relative 的网页元素,无论是在标准流中还是在浮动流中,都不会对它的父级元素和相邻元素有任何影响,它只针对自身原来的位置进行偏移。

对元素设置相对定位后,可以通过边偏移属性(top、bottom、left 或 right)改变元素的位置,但是它在文档流中的位置仍然保留,如例 4-47 所示。

图 4-81 静态定位

【例 4-47】 相对定位

```
<! DOCTYPE html >
< html lang = "en">
< head >
    < meta charset = "UTF - 8">
    < title >相对定位</title>
    < style >
        div {
            margin:10px;
            padding:5px;
            font - size:12px;
            line - height:25px;
        }
```

```
        #father {
            border:1px #666 solid;
            padding:0px;
        }
        #first {
            background-color:#FC9;
            border:1px #B55A00 dashed;
            position:relative;
            top:-20px;
            left:20px;
        }
        #second {
            background-color:#CCF;
            border:1px #0000A8 dashed;
        }
        #third {
            background-color:#C5DECC;
            border:1px #395E4F dashed;
            position:relative;
            right:20px;
            bottom:30px;
        }
    </style>
</head>
<body>
    <div id="father">
        <div id="first">第1个盒子</div>
        <div id="second">第2个盒子</div>
        <div id="third">第3个盒子</div>
    </div>
</body>
</html>
```

在浏览器中的显示效果如图 4-82 所示。

图 4-82　相对定位

注意：相对定位最重要的一点是它可以通过边偏移移动位置，但是原来所占的位置继续占有。

3. 绝对定位 absolute

当 position 属性的取值为 absolute 时，可以将元素的定位模式设置为绝对定位。

使用了绝对定位的元素以它最近的一个"已经定位"的"祖先元素"（一般是父元素）为基准进行偏移。如果没有已经定位的祖先元素，则会以浏览器窗口为基准进行定位。

绝对定位的元素从标准文档流中脱离，这意味着它们对其他元素的定位会造成影响，如例 4-48 所示。

【例 4-48】 绝对定位

```
<!DOCTYPE html >
< html lang = "en">
< head >
    < meta charset = "UTF - 8">
    < title >绝对定位</title >
    < style >
        body{margin:0px;}
        div {
            padding:5px;
            font - size:12px;
            line - height:25px;
        }
        # father {
            border:1px # 666 solid;
            margin:10px;
            position:relative;
        }
        # first {
            background - color: # FC9;
            border:1px # B55A00 dashed;
        }
        # second {
            background - color: # CCF;
            border:1px # 0000A8 dashed;
            position:absolute; / * 绝对定位是相对于父元素而言的 * /
            right:30px;
        }
        # third {
            background - color: # C5DECC;
            border:1px # 395E4F dashed;
        }
    </style >
</head >
< body >
    < div id = "father">
```

```
        < div id = "first">第 1 个盒子</div>
        < div id = "second">第 2 个盒子</div>
        < div id = "third">第 3 个盒子</div>
    </div>
</body>
</html>
```

在浏览器中的显示效果如图 4-83 所示。

图 4-83　绝对定位

注意：绝对定位最重要的一点是它可以通过边偏移移动位置，但是它完全脱标，完全不占位置。

4. 固定定位 fixed

fixed 表示相对于视口（viewport，浏览器窗口）进行偏移，即定位基点是浏览器窗口。这会导致元素的位置不随页面滚动而变化，好像固定在网页上一样，如例 4-49 所示。

【例 4-49】　固定定位

```
<!DOCTYPE html>
< html lang = "en">
< head >
    < meta charset = "UTF - 8">
    < title>固定定位</title>
    < style >
        body {
            height: 3000px;
        }
        .father {
            width: 200px;
            height: 200px;
            background - color: pink;
            margin: 100px auto;
        }
        img {
            position: fixed;    / * 固定定位,定位在右上角 * /
            top: 0;
            right: 0;
```

```
        }
    </style>
</head>
<body>
    <div class = "father">
        <img src = "images/sun.jpg" width = "100" alt = "">
    </div>
</body>
</html>
```

在浏览器中的显示效果如图 4-84 所示。

图 4-84　固定定位

固定定位有以下两点特性：

(1) 固定定位的元素跟父元素没有任何关系,只认浏览器。

(2) 固定定位完全脱标,不占有位置,不随着滚动条的滚动而滚动。

4.4.5　z-index 属性

在 CSS 中,要想调整重叠定位元素的堆叠顺序,可以对定位元素应用 z-index 层叠等级属性,其取值可为正整数、负整数和 0。

首先声明：z-index 只能在 position 属性值为 relative、absolute 或 fixed 的元素上有效。

检索或设置对象的层叠顺序如下：

(1) z-index 的默认属性值是 0,取值越大,定位元素在层叠元素中越居上。

(2) 如果取值相同,则根据书写顺序,后来者居上。

(3) 后面数字一定不能加单位。

(4) 只有相对定位、绝对定位和固定定位有此属性,而标准流、浮动、静态定位都无此属性,亦不可指定此属性。

z-index 层叠样式属性的应用如例 4-50 所示。

【例 4-50】　叠放次序

```
<!DOCTYPE html>
<html lang = "en">
```

```
< head >
    < meta charset = "UTF - 8">
    < title >叠放次序</title >
    < style >
        div {
            position: relative;
            width: 100px;
            height: 100px;
            }
          p {
            position: absolute;
            font - size: 20px;
            width: 100px;
             height: 100px;
            }
         .a {
            background - color: pink;
            z - index: 1;
            }
         .c {
            background - color: green;
            z - index: 2;
            top: 20px;
            left: 20px;
            }
         .b {
            background - color: red;
            z - index: 3;
            top: - 20px;
            left: 40px;
            }
    </style >
</head >
< body >
    < div >
        < p class = "a"> a </p >
        < p class = "c"> c </p >
    </div >
    < div >
        < p class = "b"> b </p >
    </div >
</body >
</html >
```

在浏览器中的显示效果如图 4-85 所示。

图 4-85　叠放次序

4.4.6　综合实战

以"经济半小时专题报道"为例,综合应用浮动、定位等制作"经济半小时"专题报道页面,页面完成后的效果如图 4-86 所示。

图 4-86　"经济半小时"专题报道效果图

"经济半小时专题报道"案例综合性质比较高,其中综合运用了 CSS 美化页面的元素及本节的重点内容浮动和定位。

HTML 代码如下：

```
<!DOCTYPE html>
<html lang = "en">
<head>
    <meta charset = "UTF-8">
    <title>经济半小时专题报道</title><!-- 引入外部样式    -->
    <link href = "css/adver.css" rel = "stylesheet" type = "text/css" />
</head>
<body>
    <div id = "adverContent">
        <div id = "cctv">
            <dl class = "cctv2">
                <dt><img src = "images/adver-02.jpg" alt = "经济半小时"
                    /></dt>
                <dd>
                    <p>2009 年春节期间,中央电视台财经频道《经济半小时》栏目重磅推出春
                    节特别节目"2009 民生报告",通过小人物的真实故事回顾 2009 热点民生话
                    题。在 2010 年 2 月 20 日播出的"2009 民生报告(七)：安身立业"中,将目光
                    聚焦农村进城务工人员的新生代——80 后、90 后农民工,其中重点讲述了
                    北大青鸟学员<span>王洪贤、胡梅方</span>的成长经历。</p>
                    <a href = "#"><img src = "images/btn-01.gif" alt = "按钮"
                    /></a></dd>
            </dl>
            <div class = "stu01">
                <dl>
                    <dt><img src = "images/adver-03.jpg" alt = "学员照片"/></dt>
                    <dd>
                    <p><span>王洪贤</span>,北大青鸟 APTECH 授权培训中心学员,来自江西
                    九江。为生计所迫,随父亲到北京打工。来到北大青鸟后,王洪贤慢慢恢复
                    了对自己前途的信心。现在,王洪贤已经成为北京一家大型技术服务公司
                    的网络工程师。</p>
                    </dd>
                </dl>
            </div>
            <div class = "stu02">
                <dl>
                    <dt><img src = "images/adver-04.jpg" alt = "学员照片"
                    /></dt>
                    <dd>
                    <p><span>胡梅方</span>,北大青鸟 APTECH 授权培训中心学员,来自
                    湖北襄樊。经过在北大青鸟系统的职业技能培训,胡梅方成为深圳一
                    家信息企业的专业 IT 网络工程师。</p>
                    </dd>
                </dl>
            </div>
        </div>
    </div>
```

```
</body>
</html>
```

CSS 样式代码(adver.css)如下：

```
p,dl,dt,dd{padding:0px; margin:0px;}
img{border:0px;}
#adverContent {
    width:736px;
    height:559px;
    border:1px #c6c6c6 solid;
    margin:0px auto;
    overflow:hidden;
}
#cctv {
    width:736px;
    height:559px;
    overflow:hidden;
    background:url(../image/adver-01.jpg) center 5px no-repeat;
    position:relative;
}
#cctv .cctv2 {
    width:628px;
    margin:0px auto;
    padding-top:80px;
    height:200px;
    overflow:hidden;
}
#cctv .cctv2 dt {
    float:left;
    width:285px;
}
#cctv p {
    font-size:12px;
    line-height:22px;
    text-indent:2em;
    font-family:"微软雅黑";
}
#cctv p span{font-weight:bold; color:#F00;}
#cctv .cctv2 dd img {
    margin-top:10px;
    display:inline;
}
#cctv .stu01 dl, #cctv .stu02 dl {
    height:135px;
    overflow:hidden;
    border:1px #d1d1d1 solid;
```

```
        background - color: #FFF;
        padding:5px;
}
# cctv .stu01 {
        padding:0px 0px 0px 50px;
        width:500px;
}
# cctv .stu02 {
    position:absolute;
    right:30px;
    bottom:10px;
    width:440px;
}
# cctv .stu01 dt, # cctv .stu02 dt {
    float:left;
    width:203px;
}
```

第 5 章

CSS3 新增特性

CSS3 是 CSS(层叠样式表)技术的升级版本。CSS3 完全向后兼容,不必改变现有的设计,浏览器将永远支持 CSS2。CSS3 在 CSS2.1 的基础上增加了很多强大的新功能,以帮助开发人员解决一些实际面临的问题,本章将探索 CSS3 中引入的一些高级功能,例如渐变颜色、阴影效果、2D 和 3D 变换、alpha 透明度,以及创建过渡和动画效果的方法,此外还将探索伸缩布局、滤镜效果、媒体概念查询等。

熟悉基础知识后,我们将进入下一个级别,介绍使用图像精灵在网页上放置元素的方法及相对和关联的概念,如绝对单位、视觉格式模型、显示和可见性、图层、伪类和元素、与媒体相关的样式表等。

本章思维导图如图 5-1 所示。

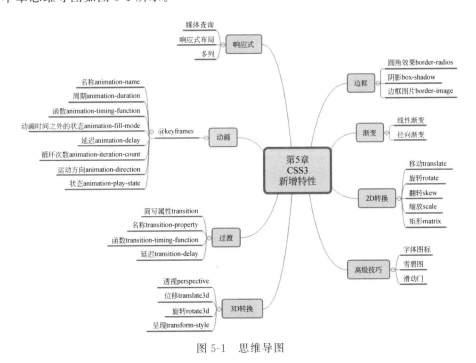

图 5-1　思维导图

5.1　CSS3 边框与渐变

5.1.1　CSS3 特效边框

CSS3 新增了 3 种边框特效,分别是圆角边框、有阴影效果的边框和图片边框,如表 5-1 所示。

表 5-1　新增边框效果

属　性　名	描　　述	属　性　名	描　　述
border-radius	设置圆角的边框	border-image	设置带背景图片的边框
box-shadow	设置带阴影效果的边框		

1. 圆角边框

传统的圆角生成方案,必须使用多张图片作为背景图案。CSS3 的出现,使我们再也不必浪费时间去制作这些图片了。

CSS3 圆角只需设置一个属性:border-radius(含义是"边框半径")。

基本语法格式如下:

```
border - radius: [ < length > | < percentage > ]
```

各参数的解释如下。

(1)< length >:用长度值设置对象的圆角半径长度,不允许负值。

(2)< percentage >:用百分比设置对象的圆角半径长度,不允许负值。

border-radius 属性可以接受 1~4 个值,规则如下。

(1)4 个值:第 1 个值为左上角,第 2 个值为右上角,第 3 个值为右下角,第 4 个值为左下角。

(2)3 个值:第 1 个值为左上角,第 2 个值为右上角和左下角,第 3 个值为右下角。

(3)2 个值:第 1 个值为左上角与右下角,第 2 个值为右上角与左下角。

(4)1 个值:4 个圆角值相同。

border-radius 属性实际上是一种简写形式,也可以单独对每个角进行设置,如表 5-2 所示。

表 5-2　圆角各边框属性

属　性　名	描　　述
border-radius	所有 4 条边角 border-*-*-radius 属性的缩写
border-top-left-radius	定义了左上角的弧度
border-top-right-radius	定义了右上角的弧度

续表

属 性 名	描 述
border-bottom-right-radius	定义了右下角的弧度
border-bottom-left-radius	定义了左下角的弧度

使用 border-radius 系列属性为元素设置圆角边框效果,如例 5-1 所示。

【例 5-1】 圆角边框效果

```
<!DOCTYPE html>
<html lang = "en">
<head>
    <meta charset = "UTF - 8">
    <title>圆角边框效果</title>
    <style>
        #rcorners1 {
            border - radius: 25px; /* 4 个角的弧度都是 25px */
            background: #73AD21;
            padding: 20px;
            width: 200px;
            height: 50px;
        }
        #rcorners2 {
            border - radius: 25px;
            border: 2px solid #73AD21;
            padding: 20px;
            width: 200px;
            height: 50px;
        }
        #rcorners3 {
            border - radius: 25px;
            background: url(images/gzh.png);
            background - position: left top;
            background - repeat: repeat;
            padding: 20px;
            width: 190px;
            height: 50px;
        }
    </style>
</head>
<body>
    <p>拥有指定背景颜色的元素的圆角: </p>
    <p id = "rcorners1">背景圆角</p>
    <p>带边框元素的圆角: </p>
    <p id = "rcorners2">边框圆角</p>
    <p>拥有背景图片的元素的圆角: </p>
    <p id = "rcorners3">背景图片圆角 </p>
</body>
</html>
```

在浏览器中的显示效果如图 5-2 所示。

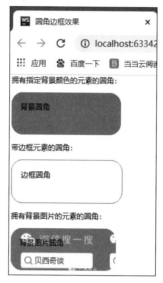

图 5-2　圆角边框效果

2. 盒子阴影

box-shadow 属性可以为边框添加阴影,该属性适用于所有元素。box-shadow 的默认值为 none,表示没有阴影效果。

基本语法格式如下:

```
box - shadow: h - shadow v - shadow blur spread color inset;
```

各参数的解释如下。

(1) h-shadow:必选,水平阴影的位置,允许负值。

(2) v-shadow:必选,垂直阴影的位置,允许负值。

(3) blur:可选,模糊距离。

(4) spread:可选,阴影的尺寸。

(5) color:可选,阴影的颜色,如果不设置,则默认为黑色。

(6) inset:可选,关键字,将外部投影(默认 outset)改为内部投影,inset 阴影在背景之上,在内容之下。

使用 box-shadow 属性为元素设置边框阴影效果,如例 5-2 所示。

【例 5-2】 创建纸质卡片效果

```
<!DOCTYPE html>
< html lang = "en">
```

```
< head >
    < meta charset = "UTF - 8">
    < title >创建纸质卡片效果</title>
    < style >
        div.card {
            width: 250px;
            /* 将水平阴影设置为 5px,将垂直阴影设置为 4px,将阴影模糊距离设置为 8px,将阴
            影尺寸设置为 0,阴影颜色为 red * /
            box - shadow: 5px 4px 8px 0 red;
            text - align: center;
        }
        div.header {
            background - color: #4CAF50;
            color: white;
            padding: 10px;
            font - size: 40px;
        }
        div.container {
            padding: 10px;
        }
    </style>
</head>
< body >
    < p > box - shadow 属性可用于创建类似纸质的卡片: </p>
    < div class = "card">
        < div class = "header">
            < h1 > 1 </h1>
        </div>
        < div class = "container">
            < p > January 1, 2021 </p>
        </div>
    </div>
</body>
</html>
```

在浏览器中的显示效果如图 5-3 所示。

图 5-3   创建纸质卡片效果

box-shadow 可向框添加一个或多个阴影,该属性是由逗号分隔的阴影列表,如例 5-3 所示。

【例 5-3】 多阴影列表

```
<! DOCTYPE html >
< html lang = "en">
< head >
    < meta charset = "UTF - 8">
    <title>多个阴影列表</title>
    < style >
        div{
            width: 100px;height: 100px;
            box - shadow: - 10px 0px 10px red,      /* 左边阴影 */
            0px - 10px 10px #000,                   /* 上边阴影 */
            10px 0px 10px green,                    /* 右边阴影 */
            0px 10px 10px blue;"                    /* 下边阴影 */
        }
    </ style >
</ head >
< body >
    < div ></ div >
</ body >
</ html >
```

在浏览器中的显示效果如图 5-4 所示。

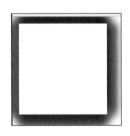

图 5-4　多阴影列表效果

3. 图像边框

border-image 用于给 border(边框)贴上背景图像,该属性适用于所有元素。border-image 属性是一个简写属性,相关属性如表 5-3 所示。

表 5-3　图像边框相关属性

属　性　名	描　　述
border-image-source	用在边框的图片的路径
border-image-slice	图片边框向内偏移
border-image-width	图片边框的宽度

续表

属 性 名	描 述
border-image-outset	边框图像区域超出边框的量
border-image-repeat	图像边框是否应平铺(repeated)、铺满(rounded)或拉伸(stretched)
border-image	复合属性

使用 border-image 属性为元素设置图像边框的效果,如例 5-4 所示。

【例 5-4】 图像边框

```html
<!DOCTYPE html>
<html lang = "en">
<head>
    <meta charset = "UTF - 8">
    <title>图像边框</title>
    <style>
        div{
            text - align: center;
            border: 15px solid #09f;
            width: 200px;
            border - image: url("images/border.jpg") 15 15 round;
        }
    </style>
</head>
<body>
    <div>图像边框</div>
</body>
</html>
```

在浏览器中的显示效果如图 5-5 所示。

图 5-5 图像边框效果

5.1.2 渐变

CSS3 渐变(gradients)可以让我们在两个或多个指定的颜色之间显示平稳的过渡。
以前,必须使用图像实现这些效果,但是,通过 CSS3 渐变,可以减少下载的时间和宽带的使用。此外,渐变效果的元素在放大时看起来效果更好,因为渐变是由浏览器生成的。

CSS3 定义了以下两种类型的渐变。

(1) 线性渐变(Linear Gradients):向下、向上、向右、向左、对角方向(to bottom、to top、to right、to left、to bottom right 等)。

(2) 径向渐变(Radial Gradients):由它们的中心定义。

因为渐变是一个比较新的属性,所以它在浏览器中使用时需要添加它的前缀,如图 5-6 所示是完全支持该属性的第 1 个浏览器版本。

属性	e	⊙	⊛	⊛	O
linear-gradient	10.0	26.0 10.0 -webkit-	16.0 3.6 -moz-	6.1 5.1 -webkit-	12.1 11.1 -o-
radial-gradient	10.0	26.0 10.0 -webkit-	16.0 3.6 -moz-	6.1 5.1 -webkit-	12.1 11.6 -o-
repeating-linear-gradient	10.0	26.0 10.0 -webkit-	16.0 3.6 -moz-	6.1 5.1 -webkit-	12.1 11.1 -o-
repeating-radial-gradient	10.0	26.0 10.0 -webkit-	16.0 3.6 -moz-	6.1 5.1 -webkit-	12.1 11.6 -o-

图 5-6　浏览器对渐变的支持情况

1. CSS3 线性渐变(linear-gradient/repeating-linear-gradient)

为了创建一个线性渐变,必须至少定义两种颜色节点。颜色节点即想要呈现平稳过渡的颜色。同时,也可以设置一个起点和一个方向(或一个角度)。

基本语法格式如下:

```
background - image: linear - gradient(direction, color - stop1, color - stop2, ...);
```

其中,direction 是渐变的方向。color- * 表示渐变颜色,可以有无数种颜色。

1) 线性渐变:从上到下(默认情况下)

下面的实例演示了从顶部开始的线性渐变。起点是红色,慢慢过渡到蓝色,示例代码如下:

```
.divOne {
    width: 100px;
    height: 100px;
    background: linear - gradient(red, blue);
}

< div class = "divOne"></div>
```

示例的应用效果如图 5-7 所示。

2) 线性渐变:从左到右

下面的实例演示了从左边开始的线性渐变。起点是红色,慢慢过渡到蓝色,示例代码如下:

```
.divOne {
    width: 100px;
    height: 100px;
    background: linear - gradient(to right, red, blue);
}
```

示例的应用效果如图 5-8 所示。

3) 线性渐变：对角

可以通过指定水平和垂直的起始位置来制作一个对角渐变。

下面的实例演示了从左上角开始(到右下角)的线性渐变。起点是红色,慢慢过渡到蓝色,示例代码如下：

```
.divOne {
    width: 100px;
    height: 100px;
    background: linear - gradient(to bottom right, red, blue);
}
```

示例的应用效果如图 5-9 所示。

图 5-7　从顶向下的线性渐变　　　图 5-8　从左到右的线性渐变　　　图 5-9　对角线性渐变

4) 使用角度

如果想要在渐变的方向上实现更多的控制,则可以定义一个角度,而不用预定义方向(to bottom、to top、to right、to left、to bottom right 等)。

基本语法格式如下：

```
background - image: linear - gradient(angle, color - stop1, color - stop2);
```

其中,angle 表示角度。

角度是指水平线和渐变线之间的角度,逆时针方向计算。换句话说,0deg 将创建一个从下到上的渐变,90deg 将创建一个从左到右的渐变,如图 5-10 所示。

但是,需要注意很多浏览器(Chrome、Safari、Firefox 等)使用了旧的标准,即 0deg 将创建一个从左到右的渐变,90deg 将创建一个从下到上的渐变。换算公式 $90-x=y$,其中 x

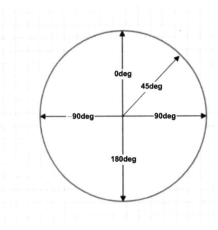

图 5-10　角度

为标准角度，y 为非标准角度。

带有指定角度的线性渐变，示例代码如下：

```
.divOne {
    width: 100px;
    height: 100px;
    background: linear-gradient(30deg, red, blue);
}
```

图 5-11　带有指定角度的线性渐变

示例应用效果如图 5-11 所示。

5）使用透明度（transparent）

CSS3 渐变也支持透明度，可用于创建减弱变淡的效果。

为了添加透明度，可以使用 rgba() 函数来定义颜色节点。rgba() 函数中的最后一个参数可以是 0～1 的值，它定义了颜色的透明度：0 表示完全透明，1 表示完全不透明。

下面的实例演示了从左边开始的线性渐变。起点完全透明，慢慢过渡到完全不透明的红色，代码如下：

```
.divOne {
    width: 100px;
    height: 100px;
    background: linear-gradient(to right, rgba(255,0,0,0), rgba(255,0,0,1));
}
```

6) 重复的线性渐变

repeating-linear-gradient() 函数用于重复线性渐变,代码如下:

```
.divOne {
    width: 100px;
    height: 100px;
    background: linear - gradientrepeating - linear - gradient(red, yellow 10 %, green 20 %);
}
```

2. CSS3 径向渐变 radial-gradient()/repeating-radial-gradient()

径向渐变由它的中心定义。为了创建一个径向渐变,必须至少定义两种颜色节点。颜色节点即想要呈现平稳过渡的颜色。同时,也可以指定渐变的中心、形状(圆形或椭圆形)、大小。默认情况下,渐变的中心是 center(表示在中心点),渐变的形状是 ellipse(表示椭圆形),渐变的大小是 farthest-corner(表示到最远的角落)。

基本语法格式如下:

```
background: radial - gradient(center, shape , size, start - color, ..., last - color);
```

各参数的解释如下:

(1) center 表示渐变的中心。

(2) shape 表示径向渐变的形状,有两个可选值: circle(圆)和 ellipse(椭圆形)。

(3) size 表示确定径向渐变的结束形状大小,默认值为 farthest-corner,其他值如下。

closest-side: 指定径向渐变的半径长度为从圆心到离圆心最近的边;

closest-corner: 指定径向渐变的半径长度为从圆心到离圆心最近的角;

farthest-side: 指定径向渐变的半径长度为从圆心到离圆心最远的边;

farthest-corner: 指定径向渐变的半径长度为从圆心到离圆心最远的角。

(4) color 表示渐变的起止颜色。

颜色节点不均匀分布的径向渐变,示例代码如下:

```
.divOne {
    width: 100px;
    height: 100px;
    background - image: radial - gradient(red 5 %, yellow 15 %, green 60 %);
}
```

示例的应用效果如图 5-12 所示。

repeating-radial-gradient() 函数用于重复径向渐变,用法同重复线性渐变相同。

图 5-12　径向渐变

5.2　转换

CSS3 中的转换允许对元素进行旋转、缩放、移动或倾斜。它为分 2D 转换和 3D 转换。

在 CSS2 时代，如果要实现一些图片转换角度，则要依赖于图片、Flash 或 JavaScript 才能完成，但是现在借助 CSS3 就可以轻松倾斜、缩放、移动及翻转元素。通过 CSS 变形，可以让元素生成静态视觉效果，也可以很容易结合 CSS3 的过渡和动画产生一些动画效果。

5.2.1　2D 转换

CSS 2D Transform 表示 2D 转换，目前主流浏览器对 transform 属性的支持情况如图 5-13 所示。

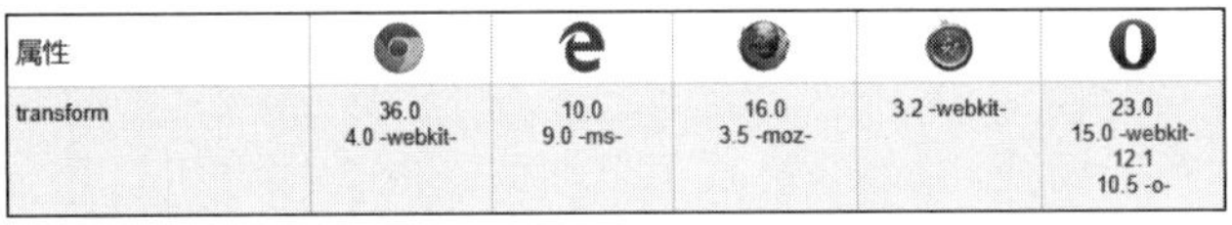

属性					
transform	36.0 4.0 -webkit-	10.0 9.0 -ms-	16.0 3.5 -moz-	3.2 -webkit-	23.0 15.0 -webkit- 12.1 10.5 -o-

图 5-13　浏览器版本对 transform 属性的支持情况

注意：紧跟在 -webkit-、-ms- 或 -moz- 前的数字为支持该前缀属性的第 1 个浏览器版本号。如 Chrome 4.0～35.0 版本支持使用前缀 -webkit-，所以在写成 -webkit-transform 的形式，其他浏览器类似。

通常的属性包含了属性名和属性值，而 transform 的属性值是用函数来定义的。定义 transform 的属性值有 5 种方法，如表 5-4 所示。

表 5-4　transform 属性方法

函　数　名	描　　述
translate(x,y)	元素移动到指定位置，即基于 X 和 Y 坐标重新定位元素
rotate(deg)	元素顺时针旋转指定的角度，负数表示逆时针旋转
scale(x,y)	元素尺寸缩放指定的倍数
skew(xdeg,ydeg)	围绕 X 轴和 Y 轴将元素翻转指定的角度
matrix(n,n,n,n,n,n)	该方法包含了矩阵变换数学函数，根据填入数据的不同可以实现元素的旋转、缩放、移动（平移）和倾斜功能

基本语法格式如下：

```
transform:函数名(x轴值,y轴值);
```

1. 移动 translate()

translate(x,y)方法，根据左(X 轴)和顶部(Y 轴)位置给定的参数，从当前元素位置移动。

基本语法格式如下：

```
transform: translate(x,y);
```

如 div{transform：translate(50px,100px);}表示元素从左边向右移动 50 像素，并从顶部向下移动 100 像素。

如果省略 y，则默认 y 轴上的移动距离为 0。

也可以单独使用 translateX()或 translateY()方法指定在水平或垂直方向中的一个方向上移动的距离。

指定在水平方向上平移的语法格式如下：

```
transform: translateX(x);
```

指定在垂直方向上平移的语法格式如下：

```
transform: translateY(y);
```

使用 transform 属性的 translate()方法对元素进行 2D 平移，如例 5-5 所示。

【例 5-5】 2D 转换（移动）

```
<!DOCTYPE html>
<html lang = "en">
<head>
    <meta charset = "UTF-8">
    <title>2D转换(移动)</title>
    <style>
        .box{
            width: 200px;
            height: 200px;
            background: red;
            margin: 30px;
        }
        .box:hover{                          /*鼠标指针悬停触发*/
            transform: translate(5px, -5px);
```

```
            - ms - transform:translate(5px, - 5px);          /* IE 9 */
            - webkit - transform:translate(5px, - 5px);       /* Safari andChrome */
            box - shadow: 10px 10px 5px #ddd;                 /* 设置盒子阴影 */
        }
    </style>
</head>
< body >
    < div class = "box">贝西奇谈</div >
</body >
</html >
```

在浏览器中的显示效果如图 5-14 所示。

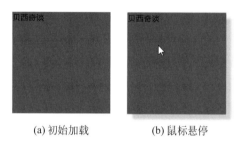

(a) 初始加载   (b) 鼠标悬停

图 5-14   移动变换前后效果

2. 旋转 rotate()

通过 rotate(deg) 方法,元素顺时针旋转给定的角度。允许负值,当为负值时元素将逆时针旋转。它以 deg 为单位,代表旋转的角度。

基本语法格式如下:

```
transform: rotate(< angle >);
```

其中,< angle >表示顺时针旋转指定角度。

使用 transform 属性的 rotate()方法对元素进行 2D 旋转,如例 5-6 所示。

【例 5-6】   2D 转换(旋转)

```
<!DOCTYPE html >
< html lang = "en">
< head >
    < meta charset = "UTF - 8">
    < title > 2D 转换(旋转)</title >
    < style >
        .box{
            width: 200px;
            height: 200px;
            background: red;
```

```
                margin: 100px;
            }
        .box:hover{                             /*鼠标指针悬停触发*/
            transform: rotate(-45deg);
            -ms-transform:rotate(-45deg);       /* IE 9 */
            -webkit-transform:rotate(-45deg);   /*Safari and Chrome*/
            box-shadow: 10px 10px 5px #ddd;     /*设置盒子阴影*/
        }
    </style>
</head>
<body>
    <div class = "box">贝西奇谈</div>
</body>
</html>
```

在浏览器中的显示效果如图 5-15 所示。

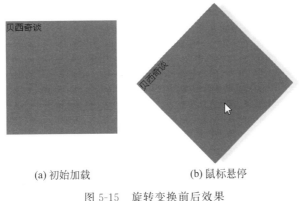

(a) 初始加载   (b) 鼠标悬停

图 5-15　旋转变换前后效果

3. 缩放 scale()

scale(x,y)函数能够缩放元素大小,该函数包含两个参数值,分别用来定义宽和高的缩放比例。

基本语法格式如下:

```
transform: scale(x,y);
```

参数值可以是正数、负数和小数。正数值基于指定的宽度和高度将放大元素。负数值不会缩小元素,而是翻转元素(如文字被翻转),然后缩放元素。小数可以缩小元素。如果第 2 个参数省略,则第 2 个参数等于第 1 个参数值。

使用 transform 属性的 scale()方法对元素进行 2D 缩放,如例 5-7 所示。

【例 5-7】 2D 转换(缩放)

```html
<!DOCTYPE html>
<html lang = "en">
<head>
    <meta charset = "UTF-8">
    <title>2D 转换(缩放)</title>
    <style>
        .box{
            width: 200px;
            height: 200px;
            background: red;
            margin: 100px;
        }
        .box:hover{                                    /* 鼠标指针悬停触发 */
            transform: scale(0.6,1.2);
            -ms-transform:scale(0.6,1.2);              /* IE 9 */
            -webkit-transform:scale(0.6,1.2);          /* Safari and Chrome */
            box-shadow: 10px 10px 5px #ddd;            /* 设置盒子阴影 */
        }
    </style>
</head>
<body>
    <div class = "box">贝西奇谈</div>
</body>
</html>
```

在浏览器中的显示效果如图 5-16 所示。

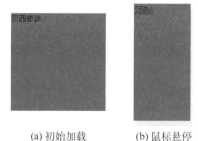

(a) 初始加载　　　(b) 鼠标悬停

图 5-16 缩放变换前后效果

4. 翻转 skew()

skew(xdeg,ydeg)可用于在页面上翻转元素。

基本语法格式如下:

```
transform:skew(<angle>,<angle>);
```

其中,<angle>表示角度值,两个参数值分别表示 X 轴和 Y 轴倾斜的角度,如果第 2 个参数为空,则默认为 0,参数为负表示向相反方向倾斜。

也可以单独使用 skewX()或 skewY()方法指定在水平或垂直方向中的一个方向上的翻转情况。

(1) skewX(<angle>)表示只在 X 轴(水平方向)倾斜。

(2) skewY(<angle>)表示只在 Y 轴(垂直方向)倾斜。

使用 transform 属性的 skew()方法对元素进行 2D 翻转,如例 5-8 所示。

【例 5-8】 2D 转换(翻转)

```html
<!DOCTYPE html>
<html lang = "en">
<head>
    <meta charset = "UTF-8">
    <title>2D转换(翻转)</title>
    <style>
        .box{
            width: 200px;
            height: 200px;
            background: red;
            margin: 100px;
        }
        .box:hover{                                    /* 鼠标指针悬停触发 */
            transform: skew(30deg,20deg);
            -ms-transform:skew(30deg,20deg);           /* IE 9 */
            -webkit-transform:skew(30deg,20deg);       /* Safari and Chrome */
            box-shadow: 10px 10px 5px #ddd;            /* 设置盒子阴影 */
        }
    </style>
</head>
<body>
    <div class = "box">贝西奇谈</div>
</body>
</html>
```

在浏览器中的显示效果如图 5-17 所示。

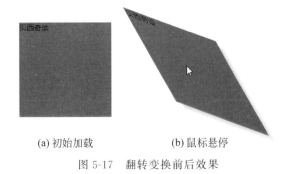

(a) 初始加载   (b) 鼠标悬停

图 5-17 翻转变换前后效果

5. 矩阵变换 matrix()

matrix(n,n,n,n,n,n)是矩阵函数,调用该函数可以非常灵活地实现各种变换效果,如旋转、缩放、移动(平移)和倾斜功能。

基本语法格式如下:

```
transform:matrix(n,n,n,n,n,n);
```

其中,第1个参数控制 x 轴缩放,第2个参数控制 x 轴倾斜,第3个参数控制 y 轴倾斜,第4个参数控制 y 轴缩放,第5个参数控制 x 轴移动,第6个参数控制 y 轴移动。

使用 transform 属性的 matrix() 方法对元素进行 2D 矩阵变换,如例 5-9 所示。

【例 5-9】 2D 转换(矩阵变换)

```
<!DOCTYPE html>
<html lang = "en">
<head>
    <meta charset = "UTF-8">
    <title>2D 转换(矩阵变换)</title>
    <style>
        .box{
            width: 200px;
            height: 200px;
            background: red;
            margin: 100px;
        }
        .box:hover{                              /* 鼠标指针悬停触发 */
            transform:matrix(0.866,0.5,-0.5,0.866,0,0);
            -ms-transform:matrix(0.866,0.5,-0.5,0.866,0,0); /* IE 9 */
                    /* Safari and Chrome */
            -webkit-transform:matrix(0.866,0.5,-0.5,0.866,0,0);
            box-shadow: 10px 10px 5px #ddd;           /* 设置盒子阴影 */
        }
    </style>
</head>
<body>
    <div class = "box">贝西奇谈</div>
</body>
</html>
```

在浏览器中的显示效果如图 5-18 所示。

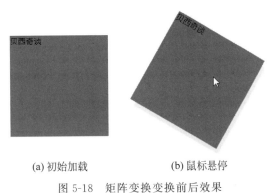

(a) 初始加载 (b) 鼠标悬停

图 5-18 矩阵变换变换前后效果

5.2.2 3D 转换

我们生活的环境是 3D 的,照片就是 3D 物体在 2D 平面呈现的例子。CSS3 中的 3D 坐标系其实就是指立体空间,立体空间是由 3 个轴共同组成的,如图 5-19 所示。

CSS3 的 3D 转换主要包含的函数如下。

(1) 透视:perspective。

(2) 3D 位移:translate3d(x,y,z)。

(3) 3D 旋转:rotate3d(x,y,z)。

(4) 3D 呈现 transform-style。

1. 透视 perspective

如果想要在网页产生 3D 效果,则需要透视(理解成 3D 物体投影在 2D 平面内)。模拟人类的视觉位置,可认为安排一只眼睛去看。距离视觉点越近的物体在计算机平面成像越大,越远的物体成像越小(近大远小视觉效果),如图 5-20 所示。

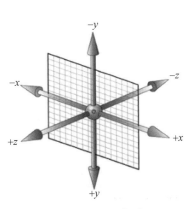

图 5-19 3D 坐标系

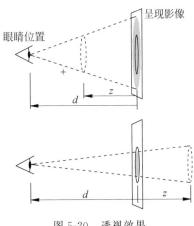

图 5-20 透视效果

2. 3D 移动 translate3d(x,y,z)

3D 移动在 2D 移动的基础上多加了一个可以移动的方向,即 z 轴方向。

基本语法格式如下:

```
translform: translate3d(x, y, z)
```

其中,x,y,z 分别指要移动的轴的方向的距离。

也可以单独使用 translateX()、translateY()、translateZ() 函数指定其中一个方向上的移动。

如例 5-10 所示通过比较原图和 3D 位移图,比较移动前后效果。

【例 5-10】 3D 转换(移动)

```html
<!DOCTYPE html>
<html lang = "en">
<head>
    <meta charset = "UTF-8">
    <title>3D转换(移动)</title>
    <style>
        body {
            perspective: 600px;                    /*给父盒子添加透视效果*/
        }
        div {
            width: 200px;
            height: 200px;
            background-color: pink;
            margin: 100px auto;
        }
        div:hover {                                /*鼠标悬停*/
            /* transform: translateX(100px); */
            /* transform: translateY(100px); */
            transform: translateZ(300px);
            /*透视是眼睛到屏幕的距离,透视只是一种展示形式,是有 3D 效果的意思*/
            /*translateZ 是物体到屏幕的距离,Z 是来控制物体近大远小的具体情况*/
            /*translateZ 越大,我们看到的物体越近,物体越大*/
            /* transform: translate3d(x, y, z); x 和 y 可以是 px,可以是 %,但是 z 只能是 px*/
        }
    </style>
</head>
<body>
    <div></div>
</body>
</html>
```

在浏览器中的显示效果如图 5-21 所示。

(a) 初始加载　　　　　(b) 鼠标悬停

图 5-21　3D 转换(移动)前后效果

3. 旋转: rotate3d(x,y,z,deg)

3D 旋转只可以让元素在三维平面内沿着 X 轴、Y 轴、Z 轴或者自定义轴进行旋转。
基本语法格式如下:

```
transform: rotate3d(x,y,z,deg)
```

各参数的解释如下。

(1) x: 是 0~1 的数值,描述围绕 X 轴旋转的向量值。

(2) y: 是 0~1 的数值,描述围绕 Y 轴旋转的向量值。

(3) z: 是 0~1 的数值,描述围绕 Z 轴旋转的向量值。

(4) deg: 沿着自定义轴旋转,deg 为角度。

如 transform:rotate3d(1,0,0,45deg)表示沿着 X 轴旋转 45°。

也可以单独使用 rotate3dX()、rotate3dY()、rotate3dZ()函数指定其中一个方向上的旋转。如例 5-11 所示通过比较原图和 3D 旋转图,比较旋转前后的效果。

【例 5-11】　3D 转换(旋转)

```html
<!DOCTYPE html>
<html lang = "en">
<head>
    <meta charset = "UTF-8">
    <title>3D转换(旋转)</title>
    <style>
        div {
            width: 224px;
            height: 224px;
            margin: 100px auto;
            position: relative;
        }
```

```
        div img {
            position: absolute;
            top: 0;
            left: 0;
        }
        div img:first - child {
            z - index: 1;
            backface - visibility: hidden;        /ﾠ* 如果不是正面对向屏幕,就隐藏 * /
        }
        div:hover img {                           /ﾠ* 鼠标悬停 * /
            transform: rotateY(180deg);
        }
    </style>
</head >
< body >
    < div >
        < img src = "images/qian. svg" alt = ""/>
        < img src = "images/hou. svg" alt = ""/>
    </div >
</body >
</html >
```

在浏览器中的显示效果如图 5-22 所示。

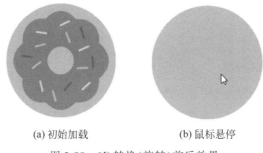

(a) 初始加载   (b) 鼠标悬停

图 5-22   3D 转换(旋转)前后效果

4. 呈现 transform-style

控制子元素是否开启三维立体环境。transform-style: flat 表示子元素不开启 3D 立体空间,此为默认值。transf-style: preserve-3d 表示子元素开启立体空间。

呈现代码写给父级,但是影响的是子盒子,如例 5-12 所示。

【例 5-12】 3D 呈现

```
<! DOCTYPE html >
< html lang = "en">
< head >
    < meta charset = "UTF - 8">
    < title >3D 呈现</title>
```

```
    <style>
        body{
            perspective: 500px;
        }
        .box{
            position: relative;
            width: 200px;
            height: 200px;
            margin: 100px auto;
            transition: all 2s;                          /* 过渡 */
            /* 让子元素保持 3D 立体空间环境 */
            transform - style: preserve - 3d;
        }
        .box:hover{                                      /* 鼠标悬停 */
            transform: rotateY(60deg);
        }
        .box div{
            position: absolute;
            top: 0;
            left: 0;
            width: 100 % ;
            height: 100 % ;
            background - color: chartreuse;
        }
        .box div:last - child{
            background - color: blue;
            transform: rotateX(60deg);
        }
    </style>
</head>
<body>
    <div class = "box">
        <div></div>
        <div></div>
    </div>
</body>
</html>
```

在浏览器中的显示效果如图 5-23 所示。

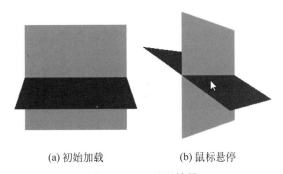

(a) 初始加载   (b) 鼠标悬停

图 5-23 3D 呈现效果

5.3　过渡与动画

5.3.1　过渡

通过过渡 transition 可以在指定时间内将元素从原始样式平滑变化为新的样式,如鼠标悬停后,背景色在 1s 内,由白色平滑地过渡到红色。

目前主流浏览器对 transition 属性的支持情况如图 5-24 所示。

属性					
transition	26.0 4.0 -webkit-	10.0	16.0 4.0 -moz-	6.1 3.1 -webkit-	12.1 10.5 -o-

图 5-24　浏览器版本对 transition 属性的支持情况

解释说明:

紧跟在 -webkit-、-ms- 或 -moz- 前的数字为支持该前缀属性的第 1 个浏览器版本号。如 Chrome 4.0~35.0 版本支持使用前缀 -webkit-,应该写成 -webkit-transition 的形式,其他浏览器类似。

过渡 transition 包含 4 种属性,如表 5-5 所示。

表 5-5　transition 过渡属性

属　性　名	描　　述
transition-property	规定应用过渡的 CSS 属性的名称
transition-duration	定义过渡效果花费的时间,默认为 0
transition-timing-function	规定过渡效果的时间曲线,默认为 "ease"
transition-delay	规定过渡延迟时间,默认为 0
transition	简写属性,用于在一个属性中设置 4 个过渡属性

1. 过渡属性 transition-property

transition-property 属性用于指定需要过渡发生的 CSS 属性。

基本语法格式如下:

```
transition-property: none|all|property;
```

各参数的解释如下。

(1) none:没有指定任何样式。

(2) all:默认值,表示指定元素所有支持 transition-property 属性的样式。

(3) property:设置过渡的 CSS 属性,如果是多个属性,则用逗号隔开。

同时设置元素的宽度和高度发生过渡,代码如下:

```
p{transition - property: width, height};
```

在实际工作中一般取默认值。

2. 过渡持续时间 transition-duration

transition-duration 属性用于指定过渡持续的时间,为必选赋值属性。

基本语法格式如下:

```
transition - duration: < time >;
```

该属性的单位是秒(s)或毫秒(ms)。

3. 过渡函数 transition-timing-function

transition-timing-function 属性用于设置过渡函数。

基本语法格式如下:

```
transition - timing - function: linear | ease | ease - in | ease - out | ease - in - out | cubic -
bezier;
```

各参数的解释如下。

(1) linear:线性过渡,等同于贝塞尔曲线(0.0, 0.0, 1.0, 1.0)。

(2) ease:平滑过渡,等同于贝塞尔曲线(0.25, 0.1, 0.25, 1.0)。

(3) ease-in:由慢到快,等同于贝塞尔曲线(0.42, 0, 1.0, 1.0)。

(4) ease-out:由快到慢,等同于贝塞尔曲线(0, 0, 0.58, 1.0)。

(5) ease-in-out:由慢到快再到慢,等同于贝塞尔曲线(0.42, 0, 0.58, 1.0)。

(6) cubic-bezier(< number >, < number >, < number >, < number >):特定的贝塞尔曲线类型,4 个数值需要在[0, 1]区间内。

4. 过渡延迟 transition-delay

transition-delay 属性用于指定过渡后多长时间开始执行过渡效果。

基本语法格式如下:

```
transition - delay: < time >;
```

5. 复合属性 transition

transition 属性是一个简写属性,用于设置 4 个过渡属性。

基本语法格式如下:

```
transition:property duration timing - function delay;
```

参数之间使用空格隔开,如有未声明的参数取其默认值。

注意：如果只提供一个时间参数,则默认为 transition-duration 属性值。

使用 transition 各个属性实现过渡效果,如例 5-13 所示。

【例 5-13】 过渡

```
<! DOCTYPE html >
< html lang = "en">
< head >
    < meta charset = "UTF - 8">
    < title>过渡</title>
    < style >
        .box{
            width: 200px;
            height: 300px;
            background - color: red;
            margin: 50px;
            /* 等价于 transition:transform 1s, box - shadow 1s,width
                1s,background - color 1s ; */
            /* transition: all 1s linear 1s; */
            transition - property: all;
            transition - duration: 1s;                    /*持续 1s*/
            transition - timing - function:linear;        /*线性过渡*/
            transition - delay:1s;                        /*延迟 1s*/
        }
        .box:hover{                                       /*鼠标悬停*/
            transform: translate(0, - 10px);
            box - shadow: 0 15px 30px rgba(0,0,0,.3);
            width: 300px;
            background - color: green;
        }
    </style>
</head >
< body >
    < div class = "box"></div >
</body >
</html >
```

在浏览器中的显示效果如图 5-25 所示。

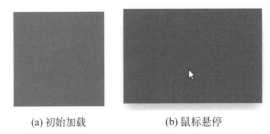

(a) 初始加载　　　　　(b) 鼠标悬停

图 5-25　过渡效果

5.3.2 动画

CSS3 使用 animation 属性定义帧动画。动画是 CSS3 中具有颠覆性的特征之一,可通过设置多个关键帧(节点)来精确控制一个或一组动画,常用来实现复杂的动画效果。

与 animation 动画相关的属性如表 5-6 所示。

表 5-6 animation 动画相关属性

属 性 名	描 述
@keyframes	设置自定义动画内容
animation-name	设置需要执行的 @keyframes 动画名称
animation-duration	设置动画完成一个周期所花费的时间(秒或毫秒),默认为 0
animation-timing-function	设置动画的时间曲线,默认为 "ease"
animation-fill-mode	动画时间之外的状态
animation-delay	规定动画延迟的时间,默认为 0
animation-iteration-count	规定动画循环播放的次数,默认为 1
animation-direction	规定动画的运动方向,默认为 "normal"
animation-play-state	规定动画是否正在运行或暂停,默认为 "running"
animation	所有动画属性的简写属性

1. @keyframes 规则

如需使用 CSS 动画,则必须首先为动画指定一些关键帧。帧(frame)是影像动画中最小单位的单幅影像画面,一帧就相当于一幅静止的画面,连续的帧可以形成动画效果。

如果在 @keyframes 规则中指定了 CSS 样式,则动画将在特定时间逐渐从当前样式更改为新样式,其格式如下:

```
@keyframes 动画名称{
  from {样式}
  to {样式}
}
```

其中,动画名称可以自定义,from 表示起始帧的样式,to 表示最终帧的样式。

要使动画生效,必须将动画绑定到某个元素。

例如,将 "example" 动画绑定到 <div> 元素。动画将持续 4s,同时将 <div> 元素的背景颜色从 "red" 逐渐改为 "yellow",代码如下:

```
/* 动画代码 */
@keyframes example {
  from {background-color: red;}
  to {background-color: yellow;}
}
```

```
/* 向此元素应用动画效果 */
div {
    width: 100px;
    height: 100px;
    background - color: red;
    animation - name: example;           /* 动画名称 example */
    animation - duration: 4s;            /* 动画持续时间 4s */
}
```

注意：animation-duration 属性表示需要多长时间才能完成动画。如果未指定 animation-duration 属性，则动画不会发生，因为默认值为 0s。

也可以使用百分比值。通过百分比，可以根据需要添加任意多个样式进行更改。

例如，将在动画完成 25%、完成 50% 及动画完成 100% 时更改 <div> 元素的背景颜色，代码如下：

```
/* 动画代码 */
@keyframes example {
    0% {background - color: red;}
    25% {background - color: yellow;}
    50% {background - color: blue;}
    100% {background - color: green;}
}

/* 应用动画的元素 */
div {
    width: 100px;
    height: 100px;
    background - color: red;
    animation - name: example;
    animation - duration: 4s;
}
```

2. 动画名称 animation-name

animation-name 属性专门用于指定需要发生的动画名称，必须与规则 @keyframes 配合使用，因为动画名称由 @keyframes 定义。

基本语法格式如下：

```
animation - name: none | < identifier >;
```

各参数的解释如下。

（1）none：不引用任何动画名称。

（2）< identifier >：定义一个或多个动画名称（identifier 标识）。

3. 动画持续时间 animation-duration

animation-duration 属性用于指定动画播放的时间。

基本语法格式如下：

```
animation - duration: < time >;
```

其中，< time >用于指定对象动画的持续时间，该属性值的单位为秒或毫秒。

4. 动画速度曲线 animation-timing-function

animation-timing-function 属性用于规定动画的速度曲线。

animation-timing-function 属性可接收以下值。

（1）ease：指定从慢速开始，然后加快，然后缓慢结束的动画（默认）。

（2）linear：规定从开始到结束的速度相同的动画。

（3）ease-in：规定慢速开始的动画。

（4）ease-out：规定慢速结束的动画。

（5）ease-in-out：指定开始和结束较慢的动画。

5. 动画之外状态 animation-fill-mode

animation-fill-mode 属性指在不播放动画时（在开始之前、结束之后或两者都结束时），animation-fill-mode 属性规定目标元素的样式。

基本语法格式如下：

```
animation - fill - mode: none | forwards | backwards | both ;
```

各参数的解释如下。

（1）none：默认值，动画在执行之前或之后不会对元素应用任何样式。

（2）forwards：元素将保留由最后一个关键帧设置的样式值（依赖 animation-direction 和 animation-iteration-count）。

（3）backwards：元素将获取由第 1 个关键帧设置的样式值（取决于 animation-direction），并在动画延迟期间保留该值。

（4）both：动画会同时遵循向前和向后的规则，从而在两个方向上扩展动画属性。

6. 动画延迟时间 animation-delay

animation-delay 属性用于规定动画开始的延迟时间。

基本语法格式如下：

```
animation - delay: < time > ;
```

其中，< time >用于指定对象动画延迟的时间，该属性值的单位为秒或毫秒。

7. 动画循环次数 animation-iteration-count

animation-iteration-count 属性用于设置动画的循环播放次数。

基本语法格式如下：

```
animation - iteration - count: infinite | < number >;
```

（1）infinite：无限循环。

（2）< number >：指定对象动画的具体循环次数。

8. 动画运动方向 animation-direction

animation-direction 属性用于指定是向前播放、向后播放还是交替播放动画，基本语法格式如下：

```
animation - direction: normal | reverse | alternate | alternate - reverse;
```

各参数的解释如下。

（1）normal：动画正常播放（向前），默认值。

（2）reverse：动画以反方向播放（向后）。

（3）alternate：动画先向前播放，然后向后，并持续交替。

（4）alternate-reverse：动画先向后播放，然后向前，并持续交替。

9. 动画行为状态 animation-play-state

animation-play-state 属性用于设置动画的运行状态。

基本语法格式如下：

```
animation - play - state:running | paused ;
```

running：运动。paused：暂停。

10. 动画复合属性 animation

animation 属性用于一次性指定所有的动画设置要求，是一个复合属性。

基本语法顺序如下：

```
animation: [animation - name] [ animation - duration ]
[ animation - timing - function ] [ animation - delay ]
[ animation - iteration - count ] [ animation - direction ]
[ animation - fill - mode ] [ animation - play - state ]
```

参数之间用空格隔开。

注意：若只提供一个时间参数，其值默认赋予 animation-duration 属性。

下面使用 6 种属性动画效果，代码如下：

```
div {
  animation - name: example;
  animation - duration: 5s;
  animation - timing - function: linear;
  animation - delay: 2s;
  animation - iteration - count: infinite;
  animation - direction: alternate;
}

@keyframes example {
  0 %   {background - color:red; left:0px; top:0px;}
  50 %  {background - color:blue; left:200px; top:200px;}
  100 % {background - color:red; left:0px; top:0px;}
}
```

使用简写的 animation 属性也可以实现与上例相同的动画效果,代码如下:

```
div {
  animation: example 5s linear 2s infinite alternate;
}
```

使用 animation 动画相关属性实现心跳动画效果,如例 5-14 所示。

【例 5-14】 心跳

```
<!DOCTYPE html >
< html lang = "en">
< head >
    < meta charset = "UTF - 8">
    < title >心跳</title>
    < style >
        img{
            width: 310px;
            height: auto;
            /* animation:动画名称、花费时间、运动曲线 */
            animation: heart 0.5s infinite;
        }
        @keyframes heart{
            0 % {
                transform: scale(1);
            }
            50 % {
                transform: scale(1.1);
            }
            100 % {
                transform: scale(1);
```

```
            }
        }
    </style>
</head>
<body>
    <img src="images/xintiao.png" width="310" alt="loading" />
    <div></div>
</body>
</html>
```

在浏览器中的显示效果如图 5-26 所示。

图 5-26　持续心跳

5.4　响应式

响应式布局可以看作流式布局和自适应布局设计理念的融合。其目标是确保一个页面在所有终端上(各种尺寸的 PC、iPad、手机)都能显示出令人满意的效果,搭配媒体查询技术分别为不同的屏幕分辨率定义布局;同时,在每个布局中,应用流式布局的理念,即页面元素宽度随着窗口调整而自动适配。

响应式布局,简而言之,就是一个网站能够兼容多个终端——而不是为每个终端开发一个特定的版本,如图 5-27 所示。这个概念是为解决移动互联网浏览而诞生的。响应式布局可以为不同终端的用户提供更加舒适的界面和更好的用户体验,而且随着目前大屏幕移动设备的普及,越来越多的网站采用此技术。

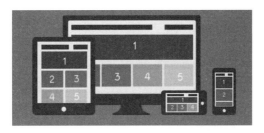

图 5-27　不同终端布局显示效果

5.4.1　媒体查询

媒体查询可以针对不同的屏幕尺寸设置不同的样式,它为每种类型的用户提供了最佳的体验,网站在任何尺寸设置下都能有最佳的显示效果。

以@media 开头来表示这是一条媒体查询语句。@media 后接一个或者多个表达式,如果表达式为真,则应用样式。

基本语法格式如下:

```
@media  媒体类型  逻辑操作符  (媒体功能){
        / * CSS 样式 */
    }
```

1.逻辑操作符

操作符 and、not 和 only 可以用来构建复杂的媒体查询。

(1) and 操作符用来把多个媒体属性组合起来,合并到一条媒体查询中。只有当每个属性都为真时,这条查询的结果才为真。

(2) not 操作符用来对一条媒体查询的结果进行取反。

(3) only 操作符表示仅在媒体查询匹配成功的情况下应用指定样式。可以通过它让选中的样式在老式浏览器中不被应用。

注意:若使用了 not 或 only 操作符,则必须明确地指定一个媒体类型。

2.媒体类型

媒体类型用于描述设备的类别,默认为 all 类型,如表 5-7 所示。

表 5-7　媒体类型

值	描　　述
all	用于所有多媒体类型设备
print	用于打印机
screen	用于计算机屏幕、平板电脑、智能手机等
speech	用于屏幕阅读器

所有浏览器都支持值为 screen、print 及 all 的 media 属性。

3. 常用媒体功能

以下仅仅列举了一些可能稍微常用的媒体功能：

（1）height 用于定义输出设备中的页面可见区域高度。

（2）width 用于定义输出设备中的页面可见区域宽度。

（3）max-height 用于定义输出设备中的页面最大可见区域高度。

（4）max-width 用于定义输出设备中的页面最大可见区域宽度。

（5）min-height 用于定义输出设备中的页面最小可见区域高度。

（6）min-width 用于定义输出设备中的页面最小可见区域宽度。

根据屏幕尺寸（屏幕尺寸代表不同终端）自动调整背景颜色，如例 5-15 所示。

【例 5-15】 媒体查询应用

```html
<!DOCTYPE html>
<html lang = "en">
<head>
    <meta charset = "UTF - 8">
    <title>媒体查询应用</title>
    <style>
        /* pc 端 */
        @media screen and (min - width: 992px){
            body{
                background - color: red;          /* 当屏幕尺寸大于 992px 时背景为红色 */
            }
        }
        /* ipad 端 */
        @media screen and (max - width: 992px) and (min - width: 768px){
            body{
                background - color: orange;     /* 屏幕尺寸大小在 768~992px 时背景为橘黄色 */
            }
        }
        /* 移动端 */
        @media screen and (max - width: 768px){
            body{
                background - color: blue;          /* 当屏幕尺寸小于 768px 时背景为蓝色 */
            }
        }
    </style>
</head>
<body>
</body>
</html>
```

在浏览器中的显示结果：不断拖拉改变浏览器窗口的大小，背景颜色也会随之发生改变。当屏幕尺寸大于 992px 时背景为红色；屏幕尺寸大小在 768~992px 时背景为橘黄色；

当屏幕尺寸小于 768px 时背景为蓝色。

5.4.2　响应式布局

响应式布局即根据浏览器或屏幕的大小,调整页面的布局方式。通俗地讲,就是通过一套代码,可以无缝匹配符合计算机、平板电脑、手机预览效果的前端技术,如例 5-16 所示。

虽然响应式布局应用越来越广泛,但是从零开始去设计一个响应式效果的网站对于程序员来讲是非常复杂的,因为当中包含了大量的逻辑、判断、适配内容,所以如今市面上看见的响应式网站,多数使用了一些开源的代码或者框架,而应用最广泛的是 Bootstrap(将在第10 章讲解)。

【例 5-16】　响应式布局

```
<!DOCTYPE html>
<html lang = "en">
<head>
    <meta charset = "UTF-8">
    <title>响应式布局</title>
    <style>
        .box{
            margin: 0 auto;
        }
        .box > div{
            width: 229px;
            height: 274px;
            background-color: pink;
            float: left;
            margin-right: 10px;
            margin-bottom: 10px;
        }
        /* PC 端 */
        @media screen and (min-width: 992px){
            .box{
                width: 946px;
            }
            .box > div:last-child{
                margin-right: 0;
            }
        }
        /* ipad 端 */
        @media screen and (min-width: 768px) and (max-width: 992px){
            .box{
                width: 468px;
            }
            .box > div:nth-child(2),.box > div:nth-child(4){
                margin-right: 0;
            }
```

```
            }
            /* 移动端 */
            @media screen and (max-width: 768px){
                .box{
                    width: 307px;
                }
                .box > div{
                    width: 307px;
                    height: 256px;
                    margin-right: 0;
                }
            }
        </style>
    </head>
    <body>
        <div class="box">
            <div></div>
            <div></div>
            <div></div>
            <div></div>
        </div>
    </body>
</html>
```

在浏览器中的显示效果如图 5-28 所示。

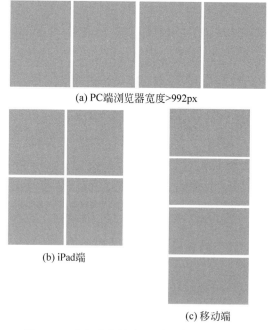

(a) PC端浏览器宽度>992px

(b) iPad端

(c) 移动端

图 5-28　响应式布局在不同终端的显示效果

5.4.3　多列

CSS3 中新出现的多列布局是传统 HTML 网页中块状布局模式的有力扩充。这种新语法能够帮助 Web 开发人员轻松地让文本呈现多列显示的效果。它的显示如同 Word 中的多列，如图 5-29 所示。

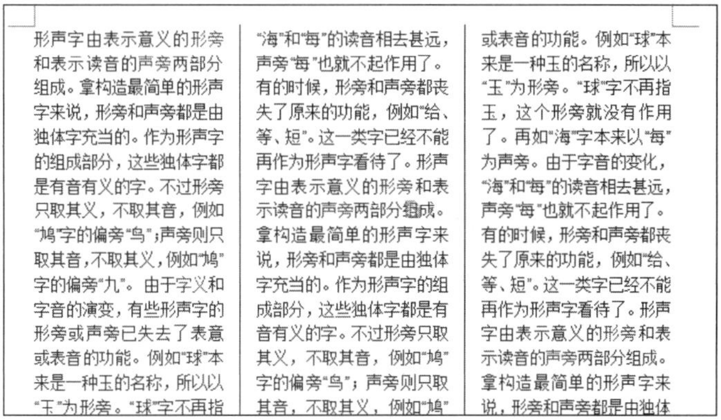
形声字由表示意义的形旁和表示读音的声旁两部分组成。拿构造最简单的形声字来说，形旁和声旁都是由独体字充当的。作为形声字的组成部分，这些独体字都是有音有义的字。不过形旁只取其义，不取其音，例如"鸠"字的偏旁"鸟"；声旁则只取其音，不取其义，例如"鸠"字的偏旁"九"。由于字义和字音的演变，有些形声字的形旁或声旁已失去了表意或表音的功能。例如"球"本来是一种玉的名称，所以以"玉"为形旁。"球"字不再指

"海"和"每"的读音相去甚远，声旁"每"也就不起作用了。有的时候，形旁和声旁都丧失了原来的功能，例如"给、等、短"。这一类字已经不能再作为形声字看待了。形声字由表示意义的形旁和表示读音的声旁两部分组成。拿构造最简单的形声字来说，形旁和声旁都是由独体字充当的。作为形声字的组成部分，这些独体字都是有音有义的字。不过形旁只取其义，不取其音，例如"鸠"字的偏旁"鸟"；声旁则只取其音，不取其义，例如"鸠"

或表音的功能。例如"球"本来是一种玉的名称，所以以"玉"为形旁。"球"字不再指玉，这个形旁就没有作用了。再如"海"字本来以"每"为声旁。由于字音的变化，"海"和"每"的读音相去甚远，声旁"每"也就不起作用了。有的时候，形旁和声旁都丧失了原来的功能，例如"给、等、短"。这一类字已经不能再作为形声字看待了。形声字由表示意义的形旁和表示读音的声旁两部分组成。拿构造最简单的形声字来说，形旁和声旁都是由独体

图 5-29　多列效果

多列布局的相关属性，如表 5-8 所示。

表 5-8　CSS3 多列相关属性

属　性　名	描　　述
columns	设置列数和每列的宽度，复合属性
column-width	设置每列的宽度
column-count	设置列数
column-gap	设置列与列之间的间隙
column-rule	设置列与列之间的边框，复合属性
column-rule-width	设置列与列之间的边框厚度
column-rule-style	设置列与列之间的边框样式
column-rule-color	设置列与列之间的边框颜色
column-span	设置元素是否横跨所有列

1. columns

columns 是一个复合属性，用于设置目标元素的列数和每列的宽度。

基本语法格式如下：

```
columns: < column - width >< column - count >
```

（1）column-width：设置每列的宽度。

（2）column-count：设置分割的列数。

这两个属性默认情况下均设置为"自动",这两个参数也可单独使用。

例如,将文本分为 3 列,每列宽度为 20 像素,代码如下:

```
div{columns: 20px 3;}
```

2. column-gap

column-gap 属性用于规定列与列之间的间隔。

基本语法格式如下:

```
column - gap: < length > | normal
```

其中,length 用长度值来定义列与列之间的间隙,不允许负值。默认值 normal 表示根据 font-size 的值自动分配同等长度值的距离。假设该对象的 font-size 为 16px,则 normal 值为 16px。

例如,指定列之间的间距为 40 像素,代码如下:

```
div { column - gap: 40px;}
```

3. column-rule

column-rule 是复合属性,用于设置列与列之间分割线的宽度、样式和颜色。要启用此功能,必须指定列间隔(column-gap)宽度,而且列间隔宽度与列规则相同或更大。

基本语法格式如下:

```
column - rule: < column - rule - width > < column - rule - style > < column - rule - color >
```

各参数的解释如下。

(1) column-rule-width:设置列与列之间分割线的宽度。

(2) column-rule-style:设置列与列之间分割线的样式,如实线 solid、虚线 dashed。

(3) column-rule-color:设置列与列之间分割线的颜色。

例如,实现列与列之间分割线为 1 像素宽的红色实线效果,代码如下:

```
div { column - rule: 1px solid red;}
```

4. column-span

column-span 属性表示是否要跨越所有列。

基本语法格式如下:

```
column - span: none | all
```

其中,none 表示不跨列,all 表示横跨所有列。

例如,<h2>元素跨所有列,代码如下:

```
h2 { column - span: all;}
```

CSS 多列布局允许我们轻松地定义多列文本,实现报纸、新闻排版效果,如例 5-17 所示。

【例 5-17】 多列布局

```
<!DOCTYPE html>
<html lang = "en">
<head>
    <meta charset = "UTF - 8">
    <title>多列布局</title>
    <style>
        .box{
            column - count: 3;                    /* 3 列 */
            column - gap: 40px;                   /* 间隔 40px */
            column - rule: 3px dashed lightblue;  /* 分割线设置 */
        }
        h2 {
            column - span: all;                    /* 跨越所有行 */
        }
    </style>
</head>
<body>
    <div class = "box">
    <h2>用好三千亿 支小再发力</h2>
        "稳增长、保就业,重在保市场主体特别是量大面广的中小微企业"。为加大对中小微企业
    的帮扶政策力度,近日召开的国务院常务会议提出,今年再新增 3000 亿元支小再贷款额度,支
    持地方法人银行向小微企业和个体工商户发放贷款。更振奋人心的是,这新增的 3000 亿元支
    小再贷款额度将在今年年内发放完毕,并采取"先贷后借"模式,保障资金使用的精准性和直
    达性。
        当前,我国经济持续恢复增长,发展动力进一步增强,但经济恢复仍然不稳固、不均衡。中
    小微企业在促进经济增长、增加就业等方面具有重要意义。中小微企业发展仍然面临原材料
    价格居高不下、应收账款增加、疫情灾情影响等诸多难题。助力中小微企业和困难行业持续恢
    复,离不开金融活水的浇灌,其中,发挥好再贷款、再贴现和直达实体经济货币政策工具的牵引
    带动作用,显得尤为必要。
        再贷款是由中央银行贷款给商业银行,再由商业银行贷给普通客户的资金。由于再贷款
    提供的资金稳定、成本低、期限长,不仅能够降低相关行业企业的资金成本,也能有效分散银行
    承担的风险,从而激发银行服务企业的积极性,对相关地区地方法人金融机构贷款的撬动效果
    明显,而"先贷后借"模式,即由商业银行针对符合再贷款使用范围的企业先行发放贷款,事后
    凭发放清单等资料向人民银行申请再贷款资金。
        </div>
</body>
</html>
```

在浏览器中的显示效果如图 5-30 所示。

图 5-30　多列实现放报纸效果

5.5　CSS3 高级技巧

5.5.1　字体图标

在开发中经常会使用各种图标，为了节省资源，可能不会自己设计需要的图标，这时字体图标（iconfont）是很好的选择。

字体图标的优点如下：

（1）可以实现跟图片一样的效果，如改变透明度、旋转度等。

（2）本质上仍是文字，可以很随意地改变颜色、产生阴影、实现透明效果等。

（3）本身体积更小，但携带的信息并没有削减。

（4）支持大部分浏览器。

（5）移动端设备的必备"良药"。

iconfont 字体图标的使用流程如下：

（1）首先，进入阿里的向量图标库（http://www.iconfont.cn/），在这个图标库里面可以找到很多图片资源，当然需要登录才能下载或者使用，用 GitHub 账号或者新浪微博账号登录都可以。

（2）登录以后，找到图标库，搜索一个想要的图标，如"删除"图标，然后添加到购物车，如图 5-31 所示。

（3）根据自己的需求选择图标，这里选择添加入库（将需要的图标全部添加到购物车），操作完后可以看到图标已经添加进右上角的购物车里了，如图 5-32 所示。

（4）在实际工作中，一般将购物车中的图标添加至项目，建立一个自己的图标库，将图标整合在一起，方便后续应用在自己的实际项目中，如图 5-33 所示。

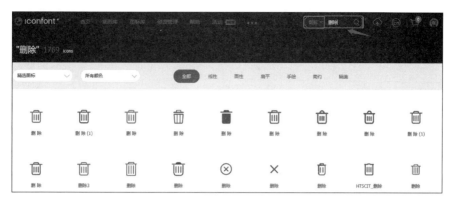

图 5-31 删除字体图标

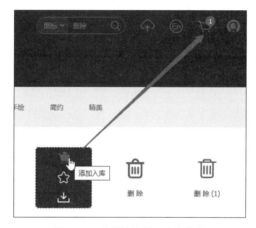

图 5-32 将图标添加到购物车

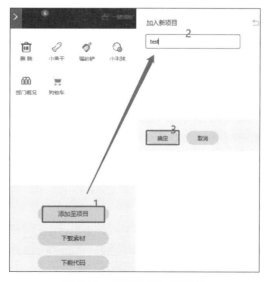

图 5-33 将图标添加至项目

（5）进入"我的项目"中，将字体文件下载到本地，如图 5-34 所示。

图 5-34　将字体图标下载到本地

（6）将整个文件夹添加到项目中，在项目中引用文件中的 iconfont.css 文件，如例 5-18
所示。

【例 5-18】　字体图标应用

```html
<!DOCTYPE html>
<html lang = "en">
<head>
    <meta charset = "utf - 8">
    <!-- 引入 iconfont.css 字体图标样式 -->
    <link rel = "stylesheet" href = "iconfont/iconfont.css"/>
    <title>字体图标</title>
</head>
<body>
<ul>
    <!-- iconfont 是默认类型 icon - shanchu 是图标对应的(Font class)类名 -->
    <li><i class = "iconfont icon - shanchu"></i>删除</li>
    <li><i class = "iconfont">&#xe612;</i>删除</li>
    <li><i class = "iconfont">&#xe708;</i>购物车</li>
```

```
    <li><i class = "iconfont">&#xe624;</i>小鱼干</li>
</ul>
</body>
</body>
</html>
```

在浏览器中的显示效果如图5-35所示。

代码解释：

是字体编码，可在下载的demo.html文件中查看，或者可以在阿里向量图标库的网站上查看。

FontClass 是 Unicode 使用方式的一种变种，相比于 Unicode 语意更明确，书写更直观。可以很容易分辨这个图标是什么。当然两种方式的效果是相同的。

图 5-35　字体图标应用效果

5.5.2　雪碧图

CSS雪碧图，即 CSS Sprite，也有人叫它 CSS 精灵图，是一种图像拼合技术。该技术是将多个小图标和背景图像合并到一张图片上，如图5-36所示，然后利用CSS的背景定位来显示需要显示的图片部分。

CSS 雪碧图的制作方式如下：

（1）PS 手动拼图。

（2）使用 Sprite 工具自动生成（CssGaga 或者 CssSprite.exe）。

雪碧图用来减少 HTTP 请求数量，加速内容显示。因为每请求一次，就会和服务器建立一次连接，而建立连接需要额外的时间。同时也解决了命名困扰，只需对一张图片命名，而非对数十张小图片命名。

使用雪碧图之前，需要知道雪碧图中各个图标的位置，如图5-37所示。

从上面的图片不难看出雪碧图中各小图标（icon）在整张雪碧图的起始位置，例如第一个图标（裙子）在雪碧图中的起始位置为(0,0)，第 2 个图标（鞋子）在雪碧图中的起始位置为(0,50)，第 3 个图标（足球）在雪碧图中的起始位置为(0,100)，依此类推可以得出各图标相对

图 5-36　雪碧图

于雪碧图的起始位置。

以上面的雪碧图为例（实际雪碧图中各个小图标的起始位置和上面的展示图不同）用一个 Demo 来阐述它的使用方法，如例 5-19 所示。

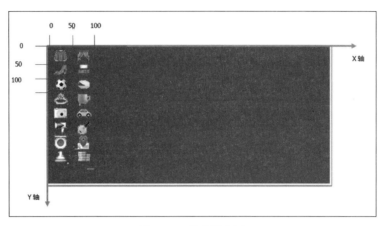

图 5-37　雪碧图坐标

【例 5-19】　雪碧图应用

```
<!DOCTYPE html>
<html lang = "en">
<head>
    <meta charset = "UTF - 8">
    <title>雪碧图</title>
    <style>
        ul li {
            list - style: none;
            margin: 0;
            padding: 0;
        }
        a {
            color: #333;
            text - decoration: none;
        }
        .sidebar {
            width: 150px;
            border: 1px solid #ddd;
            background: #f8f8f8;
            padding: 0 10px;
            margin: 50px auto;
        }
        .sidebar li {
            border - bottom: 1px solid #eee;
            height: 40px;
            line - height: 40px;
            text - align: center;
        }
        .sidebar li a {font - size: 18px;}
```

```
            .sidebar li a:hover {color: #e91e63;}
            .sidebar li .spr - icon {
                display: block;
                float: left;
                height: 24px;
                width: 30px;
                background: url(images/css - sprite.png) no - repeat;        /*雪碧图*/
                margin: 8px 0px;}
            .sidebar li .icon2 { background - position: 0px - 24px;}        /*定位雪碧图标*/
            .sidebar li .icon3 { background - position: 0px - 48px;}
            .sidebar li .icon4 { background - position: 0px - 72px;}
            .sidebar li .icon5 {background - position: 0px - 96px;}
            .sidebar li .icon6 {background - position: 0px - 120px;}
            .sidebar li .icon7 { background - position: 0px - 144px;}
            .sidebar li .icon8 { background - position: 0px - 168px;}
        </style>
    </head>
    <body>
    <div>
        <ul class = "sidebar">
            <li><a href = ""><span class = "spr - icon icon1"></span>服装内衣
                </a></li>
            <li><a href = ""><span class = "spr - icon icon2"></span>鞋包配饰
                </a></li>
            <li><a href = ""><span class = "spr - icon icon3"></span>运动户外
                </a></li>
            <li><a href = ""><span class = "spr - icon icon4"></span>珠宝手表
                </a></li>
            <li><a href = ""><span class = "spr - icon icon5"></span>手机数码
                </a></li>
            <li><a href = ""><span class = "spr - icon icon6"></span>家电办公
                </a></li>
            <li><a href = ""><span class = "spr -.icon icon7"></span>护肤彩妆
                </a></li>
            <li><a href = ""><span class = "spr - icon icon8"></span>母婴用品
                </a></li>
        </ul>
    </div>
    </body>
</html>
```

在浏览器中的显示效果如图 5-38 所示。

上面的例子已经阐述了如何使用雪碧图,只不过初学者可能会对雪碧图中的 background-position 属性值为负值有所疑惑。这个问题其实不难回答,细心的人应该很早就发现了使用负数的根源所在。此处用上面的 Demo 为例来分析这个问题。上面的 span 标签是一个 24px×30px 的容器,在使用背景图时,背景图的初始位置会从容器的左上角开始铺满整个容器,然而容器的大小限制了背景图呈现的大小,超出容器部分被隐藏起来。假如设置 background-position：0 0,那么意味着,背景图像对于容器(span 标签)$X = 0$；$Y = 0$ 的位置作为背景图的起始位置来显示图片,所以如果需要在容器中显示第 2 个图标,意味着雪碧图 X 轴方向要向左移动,向左移动雪碧图时它的值会被设置为负数,同理 Y 轴方向也一样,如图 5-39 所示。

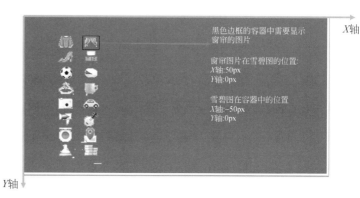

图 5-38   雪碧图应用效果 　　　　　　　　　图 5-39   雪碧图定位原理

雪碧图的优点如下。

(1) 加快网页加载速度：网页上的每幅图片都要向浏览器请求下载图片,而浏览器接受的同时请求数是 10 个,一次能处理的请求数目是两个。

(2) 后期维护简单：该工具可以直接通过选择图片进行图片的拼接,当然也可以自己挪动里面的图片,自己去布局雪碧图,更换图片时也只要更改一下图片的位置就可以了。直接生成代码,简单易用。

(3) CSS Sprite 能减少图片的字节,笔者曾经比较过多次,将 3 张图片合并成 1 张图片的字节总是小于这 3 张图片的字节总和。

(4) 解决了网页设计师在图片命名上的困扰,只需对一张集合的图片命名就可以了,不需要对每个小元素进行命名,从而提高了网页的制作效率。

(5) 更换风格方便,只需要在一张或几张图片上修改图片的颜色或样式,整个网页的风格就可以改变。维护起来更加方便。

雪碧图的缺点如下：

(1) 在图片合并时,要把多张图片有序且合理地合并成一张图片,还要留好足够的空间,防止板块内出现不必要的背景；这些还好,最痛苦的是在宽屏且高分辨率的屏幕下的自适应页面,如果图片不够宽,则很容易出现背景断裂。

(2) 至于可维护性,这是一把双刃剑。可能有人喜欢,有人不喜欢,因为每次的图片改动都得在图片中删除或添加内容,显得稍微烦琐,而且算图片的位置(尤其是这种上千像素的图)也是一件颇为不爽的事情。当然,在追求性能的口号下,这些都是可以克服的。

(3) 由于图片的位置需要固定为某个绝对数值,这就失去了诸如 center 之类的灵活性。

CSS Sprite 一般只能用到固定大小的盒子(box)里，这样才能遮挡住不应该看到的部分。也就是说，在一些需要非单向的平铺背景和需要网页缩放的情况下，CSS Sprite 并不合适。

下面使用雪碧图拼出自己的名字，如例 5-20 所示。

【例 5-20】 拼自己的名字

```
<!DOCTYPE html>
<html lang = "en">
<head>
    <meta charset = "UTF-8">
    <title>拼自己的名字</title>
    <style>
        span {/*引入雪碧图*/
            background: url(images/abcd.jpg) no-repeat;
            float: left;
        }
        span:first-child {
            width: 108px;
            height: 109px;
            background-position: 0 -9px;
        }
        span:nth-child(2) {
            width: 110px;
            height: 113px;
            background-position: -256px -275px;
        }
        span:nth-child(3) {
            width: 97px;
            height: 108px;
            background-position: -363px -7px;
        }
        span:nth-child(4) {
            width: 110px;
            height: 110px;
            background-position: -366px -556px;
        }
    </style>
</head>
<body>
    <span></span>
    <span></span>
    <span></span>
    <span></span>
</body>
</html>
```

在浏览器中的显示效果如图 5-40 所示。

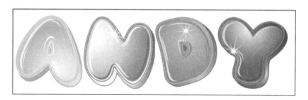

图 5-40　名字效果

5.5.3　滑动门

美观的工艺,真正灵活的接口组件,并根据文本自适应大小,我们可用两个独立的背景图像来创造它。一个在左边,一个在右边。把这两幅图像想象成两扇可滑动的门,它们滑到一起并交叠,占据一个较窄的空间,或者相互滑开,占据一个较宽的空间,如图 5-41 所示。

图 5-41　推拉门

制作网页时,为了美观,常常需要为网页元素设置特殊形状的背景,例如微信导航栏,有凸起和凹下去的感觉,最大的问题是里面的字数不一样多,如图 5-42 所示。

图 5-42　微信导航栏

为了使各种特殊形状的背景能够自适应元素中文本内容的多少,出现了 CSS 滑动门技术。它从新的角度构建页面,使各种特殊形状的背景能够自由拉伸滑动,以适应元素内部的文本内容,可用性更强。此技术常见于各种导航栏的滑动门。

滑动门的核心技术就是利用 CSS 精灵(主要是背景位置)和盒子 padding 撑开宽度,以便能适应不同字数的导航栏。

一般的经典布局的代码如下:

```
< li >
    < a href = " # ">
        < span >导航栏内容</span >
    </a >
</li >
```

布局解释：

（1）a 设置背景左侧，a 标签只指定高度，而不指定宽度，padding 撑开合适宽度。

（2）span 设置背景右侧，padding 撑开合适宽度，剩下由文字继续撑开宽度。

（3）a 标签包含 span 标签是因为整个导航都是可以单击跳转的。

滑动门的工作原理如例 5-21 所示。

【例 5-21】　滑动门原理

```
<! DOCTYPE html >
< html lang = "en">
< head >
    < meta charset = "UTF - 8">
    < title >滑动门原理</title >
    < style >
        * {
            margin: 0;
            padding: 0;
        }
        a {
            margin: 10px;
            display: inline - block;
            height: 33px;
            /* 不能设置宽度,我们要推拉门,自由缩放 */
            background: url(images/ao.png) no - repeat;
            padding - left: 15px;
            color: #fff;
            text - decoration: none;
            line - height: 33px;
        }
        a span {
            display: inline - block;
            height: 33px;
            background: url(images/ao.png) no - repeat right;
        /* span 不能给宽度,利用 padding 挤开,要 span 右边的圆角,所以背景位置右对齐 */
            padding - right: 15px;
        }
    </style >
</head >
< body >
    < a href = " # ">
```

```
        <span>首页</span>
    </a>
    <a href = " # ">
        <span>公众号</span>
    </a>
    <a href = " # ">
        <span>贝西奇谈</span>
    </a>
</body>
</html>
```

在浏览器中的显示效果如图 5-43 所示。

图 5-43　滑动门原理效果

自己实现微信官网导航栏效果，如例 5-22 所示。

【例 5-22】　微信导航栏

```
<!DOCTYPE html >
< html lang = "en">
< head >
    < meta charset = "UTF - 8">
    < title >微信导航栏</title>
    < style >
        * {
            margin: 0;
            padding: 0;
        }
        ul{
            list - style: none;
        }
        body{
            background: url("images/wrap.jpg") repeat - x;
        }
        .nav{
            height: 75px;
        }
        .nav li a{
            /* 1. a 左边放,左圆角,但是文字需要往右移 15px */
```

```
            display: block;
            background: url("images/to.png") no-repeat;
            padding-left: 15px;
            color: #fff;
            font-size: 14px;
            line-height: 33px;
            text-decoration: none;
        }
        .nav li a span{
            /* 2.span 右边放,右圆角,但是文字需要往左移 15px */
            display: block;
            line-height: 33px;
            background: url("images/to.png") no-repeat right center;
            padding-right: 15px;
        }
        /* 凹下去,第 1 个为左边,第 2 个为右边 */
        .nav li a:hover{
            background-image: url("images/ao.png");
        }
        .nav li a:hover span{
            background-image: url("images/ao.png");
        }
        .nav li{
            float: left;
            margin: 0 10px;
            padding-top: 21px;
        }
    </style>
</head>
<body>
    <div class = "nav">
        <ul>
            <li>
                <a href = "#">
                <span>首页</span>
                </a>
            </li><li>
            <a href = "#">
                <span>帮助与反馈</span>
            </a>
        </li><li>
            <a href = "#">
                <span>公众平台</span>
            </a>
        </li><li>
            <a href = "#">
                <span>开放平台</span>
            </a>
        </li><li>
```

```
        <a href = " # ">
            <span>微信支付</span>
        </a>
    </li><li>
        <a href = " # ">
            <span>微信网页版</span>
        </a>
    </li><li>
        <a href = " # ">
            <span>表情开发平台</span>
        </a>
    </li><li>
        <a href = " # ">
            <span>微信广告</span>
        </a>
    </li>
    </ul>
    </div>
</body>
</html>
```

在浏览器中的显示效果如图 5-44 所示。

图 5-44　微信导航栏效果

第 6 章

企业级项目：小米官网

本章通过仿小米商城项目实例的解析与实现，提高开发者对"理论知识、实战应用、设计思维"的充分认知，从设计构图、创意思路、表现手法、效果打造、细节把握等多个方面全面掌握电商网站项目的设计技巧和相关规范。

小米商城项目紧跟企业实际技术选型，追求技术的实用性与前瞻性，帮助我们快速理解企业级布局思维。

小米官网网页项目比较偏向目前的卡片式设计，实现常见效果。学习使用目前更流行的 DIV＋CSS 进行网页制作，使用 CSS 精灵技术处理网页图像，使用滑动门、CSS3 特效使网页更加丰富、多元化，如图 6-1 所示。

图 6-1 小米官网首页部分

🎬 43min

6.1 小米黑色导航条

1. 准备工作

首先打开火狐浏览器,进入小米官网,将网站所需要的所有图片下载到本地,在网页中"右击"→"查看页面信息"→"媒体"→"全选"→"另存为",如图 6-2 所示。

图 6-2 小米官网图片下载步骤

注意:此过程只有火狐浏览器支持,其他浏览器没有此功能。

在开发工具中建立小米商城项目,并将下载好的图片复制到项目中。

接着将网站中需要的字体图标(如放大镜、购物车、右箭头)在阿里向量图标库中下载(参考 5.5.1 节)并引入项目中,如图 6-3 所示。

图 6-3 字体图标下载

项目结构如图 6-4 所示。

图 6-4　项目结构

2. 引入头文件信息

在 CSS 文件夹下创建 reset. css（全局初始化样式）文件。

每个浏览器都有一些自带的或者公有的默认样式，会造成一些布局上的困扰，reset. css 文件的作用就是重置这些默认样式，使样式表现一致，代码如下：

```css
//reset.css
body, div, dl, dt, dd, ul, ol, li, h1, h2, h3, h4, h5, h6, pre, form, fieldset, legend, input,
textarea, button, p, blockquote, th, td{margin: 0;padding: 0;}

body {padding:0;margin:0;text-align:center;color:#333;font-size:14px;
    font-family:"宋体", arial;}

li{list-style-type:none;}
a{text-decoration: none;}
img,input{border:none;vertical-align:middle;}
```

创建空的自定义样式文件 xiaomiStyle. css，并将其引入 HTML 头文件中。xiaomi. html 头文件的代码如下：

```html
<!DOCTYPE html>
<html lang = "en">
<head>
    <meta charset = "UTF-8">
    <title>小米商城 - 小米 MIX 3、红米 Note 7、小米 8、小米电视官方网站</title>
    <!-- 小米字体图标 logo -->
    <link rel = "icon" href = "images/favicon. ico"/>
    <!-- 全局初始化样式 -->
    <link rel = "stylesheet" href = "css/reset.css"/>
    <!-- 自定义样式 -->
    <link rel = "stylesheet" href = "css/xiaomiStyle.css"/>
    <!-- 字体图标 -->
    <link rel = "stylesheet" href = "css/iconfont.css"/>
```

```
</head>
<body>

</body>
</html>
```

3. 设计黑色导航条

黑色导航条主要分为左右两块导航条内容的制作。

HTML 部分的代码(xiaomi.html)如下：

```
<!-- 黑色导航条开始 -->
    <div class = "black_nav">
        <div class = "wrap"><!-- 导航条中间部分 -->
            <ul class = "left_ul"><!-- 黑色导航条左边部分 -->
                <li><a href = "#">小米商城</a><span>|</span></li>
                <li><a href = "#">MIUI</a><span>|</span></li>
                <li><a href = "#">IoT</a><span>|</span></li>
                <li><a href = "#">云服务</a><span>|</span></li>
                <li><a href = "#">金融</a><span>|</span></li>
                <li><a href = "#">有品</a><span>|</span></li>
                <li><a href = "#">小爱开放平台</a><span>|</span></li>
                <li><a href = "#">政企服务</a><span>|</span></li>
                <li><a href = "#">资质证照</a><span>|</span></li>
                <li><a href = "#">协议规则</a><span>|</span></li>
                <li><a href = "#">下载 app</a><span>|</span></li>
                <li><a href = "#">Select Region</a><span>|</span></li>
            </ul>
            <ul class = "right_ul"><!-- 黑色导航条右边部分 -->
                <li><a href = "#">登录</a><span>|</span></li>
                <li><a href = "#">注册</a><span>|</span></li>
                <li><a href = "#">消息通知</a></li>
                <li class = "cart"><!-- 阿里字体图标 -->
                    <a href = "#"><i class = "iconfont">&#xe613;</i>购物车
                    (0)</a>
                    <div class = "hidden_cart">购物车中还没有商品,赶紧选购吧!
                    </div>
                </li>
            </ul>
        </div>
    </div>
<!-- 黑色导航条结束 -->
```

CSS 部分的代码(xiaomiStyle.css)如下：

```
/* 黑色导航条开始 */
.black_nav{
```

```
        width: 100%;
        height: 40px;
        line-height: 40px;                      /*行高等于高,居中效果*/
        background-color: #333;                 /*背景颜色*/
        color: #424242;                         /*span继承父类颜色*/
    }
    .wrap{
        width: 1226px;
        margin: 0 auto;                         /*居中*/
    }
    .left_ul,.left_ul>li,.right_ul>li{
        float: left;                            /*导航条内容左浮动*/
    }
    .left_ul a,.right_ul a{                     /*字体样式*/
        color: #b0b0b0;
        font-size: 12px;
        margin: 0 5px;
    }
    .left_ul a:hover,.right_ul a:hover{         /*伪类选择器*/
        color: #fff;                            /*鼠标经过时字体颜色变为白色*/
    }
    .right_ul{                                  /*导航条右部分整体右浮动*/
        float: right;
    }
    .cart i{
        margin-right: 5px;                      /*购物车,字体图标和字体之间的缝隙*/
    }
    .cart{                                      /*购物车设置*/
        width: 120px;
        height: 40px;
        background-color: #424242;
        position: relative;                     /*父元素相对定位*/
    }
    .cart:hover{                                /*鼠标经过时购物车背景变为白色*/
        background-color: #fff;
    }
    .cart:hover a{                              /*鼠标经过时购物车字体变为橘黄色*/
        color:orange;
    }
    .hidden_cart{                               /*购物车隐藏提示语设置*/
        width: 320px;
        height: 0;                              /*行高为0,意味着隐藏*/
        background-color: #fff;
        position: absolute;                     /*相对父元素绝对定位*/
        right: 0;
        top:40px;
        overflow: hidden;                       /*起始隐藏*/
        transition: all .5s;                    /*过渡*/
```

```
    z - index: 88;                                    / * 层叠,数字越大越在上层显示 * /
    / * line - height: 100px; * /
}
.cart:hover .hidden_cart{                             / * 鼠标经过时购物车的提示语 * /
    height: 100px;                                    / * 设置行高,意味着显示 * /
    line - height: 100px;
    box - shadow: 0 2px 10px rgba(0,0,0,.2);          / * 盒子阴影 * /
}
/ * 黑色导航条结束 * /
```

6.2　小米白色导航条

35min

白色导航条主要包括 logo、商品内容导航和搜索框三部分,如图 6-5 所示。该部分内容使用了众多 CSS 页面美化元素、定位、浮动、盒子及伪类选择器。

图 6-5　白色导航条部分

该部分知识点的应用较为综合,能让大家在实战中对零散知识点的运用有个宏观的感觉。

HTML 部分的代码如下:

```html
<!-- 白色导航栏开始 -->
< div class = "white_nav"><!-- 整个白色导航条 -->
    < div class = "wrap"><!-- 中间内容部分 -->
        < img src = "images/logo - footer.png" alt = "" class = "logo"/>
        < ul class = "mi_nav">
            < li >
                < a href = " # ">小米手机</a>
                < div class = "mi_nav_hidden"></div>
            </li>
            < li >< a href = " # ">红米</a>< div
                class = "mi_nav_hidden"></div></li>
            < li >< a href = " # ">电视</a></li>
            < li >< a href = " # ">笔记本</a></li>
            < li >< a href = " # ">家电</a></li>
            < li >< a href = " # ">新品</a></li>
            < li >< a href = " # ">路由器</a></li>
            < li >< a href = " # ">智能硬件</a></li>
            < li >< a href = " # ">服务</a></li>
            < li >< a href = " # ">社区</a></li>
            < li class = "search"><!-- 搜索框 -->
```

```
                    < input type = "text"/>
                        <!-- 放大镜,字体图标 -->
                    < button class = "iconfont">&#xe614;</button>
                </li>
            </ul>
        </div>
    </div>
    <!-- 白色导航栏结束 -->
```

CSS 部分的代码如下：

```
/ *白色导航栏开始 * /
.white_nav{                          / *整个白色导航条设置 * /
    clear: both;                     / *清除之前的浮动 * /
    width: 100 % ;
    height: 100px;
    line - height: 100px;            / *居中效果 * /
    position:relative;
}
.logo,.mi_nav{                       / *logo 和导航左浮动 * /
    float: left;
}
.mi_nav > li{                        / *导航内容左浮动 * /
    float: left;
}
.logo{                               / *logo 位置设置 * /
    margin - top: 21.5px;            / *距离上边盒子距离 * /
    margin - right: 190px;           / *距离右边盒子距离 * /
}
.mi_nav > li > a{                    / *字体设置 * /
    color: #757575;
    font - size: 16px;
    margin - right: 20px;
}
.mi_nav > li > a:hover{              / *鼠标经过时字体颜色变化 * /
    color: #ff6700;
}
.mi_nav{                             / *内容导航条宽度 * /
    width: 980px;
}
.mi_nav > .search{                   / *搜索框居右 * /
    float: right;
}
.search > input{                     / *文本框设置 * /
    width: 243px;
    height: 48px;
    border: 1px solid #e0e0e0;
```

```
        float: left;
        border - right: none;                          /* 右边框去掉 */
        outline: none;
        transition: all .3s;
}
.search{
        margin - top: 25px;
}
.search > button{
        width: 50px;
        height: 50px;
        border: 1px solid #e0e0e0;
        float: left;
        background - color: #fff;
        font - weight: bold;
        outline: none;                                 /* 去掉线条 */
        font - size: 20px;
        transition: all .3s;                           /* 过渡 */
}
.search > button:hover{                                /* 鼠标经过时字体图标的变化效果 */
        background - color: #ff6700;
        color: #fff;
        border - color: #ff6700;
}
.search > input:focus,.search > input:focus + button{ /* 搜索框聚焦事件 */
        border - color: #ff6700;
}
.mi_nav_hidden{
        width: 100%;
        height: 230px;
        background - color: red;
        position: absolute;
        left: 0;
        top: 100px;
        display: none;                                 /* 隐藏 */
}
.mi_nav > li:hover > .mi_nav_hidden{
        display: block;                                /* 鼠标经过显示 */
}
/* 白色导航栏结束 */
```

15min

18min

6.3　小米轮播图和滑动门

这个区域由两部分组成,分别是左侧的开始菜单和轮播图,如图 6-6 所示。

大的背景为轮播图,右边扩展菜单页面的布局使用 z-index 把它隐藏在轮播图的下面,鼠标经过左侧菜单时,会触发相应的页面,并且会修改 z-index 的属性值,让它大于轮播图

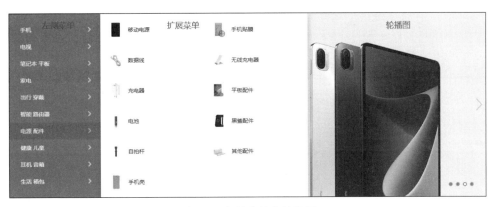

图 6-6 左侧菜单和轮播图

的 z-index 属性值，于是就会让扩展菜单展现出来。

轮播图能在最短的时间吸引大家的注意力，达到传播效果。在有限的空间内，传播足够量的信息。

HTML 部分的代码如下：

```
<!-- 轮播图和滑动门开始 -->
    <div class = "wrap carousel">
        <div class = "hdm"><!-- 滑动门(左侧菜单) -->
        <ul>
            <li>
                <a href = "#">手机 电话卡</a>
                    <!-- 字体图标,右箭头 -->
                <i class = "iconfont">&#xeb1b;</i>
                <div class = "hdm_hidden"></div><!-- 隐藏,扩展菜单 -->
            </li>
            <li>
                <a href = "#">电视 盒子</a>
                <i class = "iconfont">&#xeb1b;</i>
                <div class = "hdm_hidden"></div>
            </li>
            <li><a href = "#">笔记本 平板</a>
                <i class = "iconfont">&#xeb1b;</i></li>
            <li><a href = "#">家电 插线板</a>
                <i class = "iconfont">&#xeb1b;</i></li>
            <li><a href = "#">家电 插线板</a>
                <i class = "iconfont">&#xeb1b;</i></li>
            <li><a href = "#">家电 插线板</a>
                <i class = "iconfont">&#xeb1b;</i></li>
            <li><a href = "#">家电 插线板</a>
                <i class = "iconfont">&#xeb1b;</i></li>
            <li><a href = "#">家电 插线板</a>
                <i class = "iconfont">&#xeb1b;</i></li>
```

```
            <li><a href="#">家电 插线板</a>
                <i class="iconfont">&#xeb1b;</i></li>
            <li><a href="#">家电 插线板</a>
                <i class="iconfont">&#xeb1b;</i></li>
            </ul>
        </div><!-- 向前,向后,雪碧图的引入 -->
        <div class="prev"></div>
        <div class="next"></div>
</div>
<!-- 轮播图和滑动门结束 -->
```

CSS 部分的代码如下:

```
/*轮播图和滑动门开始*/
.carousel{                                    /*背景为轮播图*/
    width: 1226px;
    height: 460px;
    background: url("../images/xmad_15481253648514_fHtzd.jpg");
    background-size: cover;                   /*图片的大小自动适应 div 大小*/
    -webkit-animation:carousel 10s infinite;  /*轮播图动画*/
    position: relative;
}
@-webkit-keyframes carousel {                 /*轮播图动画规则*/
    0%{
        background-image: url("../images/xmad_15481253648514_fHtzd.jpg");
    } 25%{
            background-image: url("../images/xmad_15486597522208_HOEjJ.jpg");
        } 50%{
                background-image:url("../images/xmad_15489036241498_XVwut.jpg");
        } 75%{
                background-image:url("../images/xmad_15500560064953_Bgumq.jpg");
        }100%{
                background-image:url("../images/xmad_15488151829917_hENZU.jpg");
        }
}
.hdm{                                         /*左侧菜单样式的设置*/
    width: 234px;
    height: 460px;
    background-color: rgba(0,0,0,.5);
    padding: 20px 0;
    box-sizing: border-box;                   /*弹性盒子,内容不能高出 div*/
    position: relative;
}
.hdm li{                                      /*菜单项的设置*/
    height: 42px;
    line-height: 42px;                        /*居中效果*/
    text-align: left;                         /*文字居左*/
```

```
        padding - left: 30px;                              /* 左内边距为 30px */
    }
    .hdm li a{                                             /* 字体颜色 */
        color: #fff;
    }
    .hdm li:hover{                                         /* 鼠标经过 */
        background - color: #ff6700;
    }
    .hdm i{                                                /* 右箭头字体图标 */
        float: right;                                      /* 右浮动 */
        margin - right: 30px;                              /* 距离右边距 30px */
        color: rgba(255,255,255,.5);                       /* 图标颜色 */
        font - weight: bold;
        font - size: 20px;
    }
    .hdm_hidden{                                           /* 扩展菜单 */
        width: 992px;
        height: 460px;
        background - color: #fff;
        position: absolute;                                /* 相对于父元素.hdm,绝对定位 */
        top: 0;
        left: 234px;
        box - shadow: 5px 5px 10px rgba(0,0,0,.2);         /* 盒子阴影 */
        display: none;                                     /* 隐藏 */
        z - index: 66;                                     /* 堆叠在上层 */
    }
    .hdm li:hover >.hdm_hidden{                            /* 鼠标经过时扩展菜单显示 */
        display: block;
    }
    .prev,.next{                                           /* 向前、向后的雪碧图 */
        width: 41px;
        height: 69px;
        background: url("../images/icon - slides.png");    /* 雪碧图引入 */
        position: absolute;                                /* 相对于父元素.carousel,绝对定位 */
        top:50%;
        margin - top: - 34.5px;                            /* 居中,69px 的一半 */
        cursor: pointer;                                   /* 鼠标样式 */
    }
    .prev{
        left: 234px;                                       /* 距离左边 234px */
        background - position: - 83px 0;                   /* 第 3 个透明雪碧图向左 */
    }
    .next{                                                 /* 向右透明箭头 */
        right: 0;
        background - position: - 124px 0;
    }
    .prev:hover{                                           /* 鼠标经过时雪碧图切换为第 1 个 */
        background - position: 0 0;
    }
```

```
}
.next:hover{                              /*鼠标经过时雪碧图切换为第2个*/
    background-position: -42px 0;
}
/*轮播图和滑动门结束*/
```

18min

6.4　小米小广告位

小广告位一般有大图、小图、大图＋小图等几种形式。这种广告类型形式多样，不仅可以满足不同广告主的具体产品的要求，还可以满足不同用户的需求，如图 6-7 所示。

图 6-7　小米小广告位

在小米平台推广产品，可以通过用户的历史消费轨迹，实时洞察用户行为，为小广告位提供强大的大数据支撑，这样可以更精准地找到潜在用户群体，简单来讲就是通过标签化投放，提高产品的转化率。

HTML 部分的代码如下：

```html
<!-- 小米小广告位开始 -->
<div class="wrap ad">
    <ul><!-- 字体图标 -->
        <li class="before"><i class="iconfont">&#xe613;</i>
                <br/>选购手机</li>
        <li class="before"><i class="iconfont">&#xe613;</i>
                <br/>选购手机</li>
        <li class="before"><i class="iconfont">&#xe613;</i>
                <br/>选购手机</li>
        <li><i class="iconfont">&#xe613;</i><br/>选购手机</li>
        <li><i class="iconfont">&#xe613;</i><br/>选购手机</li>
        <li><i class="iconfont">&#xe613;</i><br/>选购手机</li>
    </ul>
    <img src="images/xmad_15500580021576_iymFx.jpg" alt=""/>
    <img src="images/xmad_15410029988871_TdzPQ.jpg" alt=""/>
    <img src="images/xmad_1550022313197_PMtDb.jpg" alt=""/>
</div>
<!-- 小米小广告位结束 -->
```

CSS 部分的代码如下：

```css
/* 小米小广告位开始 */
.ad{
    margin-top: 15px;                              /* 距离上边距15px */
    overflow: hidden;
}
.ad > ul,.ad > img{                                /* 左浮动 */
    float: left;
}
.ad > img{                                         /* 图片大小设置 */
    width: 316px;
    height: 170px;
}
.ad > ul{                                          /* 左边整体小广告位,设置 */
    width: 234px;
    height: 170px;
    background-color: #5f5750;;
}
.ad > ul > li{                                     /* 小广告位内容,设置 */
    float: left;
    width: 70px;
    color: rgba(255,255,255,0.7);
    padding: 25px 0;                               /* 上下内边距25px */
    font-size: 12px;
    border-right: 3px solid #665e57;               /* 右边框 */
}
.ad > ul > li:nth-child(3),.ad > ul > li:nth-child(6){
    border-right:0;                                /* 第3个和第6个去掉右边框 */
}
.ad .before{                                       /* 前3个加下边框 */
    border-bottom:3px solid #665e57;
}
.ad > img{                                         /* 图片之间的缝隙 */
    margin-left: 14.6px;
}
/* 小米小广告位结束 */
```

6.5 小米闪购

35min

小米闪购部分是小米商城官网专门为小米商品特卖、限时抢购/限时秒杀设置的,即小米商城官网在某一预定的营销活动时间里,大幅降低活动商品的价格,买家只要在这段时间里成功拍得此商品,便可以用超低的价格买到原本很昂贵的物品,所以该部分在有抢购活动时才会上线展示,如图 6-8 所示。

图 6-8　小米闪购

HTML 部分的代码如下：

```
<!-- 小米闪购开始 -->
    <div class="wrap sg">
        <div>
            <h2>小米闪购</h2>
            <div class="sg_arrow">
                <span>&lt;</span>
                <span>&gt;</span>
            </div>
        </div>
        <div class="sg_box"><!-- 5 张图片 -->
            <div><img src="images/sj.png" alt=""/></div>
            <div class="sg_item">
                <img src="images/pms_1538031692.35815325!220x220.jpg"
                    alt=""/>
                <h4>米家智能家庭家居看护套装</h4>
                <p>智能家庭家居</p>
                <span>259 元<s>296 元</s></span>
            </div>
            <div class="sg_item"><img
                src="images/pms_1538031692.35815325!220x220.jpg" alt=""/>
                <h4>米家智能家庭家居看护套装</h4>
                <p>智能家庭家居</p>
                <span>259 元<s>296 元</s></span></div>
            <div class="sg_item"><img
                src="images/pms_1538031692.35815325!220x220.jpg" alt=""/>
                <h4>米家智能家庭家居看护套装</h4>
                <p>智能家庭家居</p>
                <span>259 元<s>296 元</s></span></div>
            <div class="sg_item"><img
```

```
              src = "images/pms_1538031692.35815325!220x220.jpg" alt = ""/>
              <h4>米家智能家庭家居看护套装</h4>
              <p>智能家庭家居</p>
              <span>259 元<s>296 元</s></span></div>
          </div><!-- 大图片引入 -->
          <img src = "images/xmad_15500232485691_uYPkv.jpg" alt = ""
              class = "ad_img"/>
</div>
<!-- 小米闪购结束 -->
```

CSS 部分的代码如下：

```
/* 小米闪购开始 */
.sg{                               /* 距离上边距 40px */
    margin - top: 40px;
}
.sg h2{                            /* h2 主题内容的修饰 */
    text - align: left;
    float: left;
    font - weight: normal;
}
.sg_arrow{                         /* 左右箭头整体右浮动 */
    float: right;
}
.sg_arrow > span{                  /* 左右箭头的设置 */
    width: 36px;
    height: 24px;
    border: 1px solid #e0e0e0;
    display: inline - block;       /* 转换为块级元素,为了设置宽和高 */
    line - height: 24px;           /* 箭头居中效果 */
    float: left;
    font - weight: bold;
    color: #e0e0e0;
}
.sg_box{                           /* 整个闪购设置 */
    clear: both;                   /* 清除之前的浮动 */
    padding - top: 20px;           /* 上内边距 20px */
}
.sg_box > div{                     /* 闪购 5 个 div 设置 */
    width: 234px;
    height: 339px;
    background - color: #fafafa;
    float: left;                   /* 左浮动 */
    margin - right: 14px;          /* 右外边距 14px */
}
.sg_box > div:last - child{        /* 最后一个 div 的右边距去掉 */
    margin - right: 0;
```

```
    }
    .sg_box > div:first - child{                    /* 第 1 个上边框设置 */
        border - top:1px solid #e53935;
    }
    .sg_box > div:nth - child(2){                   /* 第 2 个上边框设置 */
        border - top:1px solid #ffac13;
    }
    .sg_box > div:nth - child(3){                   /* 第 3 个上边框设置 */
        border - top:1px solid #83c44e;
    }.sg_box > div:nth - child(4){                  /* 第 4 个上边框设置 */
        border - top:1px solid #2196f3;
    }.sg_box > div:nth - child(5){                  /* 第 5 个上边框设置 */
        border - top:1px solid #83c44e;
    }
    .sg_item > img,.item_right img{                 /* 后 4 张图片设置 */
        width: 160px;
        margin: 30px 0 25px 0;
    }
    .sg_item > h4,.item_right h4{
        font - weight: normal;
        margin - bottom: 10px;
    }
    .sg_item > p,.item_right p{
        font - size: 12px;
        color: #b0b0b0;
        margin - bottom: 20px;
    }
    .sg_item > span,.item_right span{
        color: #ff6700;
    }
    .sg_item > span > s,.item_right s{
        color: #b0b0b0;
        display: inline - block;                    /* span 转换为块元素 */
        margin - left: 10px;
    }
    .ad_img{                                        /* 大图片设置 */
        width: 100% ;
        margin: 40px 0;
    }
    /* 小米闪购结束 */
```

28min

6.6 小米手机部分

手机部分是小米商城的主打区域,这里有最新上市的不同系列、不同型号的手机,供大家挑选,如图 6-9 所示。

该区域的实战性很强,既能将所学综合知识应用于实战中,也能帮助我们快速理解企业

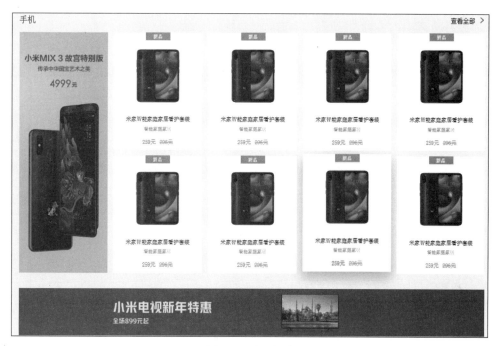

图 6-9 手机部分

级布局思维。紧跟企业实际技术选型，追求技术的实用性与前瞻性。

HTML 部分的代码如下：

```html
<!-- 手机开始 -->
  <div class = "phone_container">
    <div class = "wrap"><!-- 中间手机区域 -->
      <div class = "phone_box">
        <h2>手机 <a href = "#">查看全部 <i
              class = "iconfont">&#xeb1b;</i></a></h2>
      </div>
      <div class = "phone_item"><!-- 手机展示部分 -->
        <!-- 手机左边展示部分 -->
        <div class = "item_left"><img
              src = "images/xmad_1544580545953_UvEXK.jpg" alt = ""/></div>
        <!-- 手机右边 8 个商品展示部分 -->
        <div class = "item_right">
          <div>
            <b>新品</b>
            <img
              src = "images/pms_1545457703.71734471!220x220.png"/>
            <h4>米家智能家庭家居看护套装</h4>
            <p>智能家庭家居</p>
            <span > 259 元<s > 296 元</s></span>
```

```
                        </div>
                        <div><b>新品</b>
                            <img
                                src = "images/pms_1545457703.71734471!220x220.png"/>
                            <h4>米家智能家庭家居看护套装</h4>
                            <p>智能家庭家居</p>
                            <span>259 元<s>296 元</s></span></div>
                        <div><b>新品</b>
                            <img
                                src = "images/pms_1545457703.71734471!220x220.png"/>
                            <h4>米家智能家庭家居看护套装</h4>
                            <p>智能家庭家居</p>
                            <span>259 元<s>296 元</s></span></div>
                        <div><b>新品</b>
                            <img
                                src = "images/pms_1545457703.71734471!220x220.png"/>
                            <h4>米家智能家庭家居看护套装</h4>
                            <p>智能家庭家居</p>
                            <span>259 元<s>296 元</s></span></div>
                        <div><b>新品</b>
                            <img
                                src = "images/pms_1545457703.71734471!220x220.png"/>
                            <h4>米家智能家庭家居看护套装</h4>
                            <p>智能家庭家居</p>
                            <span>259 元<s>296 元</s></span></div>
                        <div><b>新品</b>
                            <img
                                src = "images/pms_1545457703.71734471!220x220.png"/>
                            <h4>米家智能家庭家居看护套装</h4>
                            <p>智能家庭家居</p>
                            <span>259 元<s>296 元</s></span></div>
                        <div><b>新品</b>
                            <img
                                src = "images/pms_1545457703.71734471!220x220.png"/>
                            <h4>米家智能家庭家居看护套装</h4>
                            <p>智能家庭家居</p>
                            <span>259 元<s>296 元</s></span></div>
                        <div><b>新品</b>
                            <img
                                src = "images/pms_1545457703.71734471!220x220.png"/>
                            <h4>米家智能家庭家居看护套装</h4>
                            <p>智能家庭家居</p>
                            <span>259 元<s>296 元</s></span></div>
                    </div>
                </div>
                <img src = "images/xmad_15486596829568_opVwS.jpg" alt = ""
                                class = "ad_img"/>
            </div>
        </div>
        <!-- 手机结束 -->
```

CSS 部分的代码如下：

```css
/* 手机开始 */
.phone_container{                        /* 大的背景设置 */
    width: 100%;
    background-color: #f5f5f5;
    padding-top: 40px;                   /* 上内边距 40px */
    overflow: hidden;
}
.phone_box > h2{                         /* h2 标签内容设置 */
    text-align: left;
    font-weight: normal;
}
.phone_box > h2 > a{                     /* 查看全部内容,修饰 */
    float: right;
    font-size: 16px;
    color: #333333;
}
.phone_box > h2 > a:hover{               /* 鼠标经过时 a 标签变化效果 */
    color: #ff6700;
}
.phone_box > h2 i{                       /* 右箭头字体图标 */
    font-size: 20px;
}
.item_left,.item_right{                  /* 手机展示部分公共属性 */
    height: 614px;
    float: left;
}
.item_left{                              /* 手机左边展示部分 */
    width: 234px;
    transition: all .5s;
}
.item_left > img{                        /* 手机左边图片宽度 */
    width: 100%;
}
.phone_item{                             /* 手机部分和上边距的距离 */
    margin-top: 20px;
}
.item_right{                             /* 手机右边展示部分 */
    width: 992px;
}
.item_right > div{                       /* 手机右边展示部分的 8 个 div 块 */
    width: 234px;
    height: 300px;
    background-color: #fff;
    float: left;
    margin-left: 14px;
    margin-bottom: 14px;
```

```
        position:relative;
        transition: all .5s;
}
.item_right b{                              /*新品,样式修饰*/
        width: 64px;
        height: 20px;
        background-color: #83c44e;;
        display: inline-block;              /*b转换为块级元素*/
        color: #fff;
        font-weight: normal;
        font-size: 12px;
        line-height: 20px;
        position: absolute;                 /*相对于.item_right绝对定位*/
        top: 0;
        left: 50%;
        margin-left: -32px;                 /*本身宽度的一半,向左移达到居中效果*/
}
.item_left:hover,.item_right>div:hover{     /*鼠标经过手机部分*/
        transform: translate(0, -5px);
        box-shadow: 0 15px 30px rgba(0,0,0,.2);
}
/*手机结束*/
```

33min

6.7 小米视频部分

小米视频部分主要用于呈现新品上市前的发布会或宣传片等内容,如图 6-10 所示。

图 6-10　视频部分

HTML 部分代码

```
<!-- 视频开始 -->
<div class="phone_container">
    <div class="wrap">
        <div class="font_box">
```

```html
        <h2>视频<a href="#">查看全部
            <i class="iconfont">&#xeb1b;</i></a></h2>
    </div>
    <div class="video-box"><!-- 视频包含4个相同的div -->
        <div>
            <div class="video-img">
            <img src="images/101b19aca4bb489bcef0f503e44ec866.webp">
                <div class="btn"><!-- 三角形播放按钮 -->
                    <div class="sanjiao"></div>
                </div>
            </div>
            <p class="name">Redmi 10X 系列发布会</p>
            <p class="desc">Redmi 10X 系列发布会</p>
        </div>
        <div>
            <div class="video-img">
                <img src="images/101b19aca4bb489bcef0f503e44ec866.webp">
                <div class="btn">
                    <div class="sanjiao"></div>
                </div>
            </div>
            <p class="name">Redmi 10X 系列发布会</p>
            <p class="desc">Redmi 10X 系列发布会</p>
        </div>
        <div>
            <div class="video-img">
            <img src="images/101b19aca4bb489bcef0f503e44ec866.webp">
                <div class="btn">
                        <div class="sanjiao"></div>
                    </div>
                </div>
                <p class="name">Redmi 10X 系列发布会</p>
                <p class="desc">Redmi 10X 系列发布会</p>
            </div>
            <div>
                <div class="video-img">
                    <img src="images/101b19aca4bb489bcef0f503e44ec866.webp">
                    <div class="btn">
                        <div class="sanjiao"></div>
                    </div>
                </div>
                <p class="name">Redmi 10X 系列发布会</p>
                <p class="desc">Redmi 10X 系列发布会</p>
            </div>
        </div>
    </div>
</div>
<!-- 视频结束 -->
```

CSS 部分的代码如下：

```
/* 视频开始 */
.font_box > h2{                          /* h2 标签内容设置 */
    text - align: left;
    font - size: 22px;
    font - weight: 200;
    color: #333;
    padding - bottom: 20px;
}
.font_box > h2 > a{                      /* 查看全部内容, 修饰 */
    float: right;
    font - size: 16px;
    color: #333333;
}
.font_box > h2 > a:hover{                /* 鼠标经过时 a 标签变化效果 */
    color: #ff6700;
}
.font_box > h2 i{                        /* 右箭头字体图标 */
    font - size: 20px;
    background - color:rgba(0,0,0,.5) ;
    border - radius: 20px;
    color: #fff;
}
.font_box > h2 i:hover{
    background - color: #ff6700;
}
.video - box{                            /* 视频区域设置 */
    width: 100 % ;
    height: 299px;
}
.video - box > div{                      /* 视频部分的 4 个 div 区域 */
    width: 296px;
    height: 285px;
    background - color: #fff;
    float: left;                         /* 左浮动 */
    margin - right: 14px;
    margin - bottom: 14px;
    transition: all .2s linear;
}
.video - box > div:last - child{          /* 去掉第 4 个 div 的右边距 */
    margin - right: 0;
}
.video - img{
    width: 100 % ;
    height: 180px;
    margin - bottom: 28px;
    position: relative;
```

```
        }
        .video - img > img{
            width: 100 % ;
        }
        .name{                          /* 文本设置 */
            font - size: 14px;
            color: #333;
            width: 268px;
            height: 20px;
            margin: 0 14px 6px;
            text - align: center;
            color: #333;
            white - space: nowrap;
            text - overflow: ellipsis;      /* 当单行文本溢出时,显示... */
            overflow: hidden;
        }
        .desc{
            height: 18px;
            margin: 0 14px;
            font - size: 12px;
            color: #b0b0b0;
            white - space: nowrap;
            text - overflow: ellipsis;
            overflow: hidden;
        }
        .video - box > div:hover{           /* 鼠标经过 4 个 div 移动、阴影效果 */
            transform: translateY( - 2px);
            box - shadow: 0 15px 30px rgba(0,0,0,.1);
        }
        .btn{                           /* 播放按钮设置 */
            width: 30px;
            height: 30px;
            border: 2px solid #fff;
            border - radius: 12px;
            position: absolute;           /* 相对于父元素.video - img,绝对定位 */
            left: 20px;
            bottom: 10px;
            transition: all .2s;          /* 过渡 */
        }
        .sanjiao{                       /* 三角形绘制 */
            border - left: 8px solid #fff;
            border - top: 8px solid transparent;
            border - bottom: 8px solid transparent;
            width: 0;
            height: 0;
            margin: 5px auto;
        }
        .video - img:hover .btn{           /* 经过按钮的父元素时变换效果 */
```

```
            background - color: #ff6700;
            border - color: #ff6700;
    }
    /* 视频结束 */
```

6.8   页脚

📹 39min

小米商城中的页脚部分是当使用小米系列产品遇到问题时给我们提供解决方案，包括申请售后、售后政策、咨询客服等都可以在这里完成，如图 6-11 所示。

图 6-11   页脚

HTML 部分的代码如下：

```html
<!-- 页脚开始 -->
    <div class = "footer">
        <div class = "wrap">
            <div class = "footer - service"><!-- 服务中心 -->
                <ul><!-- 5 个类似 li-->
                    <li>
                        <a href = "#"><!-- 字体图标 -->
                        <i class = "iconfont">&#xe613;</i>
                        <span>预约维修服务</span>
                        </a>
                    </li>
                    <li>
                        <a href = "#">
                        <i class = "iconfont">&#xe613;</i>
                        <span>预约维修服务</span>
                        </a>
                    </li>
                    <li>
```

```
            <a href = "#">
            <i class = "iconfont">&#xe613;</i>
            <span>预约维修服务</span>
            </a>
        </li>
        <li>
            <a href = "#">
            <i class = "iconfont">&#xe613;</i>
            <span>预约维修服务</span>
            </a>
        </li>
        <li>
            <a href = "#">
            <i class = "iconfont">&#xe613;</i>
            <span>预约维修服务</span>
            </a>
        </li>
    </ul>
</div>
<div class = "footer - link"><!-- 链接模块 -->
    <ul>
        <li>帮助中心</li>
        <li><a href = "#">账户管理</a></li>
        <li><a href = "#">账户管理</a></li>
        <li><a href = "#">账户管理</a></li>
    </ul>
    <ul>
        <li>帮助中心</li>
        <li><a href = "#">账户管理</a></li>
        <li><a href = "#">账户管理</a></li>
        <li><a href = "#">账户管理</a></li>
    </ul>
    <ul>
        <li>帮助中心</li>
        <li><a href = "#">账户管理</a></li>
        <li><a href = "#">账户管理</a></li>
        <li><a href = "#">账户管理</a></li>
    </ul>
    <ul>
        <li>帮助中心</li>
        <li><a href = "#">账户管理</a></li>
        <li><a href = "#">账户管理</a></li>
        <li><a href = "#">账户管理</a></li>
    </ul>
    <ul>
        <li>帮助中心</li>
        <li><a href = "#">账户管理</a></li>
        <li><a href = "#">账户管理</a></li>
```

```
                    <li><a href = "#">账户管理</a></li>
                </ul>
                <ul>
                    <li>帮助中心</li>
                    <li><a href = "#">账户管理</a></li>
                    <li><a href = "#">账户管理</a></li>
                    <li><a href = "#">账户管理</a></li>
                </ul>
                <div class = "footer - aside">
                    <p class = "tel">400 - 100 - 5678</p>
                    <p class = "time">8:00 - 18:00(仅收市话费)</p>
                    <a href = "#" class = "kefu">人工客服</a>
                    <div class = "follow">
                    关注小米:
                    <img src = "images/wb.png" alt = "">
                    <img src = "images/wx.png" alt = "">
                </div>
            </div>
        </div>
    </div>
</div>
<!-- 页脚结束 -->
```

CSS 部分的代码如下:

```
/* 页脚开始 */
.footer - service{                          /* 服务中心 */
    width: 100%;
    height: 25px;
    line - height: 25px;
    padding: 27px 0;
    border - bottom: 1px solid #e0e0e0;     /* 下边框 */
}
.footer - service li{                       /* 5 个服务选项设置 */
    float: left;
    width: 19.8%;
    border - right: 1px solid #e0e0e0;
}
.footer - service li:last - child{          /* 最后一个服务项去除右边框 */
    border - right:none;
}
.footer - service a{                        /* 字体内容设置 */
    color: #616161;
    transition: all .2s;
}
.footer - service a:hover{                  /* 鼠标经过时效果 */
    color: #ff6700;
```

```
            }
            .footer-service i{/*字体图标设置*/
                font-size: 24px;
                margin-right: 6px;
                position: relative;
                top: 3px;
            }
            .footer-link{/*链接模块*/
                width: 100%;
                height: 171px;
                padding: 40px 0;
            }
            .footer-link > ul{
                float: left;
                width: 160px;
                text-align: left;
                color: #424242;
                font-size: 14px;
                line-height: 1.25;
            }
            .footer-link a{
                font-size: 12px;
                color: #757575;
            }
            .footer-link a:hover{
                color: #ff6700;
            }
            .footer-link li:first-child{
                margin: -1px 0 26px;
            }
            .footer-link li{
                margin-top: 10px;
            }
            .footer-aside{
                width: 251px;
                height: 111px;
                border-left: 1px solid #e0e0e0;
                color: #616161;
                float: right;
            }
            .tel{
                color: #ff6700;
                font-size: 22px;
                line-height: 1;
                margin-bottom: 5px;
            }
            .time{
                font-size: 12px;
```

```css
        margin-bottom: 5px;
}
.footer-aside .kefu{/* 人工客服 */
        display: block;
        width: 118px;
        height: 28px;
        line-height: 28px;
        border: 1px solid #ff6700;
        background: #fff;
        color: #ff6700;
        margin: 0 auto;
        transition: all .4s;;
}
.footer-aside .kefu:hover{
        color: #fff;
        background-color: #f25807;
        border-color: #f25807;
}
.follow{
        font-size: 12px;
        margin-top: 10px;
}
.follow > img{
        width: 24px;
        height: 24px;
        margin-left: 6px;
}
/* 页脚结束 */
```

第二阶段

STAGE 2

探索 JavaScript 的奥秘

第 7 章

JavaScript 基础

JavaScript 是世界上最流行的脚本语言之一,简称 JS。因为在计算机、手机、平板上浏览的所有网页,以及无数基于 HTML5 的手机 App,交互逻辑都是由 JavaScript 驱动的。在 Web 世界里,只有 JavaScript 能跨平台、跨浏览器驱动网页,与用户交互。

简单地说,JavaScript 是一种运行在浏览器中的解释型编程语言,不需要提前编译,能在各种操作系统下运行。

随着 HTML5 在 PC 和移动端越来越流行,JavaScript 变得更加重要了,并且新兴的 Node.js 把 JavaScript 引入了服务器端,JavaScript 已经变成了全能型选手。

本章思维导图如图 7-1 所示。

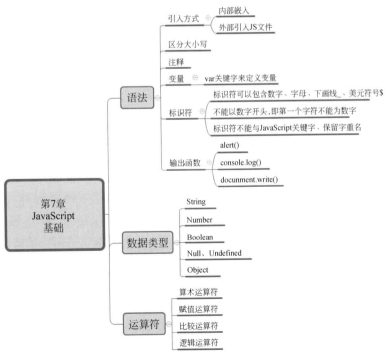

图 7-1　思维导图

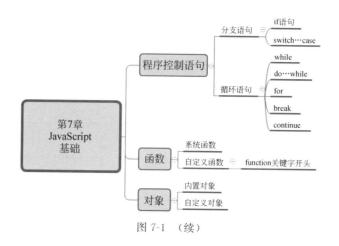

图 7-1　（续）

7.1　快速入门

7.1.1　JavaScript 简介

JavaScript 最初被称为 LiveScript，由 Netscape（Netscape Communications Corporation，网景通信公司）公司的布兰登·艾奇（Brendan Eich）在 1995 年开发。在 Netscape 与 Sun（一家互联网公司，全称为 Sun Microsystems，现已被甲骨文公司收购）合作之后将其更命名为 JavaScript。之所以将 LiveScript 更名为 JavaScript，是因为 JavaScript 是受 Java 的启发而设计的，因此在语法上它们有很多相似之处，JavaScript 中的许多命名规范借鉴自 Java，还有一个原因就是为了营销，蹭 Java 的热度。

JavaScript 和 Java 没有任何关系，只是语法类似。二者的区别如下：

（1）JavaScript 运行在浏览器中，代码由浏览器解释后执行，而 Java 运行在 JVM 中。

（2）JavaScript 是基于对象的，而 Java 是面向对象的。

（3）JavaScript 只需解析就可以执行，而 Java 需要先编译成字节码文件再执行。

（4）JavaScript 是一种弱类型语言，而 Java 是强类型语言。

JavaScript 可以用于 Web 开发的各个领域，主要应用领域如下。

（1）Web 应用开发：日常生活中我们所浏览的网页都由 HTML、CSS、JavaScript 构成，通过 JavaScript 可以实时更新网页中元素的样式，并可以实现人与网页之间的交互（例如监听用户是否单击了鼠标或按下了某个按键等），还可以在网页中添加一些炫酷的动画。

（2）移动应用开发：除了可以进行 Web 应用开发外，JavaScript 还可以用来开发手机或平板计算机上的应用程序，而且还可以借助一些优秀的框架（例如 React Native），让开发更加轻松。

（3）Web 游戏：在网页中玩过的那些小游戏，理论上都可以使用 JavaScript 实现。

（4）后端 Web 应用开发：以前使用 JavaScript 进行 Web 应用程序前端部分的开发，但随着 Node.js(一个 JavaScript 运行环境)的出现,使 JavaScript 也可以用来开发 Web 应用程序的后端部分。

完整的 JavaScript 是由以下三部分组成,如图 7-2 所示。

图 7-2　JavaScript 的组成

(1) 核心(ECMAScript):提供语言的语法和基本对象。

(2) 文档对象模型(DOM):提供处理网页内容的方法和接口。

(3) 浏览器对象模型(BOM):提供与浏览器进行交互的方法和接口。

7.1.2　第 1 个 JavaScript 程序

JavaScript 程序不能独立运行,只能在宿主环境中执行。一般情况下可以把 JavaScript 代码放在网页中,借助浏览器环境来运行。

JavaScript 有两种使用方式:一是在 HTML 文档中嵌入 JavaScript 代码;二是将 JavaScript 脚本代码写到外部的 JavaScript 文件中,再在 HTML 文档中引用该文件的路径地址。两种使用方式的效果完全相同,可以根据使用率和代码量选择相应的方式。

1. 内部嵌入 JavaScript 代码

在 HTML 页面中嵌入 JavaScript 脚本需要使用<script>标签,用户可以在<script>标签中直接编写 JavaScript 代码,如例 7-1 所示。

【例 7-1】　使用 JavaScript 向 HTML 页面输出信息

```
<!DOCTYPE html>
<html lang = "en">
<head>
    <meta charset = "UTF - 8">
    <title>第 1 个 JavaScript 实例</title>
</head>
    <script>
        document.write("第 1 个 JavaScript 实例");
    </script>
<body>
</body>
</html>
```

在 JavaScript 脚本中,document 表示网页文档对象;document.write()表示调用 Document 对象的 write()方法,在当前网页源代码中写入 HTML 字符串"第 1 个 JavaScript 实例"。

在浏览器中的显示效果如图 7-3 所示。

JavaScript 代码可以位于 HTML 网页的任何位置,例如,放在<head>或<body>首尾

图 7-3　JavaScript 输出信息页面显示效果

标签中均可。同一个网页允许在不同位置放入多段 JavaScript 代码。

2. 外部引入 JS 文件

JavaScript 程序不仅可以直接放在 HTML 文档中,也可以放在 JavaScript 脚本文件中。JavaScript 脚本文件是文本文件,扩展名为. js,使用任何文本编辑器都可以编辑,如例 7-2 所示。

【例 7-2】　调用外部 JS 的简单应用

外部 demo. js 文件的代码如下:

```
document.write("来自外部 JS 文件的信息");
```

HTML 页面的代码如下:

```html
<!DOCTYPE html>
<html lang = "en">
<head>
    <meta charset = "UTF-8">
    <title>调用外部 JS 的简单应用</title>
    <script src = "js/demo.js"></script><!-- 引入外部 JS 文件 -->
</head>
<body>
</body>
</html>
```

在浏览器中的显示效果如图 7-4 所示。

图 7-4　外部 JS 简单应用的效果

注意:在外部 JS 文件中直接写 JavaScript 相关代码即可,无须使用< script >标签。

7.1.3　JavaScript 语法

1. 语句

JavaScript 的语法和 Java 语言类似,每个语句以"；"结束,语句块用｛...｝；但是,JavaScript 并不强制要求在每个语句的结尾加"；",浏览器中负责执行 JavaScript 代码的引擎会自动在每个语句的结尾补上"；"。

2. 区分大小写

JavaScript 严格区分大小写,所以 Hello 和 hello 是两个不同的标识符。

为了避免输入混乱和语法错误,建议采用小写字符编写代码,在以下特殊情况下可以使用大写形式:

(1) 构造函数的首字母建议大写,构造函数不同于普通函数。

下面示例调用预定义的构造函数 Date(),创建一个时间对象,然后把时间对象转换为字符串显示出来,代码如下:

```
d = new Date();                        //获取当前日期和时间
document.write(d.toString());          //显示日期
```

(2) 如果标识符由多个单词组成,则可以考虑使用骆驼命名法——除首个单词外,后面单词的首字母大写,代码如下:

```
typeOf();
printEmployeePaychecks();
```

3. 注释

JavaScript 支持以下两种注释形式。

(1) 单行注释,以//来表示,代码如下:

```
//这是一行注释
alert('hello'); //这也是注释
```

(2) 多行注释,用/ * ... * /把多行字符包裹起来,代码如下:

```
/ * 从这里开始是块注释
仍然是注释
仍然是注释
注释结束 * /
```

7.1.4　JavaScript 变量

变量是所有编程语言的基础之一,可以用来存储数据,例如字符串、数字、布尔值、数组等,并在需要时设置、更新或者读取变量中的内容。可以将变量看作一个值的符号名称。

1. 标识符的命名规范

JavaScript 中的标识符包括变量名、函数名、参数名、属性名、类名等。

合法的标识符应该注意以下强制规则:

(1) 标识符可以包含数字、字母、下画线_、美元符号$。

(2) 不能以数字开头,即第1个字符不能为数字。

(3) 标识符不能与 JavaScript 关键字、保留字重名。

(4) 可以使用 Unicode 转义序列。例如,字符 a 可以使用"\u0061"表示。

在定义变量时,变量名要尽量有意义,见名思义,例如,使用 name 来定义一个存储姓名的变量。

当变量名中包含多个英文单词时,推荐使用驼峰命名法,例如 var userName = "beixi"。

2. 变量的声明

JavaScript 是一种弱类型的脚本语言,变量的声明统一使用 var 关键字加上变量名进行声明。

基本语法格式如下:

```
var 变量名 = 初始值;
```

可以在声明变量的同时指定初始值,也可以先声明,后赋值,代码如下:

```
var name = "admin";        //用来存储字符串
var age = 18;              //用来存储年龄
var prePage;              //用来存储上一页
```

定义变量时,可以一次定义一个或多个变量,若定义多个变量,则需要在变量名之间使用逗号分隔开,代码如下:

```
var a, b, c;              //同时声明多个变量
```

变量定义后,如果没有为变量赋值,则这些变量会被赋予一个初始值——undefined(未定义)。

7.1.5 数据类型

JavaScript 中有六大数据类型:字符串(String)、数字(Number)、布尔(Boolean)、空(Null)、未定义(Undefined)、对象(Object)。

在开始介绍各种数据类型之前,先来了解一下 typeof 操作符,使用 typeof 操作符可以返回变量的数据类型。

typeof 操作符有带括号和不带括号两种用法,代码如下:

```
typeof x;              //获取变量 x 的数据类型
typeof(x);             //获取变量 x 的数据类型
```

1. String 类型

字符串(String)类型是一段以单引号'或双引号"包裹起来的文本,例如 '123'、"abc"。
可以在字符串中使用引号,只要不与包裹字符串的引号冲突即可,代码如下:

```
var answer = "Nice to meet you!";
var answer = "He is called 'Frank'";      //外层是双引号,内层是单引号
var answer = 'He is called "Frank"';
```

2. Number 类型

数值(Number)类型用来定义数值,JavaScript 中不区分整数和小数(浮点数),统一使
用 Number 类型表示,代码如下:

```
var num1 = 123;            //整数
var num2 = 3.14;           //浮点数
```

对于一些极大或者极小的数,也可以通过科学(指数)记数法来表示,代码如下:

```
var y = 123e5;            //123 乘以 10 的 5 次方,即 12 300 000
var z = 123e - 5;         //123 乘以 10 的 - 5 次方,即 0.00 123
```

3. Boolean 类型

布尔(Boolean)类型只有两个值,true(真)或者 false(假),在进行条件判断时使用得比
较多,大家除了可以直接使用 true 或 false 来定义布尔类型的变量外,还可以通过一些表达
式来得到布尔类型的值,代码如下:

```
var a = true;             //定义一个布尔值 true
var b = false;            //定义一个布尔值 false
var c = 2 > 1;            //true
var d = 2 < 1;            //false
```

4. Null 类型

Null 是一个只有一个值的特殊数据类型,表示一个"空"值,代码如下:

```
var name;
name = null;       //此时 name 不再是变量,而是一个对象,类型为 Null 类型
document.write(typeof null);
```

使用 typeof 操作符来查看 Null 的类型，会发现 Null 的类型为 Object，说明 Null 其实使用属于 Object（对象）的一个特殊值，因此通过将变量赋值为 Null 可以创建一个空的对象。

5. Undefined 类型

Undefined 也是一个只有一个值的特殊数据类型，表示未定义。当声明一个变量但未给变量赋值时，这个变量的默认值就是 Undefined，代码如下：

```
var num;
document.write(num);                //输出 Undefined
document.write(typeof num);         //输出 Undefined
```

6. Object 类型

JavaScript 中的对象（Object）类型是一组由键、值组成的无序集合，定义对象类型需要使用花括号{ }，代码如下：

```
var person = {
        name: "beixi",
        age: 20,
        tags: ["JS", "Java", "Web"],
        city: "Beijing",
        hasCar: true,
        zipcode: null
    };
```

JavaScript 对象的键都是字符串类型，值可以是任意数据类型。上述 person 对象一共定义了 6 个键-值对，其中每个键又称为对象的属性，例如，person 的 name 属性值为 "beixi"，zipcode 的属性值为 null。

获取对象属性所对应的值有两种方式，代码如下：

```
person.name;               //"beixi"
person["name"];            //"beixi"
```

7.1.6 JavaScript 输出

某些情况下，可能需要将程序的运行结果输出到浏览器中，下面介绍常用的 3 种输出语句。

1. alert()函数

使用 alert() 函数可以在浏览器中弹出一个提示框，在提示框中可以定义要输出的内容。

alert()是 JavaScript 内置的 window 对象下的方法，完整的写法是 window.alert()，但

window 对象可以省略,如例 7-3 所示。

【例 7-3】　alert()弹窗

```
<!DOCTYPE html>
<html lang = "en">
<head>
    <meta charset = "UTF-8">
    <title>弹窗</title>
</head>
<body>
    <script>
        var a = 10,
            b = 5; //弱变量 var 也可以省略
        alert("a * b = " + a * b);
    </script>
</body>
</html>
```

在浏览器中的显示效果如图 7-5 所示。

图 7-5　alert()弹窗效果

2. console.log()

使用 console.log() 可以在浏览器的控制台输出信息,通常使用 console.log() 来调试程序。

要看到 console.log() 的输出内容需要先打开浏览器的控制台。以 Chrome 浏览器为例,打开控制台只需在浏览器窗口按 F12 快捷键,或者右击,并在弹出的菜单中选择“检查”选项。最后,在打开的控制台中选择 Console 选项,如图 7-6 所示。

图 7-6　控制台

【例 7-4】 控制台输出

```
<!DOCTYPE html>
<html lang = "en">
<head>
    <meta charset = "UTF - 8">
    <title>控制台输出</title>
</head>
<body>
   <script>
        var str = "这是一段文本";
        console.log(str);
   </script>
</body>
</html>
```

在浏览器中的显示效果如图 7-7 所示。

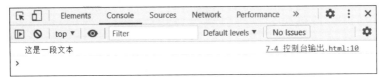

图 7-7　控制台输出效果

3. document.write()

使用 document.write() 可以向 HTML 文档写入 HTML 或者 JavaScript 代码,语法格式如下:

```
document.write(exp1, exp2, exp3, ...);
```

其中,exp1、exp2、exp3 为要向文档写入的内容,document.write() 可以接收多个参数,即一次可以向文档中写入多个内容,内容之间使用逗号进行分隔,如例 7-5 所示。

【例 7-5】 使用 document.write() 输出

```
<!DOCTYPE html>
<html lang = "en">
<head>
    <meta charset = "UTF - 8">
    <title>使用 document.write() 输出</title>
</head>
<body>
    <script>
        document.write("<h1>Hello World!</h1>")
```

```
      document.write("Hello World! ","Hello You! ",
            "<p style='color:blue;'>Hello World!</p>")
    </script>
</body>
</html>
```

在浏览器中的显示效果如图 7-8 所示。

图 7-8　使用 document.write() 输出效果

7.2　运算符

7.2.1　算术运算符

算术运算符是比较常用的运算符，如表 7-1 所示。

表 7-1　算术运算符

运　算　符	描　　述	运　算　符	描　　述
＋	加法运算符	％	取模(取余)运算符
－	减法运算符	＋＋	自增运算符
*	乘法运算符	－－	自减运算符
/	除法运算符		

【例 7-6】　算术运算符的应用

```
<!DOCTYPE html>
<html lang="en">
<head>
    <meta charset="UTF-8">
    <title>算术运算符的应用</title>
</head>
<body>
    <script>
```

```
        var num1 = 9;
        var num2 = 3;
        /*
        + 运算符表示加法
        + 运算符表示将运算符左右两侧的字符串拼接到一起
        */
        console.log(num1 + num2);              //输出: 12
        console.log("hello " + "world");       //输出: hello world
        console.log(num1 - num2);              //输出: 6
        console.log(num1 * num2);              //输出: 27
        console.log(num1/num2);                //输出: 3
        console.log(num1 % num2);              //输出: 0
        /* 类型: ++自增 -- 自减
        语法: ++num num++ -- num num --
        功能: + 1           - 1
        总结:
            a.如果运算符在变量的前边,则先自增或自减,再使用
            b.如果运算符在变量的后边,则先使用,后自增或自减
        */
        var num = 10;
        console.log(num++);                    //输出: 10 num++相当于 num = num + 1;
        console.log(++num);                    //输出: 12
        console.log(num--);                    //输出: 12
        console.log(num);                      //输出: 11
    </script>
</body>
</html>
```

7.2.2 赋值运算符

在 JavaScript 中,赋值运算符用来为变量赋值,如表 7-2 所示。

表 7-2 赋值运算符

运算符	描　　述	示　　例
=	最简单的赋值运算符	x = 10
+=	先进行加法运算,再将结果赋值给运算符左侧的变量	x += y 等同于 x = x + y
-=	先进行减法运算,再将结果赋值给运算符左侧的变量	x -= y 等同于 x = x - y
*=	先进行乘法运算,再将结果赋值给运算符左侧的变量	x *= y 等同于 x = x * y
/=	先进行除法运算,再将结果赋值给运算符左侧的变量	x /= y 等同于 x = x / y
%=	先进行取模运算,再将结果赋值给运算符左侧的变量	x %= y 等同于 x = x % y

【例 7-7】 赋值运算符的应用

```
<!DOCTYPE html>
<html lang = "en">
```

```
< head >
    < meta charset = "UTF - 8">
    < title>赋值运算符的应用</title>
</head >
< body >
    < script >
        //例子: var num = 5; num += 3;相当于 num = num + 3;
        var x = 5;
        x += 20;
        console.log(x);          //输出: 25
        var x = 20,
            y = 10;
        x -= y;
        console.log(x);          //输出: 10
        x = 5;
        x *= 3;
        console.log(x);          //输出: 15
        x = 9;
        x /= 3;
        console.log(x);          //输出: 3
        x = 10;
        x %= 3;
        console.log(x);          //输出: 1
    </script >
</body >
</html >
```

7.2.3 比较运算符

比较运算符用来比较运算符左右两侧的表达式,比较运算符的运算结果是一个布尔值,结果只有两种,即 true 或 false。JavaScript 中常见的比较运算符如表 7-3 所示。

表 7-3 比较运算符

运 算 符	描 述	运 算 符	描 述
==	等于	>	大于
===	全等	>=	大于或等于
!=	不相等	<=	小于或等于
!==	不全等	<	小于

【例 7-8】 比较运算符的应用

```
<!DOCTYPE html >
< html lang = "en">
< head >
```

```
    <meta charset = "UTF - 8">
    <title>比较运算符的应用</title>
</head>
<body>
    <script>
        var x = 10;
        var y = 15;
        var z = "25";
        /* == 判断变量的值是否相等 */
        console.log(x == z);                        //输出: true
        /* === 当判断值和类型都一致时返回值为 true */
        console.log(x === z);                       //输出: false
        console.log(x != y);                        //输出: true
        /* !== 如果判断值或者类型不同,则为真 */
        console.log(x !== z);                       //输出: true
        console.log(x < y);                         //输出: false
        console.log(x > y);                         //输出: true
        console.log(x <= y);                        //输出: false
        console.log(x >= y);                        //输出: true
    </script>
</body>
</html>
```

对于非数值情况的比较:

(1) 如果数字和其他内容比较,则先将其他内容转换成数字,然后进行运算。

(2) 先将布尔值转换成数字(false 转为 0,true 转为 1),再和数字进行运算。

(3) 当布尔值和字符串进行比较时,都先转换成数字,再进行运算。

(4) 如果符号两侧的值都是字符串,则不会将其转换为数字进行比较,而会分别比较字符串中字符的 Unicode 编码。

(5) 任何值和 NaN 做比较都是 false。

示例代码如下:

```
<script>
        var num1 = "20";
        var num2 = 10;
        var num3 = false;
        console.log(num1 > num2);                   //输出: true
      console.log(num1 < num3);                     //输出: false
        console.log(num2 > num3)                     //输出: true
        //比较两个字符串时,比较的是字符串的字符编码
        console.log("a"<"b");                        //输出: true
        //任何值和 NaN 做比较都是 false
        console.log(10 <= "hello");                  //输出: false
</script>
```

7.2.4 逻辑运算符

逻辑运算符用于判定变量或值之间的逻辑,运算结果是一个布尔值,只能有两种结果,即 true 或 false,如表 7-4 所示。

表 7-4 逻辑运算符

运 算 符	描 述	示 例
&&	逻辑与	(表达式 1) && (表达式 2)一假即假
||	逻辑或	(表达式 1) || (表达式 2)一真即真
!	逻辑非	!(表达式)

【例 7-9】 逻辑运算符的应用

```html
<!DOCTYPE html>
<html lang = "en">
<head>
    <meta charset = "UTF-8">
    <title>逻辑运算符</title>
</head>
<body>
    <script>
        console.log(true && true);              //输出: true
        console.log(true && false);             //输出: false
        console.log(false && true);             //输出: false
        console.log(true || true);              //输出: true
        console.log(false || true);             //输出: true
        console.log(true || false);             //输出: true
        console.log(!true);                     //输出: false
        console.log(!false);                    //输出: true
        var x = 6 ;
         y = 3;
        console.log(x < 10 && y > 1);           //输出: true
        console.log(x == 5 || y == 5);          //输出: false
        console.log(!(x == y));                 //输出: true
    </script>
</body>
</html>
```

7.2.5 三元运算符

三元运算符(条件运算符),由一个问号和一个冒号组成,语法格式如下:

```
条件表达式 ? 表达式 1 : 表达式 2;
```

如果"条件表达式"的结果为真(true),则执行"表达式 1"中的代码,否则就执行"表达式 2"

中的代码。

示例代码如下：

```
<script>
    var age = 20;
    var rel = (age < 18) ? "太年轻" : "足够成熟";
    console.log(rel);   //输出：足够成熟
</script>
```

7.2.6　运算符的优先级

JavaScript 中的运算符的优先级有一套规则。该规则在计算表达式时控制运算符执行的顺序。具有较高优先级的运算符先于较低优先级的运算符执行。优先级顺序如下：

```
优先级从高到底：
    1.（ ）优先级最高
    2. 一元运算符   ++    --    !
    3. 算术运算符   先 *   /   %   后   +   -
    4. 关系运算符   >> =   << =
    5. 相等运算符   ==   !=   ===   !==
    6. 逻辑运算符   先 &&  后||
    7. 赋值运算符
```

7.3　程序控制语句

在所有编程语言中，程序的基本逻辑结构包括 3 种，分别是顺序结构、分支结构和循环结构。

7.3.1　顺序结构语句

顺序结构是指按照语句在程序中的先后次序一条一条地顺次执行，直至最后一条语句。顺序控制语句是一类简单的语句，上述的操作运算语句即是顺序控制语句，如图 7-9 所示。

图 7-9　顺序结构

7.3.2　分支结构语句

顺序结构的程序虽然能解决计算、输出等问题,但不能做判断后再选择。对于要先做判断再选择的问题就要使用分支结构。

分支结构的程序设计方法的关键在于构造合适的分支条件和分析程序流程,根据不同的程序流程选择适当的分支语句,如图 7-10 所示。

JavaScript 中支持以下几种分支语句:

* if 语句;
* if … else 语句;
* if … else if … else 语句;
* switch … case 语句。

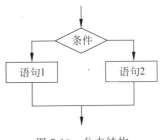

图 7-10　分支结构

1. if 语句

if 语句是基于条件成立才执行相应代码时使用的语句。

基本语法格式如下:

```
if(表达式){
    语句;
    }
```

注意:if 小写,大写字母(如 IF)会出错!

【**例 7-10**】　if 语句的应用

```
<! DOCTYPE html >
< html lang = "en">
< head >
    < meta charset = "UTF - 8">
    < title > if 语句</title>
</head >
< body >
    < script >
        var age = 20;
        var workAge = 2;
        if(age > = 18 && workAge > = 2){
         console.log("您已经成年!");
         console.log("您已经有两年工作经验,条件符合!");
         }
    </script >
</body >
</html >
```

在浏览器中的显示效果如图 7-11 所示。

图 7-11　if 语句的应用效果

2. if … else 语句

if … else 语句可以认为是 if 语句的升级版本,用于判断表达式值的真伪,若结果为真,则执行语句 1,否则执行语句 2。

基本语法格式如下:

```
if(表达式){
    语句 1;
}else{
    语句 2;
}
```

【例 7-11】　if … else 语句的应用

```html
<!DOCTYPE html>
<html lang = "en">
<head>
    <meta charset = "UTF-8">
    <title>if … else 语句的应用</title>
</head>
<body>
  <script>
    //判断一个数是偶数还是奇数
    var num = 15;
  if (num % 2 === 0) {
    console.log('num 是偶数');
  } else {
    console.log('num 是奇数');
  }
  </script>
</body>
</html>
```

运行结果为 num 是奇数。

3. if … else if … else 语句

当需要对一个变量判断多次时,可以使用此结构进行判断。可以认为 if…else if…else 结构是多个 if…else 结构的嵌套。

基本语法格式如下：

```
if(表达式 1){
        语句 1;
    }else if(表达式 2){
        语句 2;
    }else if(表达式 3){
        语句 3;
    }else{
        语句 4;
    }
```

【例 7-12】 if … else if … else 语句的应用

```
<!DOCTYPE html >
< html lang = "en">
< head >
    < meta charset = "UTF - 8">
    < title > if … else if … else 语句的应用</title>
</head >
< body >
    < script >
        //分数转换,把百分制转换成 A、B、C、D、E,< 60 为 E; 60 - 70 为 D
        //70 - 80 为 C,80 - 90 为 B,90 - 100 为 A
        var score = 59;
        if (score > = 90 && score < = 100) {
            console.log('A');
        } else if (score > = 80 && score < 90) {
            console.log('B');
        } else if (score > = 70 && score < 80) {
            console.log('C');
        } else if (score > = 60 && score < 70) {
            console.log('D');
        } else {
            console.log('E');
        }
    </script >
</body >
</html >
```

运行结果为 E。

4. switch … case 语句

switch … case 语句与 if … else 语句的多分支结构类似,都可以根据不同的条件来执行不同的代码,但是与 if … else 多分支结构相比,switch … case 语句更加简洁和紧凑,执行效率更高。

基本语法格式如下：

```
switch(表达式)
        {
        case 值 1:
             执行代码块 1
             break;
        case 值 2:
             执行代码块 2
             break;
        ...
        case 值 n:
             执行代码块 n
             break;
        default:
             执行代码块
        }
```

switch 语句根据表达式的值,依次与 case 子句中的常量值进行比较:

(1) 如果两者相等,则执行其后的语句段,当遇到 break 关键字时跳出整个 switch 语句。

(2) 如果不相等,则继续匹配下一个 case。

(3) switch 语句包含一个可选的 default 关键字,如果在前面的 case 中没有找到相等的条件,则执行 default 后面的语句段。

假设将上个例子中学生的考试成绩改为 10 分满分制,按照每一分一个等级将成绩分等级,如例 7-13 所示。

【例 7-13】 switch…case 语句的应用

```html
<! DOCTYPE html >
< html lang = "en">
< head >
    < meta charset = "UTF - 8">
    < title > switch … case 语句的应用</title >
</head >
< body >
    < script >
            var score = 89;
        score = parseInt(score/10); //parseInt()可解析一个字符串,并获取整数
        switch (score) {
            case 10:
            case 9:
                console.log('A');
                break;
            case 8:
                console.log('B');
                break;
            case 7:
                console.log('C');
                break;
```

```
            case 6:
                console.log('D');
                break;
            default:
                console.log('E');
                break;
            }
    </script>
</body>
</html>
```

运行结果为 B。

7.3.3 循环结构语句

在不少实际问题中有许多具有规律性的重复操作,因此在程序中就需要重复执行某些语句。只要给定的条件仍可以得到满足,包括在循环条件语句里面的代码就会重复执行下去,一旦条件不再满足则终止。

JavaScript 中常用的循环语句有 while、do…while、for、for…in 等循环。

1. while 循环

while 循环会在指定条件为真时循环执行代码块。

基本语法格式如下:

```
while (条件表达式) {
    //要执行的代码
}
```

while 循环的执行流程如图 7-12 所示。

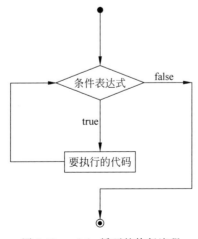

图 7-12 while 循环的执行流程

【例 7-14】 使用 while 循环计算 1~100 所有整数之和

```html
<!DOCTYPE html>
<html lang = "en">
<head>
    <meta charset = "UTF - 8">
    <title>使用 while 循环计算 1~100 所有整数之和</title>
</head>
<body>
    <script>
        var i = 1;
        var sum = 0;
        while (i <= 100) {
        sum = sum + i;
        i++;
        }
        console.log("sum = " + sum);
    </script>
</body>
</html>
```

运行结果为 sum=5050。

【例 7-15】 打印 1~100 所有的偶数之和

```html
<!DOCTYPE html>
<html lang = "en">
<head>
    <meta charset = "UTF - 8">
    <title>打印 1~100 所有的偶数之和</title>
</head>
<body>
    <script>
        var i = 1;
        var sum = 0;
        while(i <= 100){
            if(i % 2 == 0){
                sum += i; //sum = sum + i;
            }
            i++;
        }
        console.log("sum = " + sum);
    </script>
</body>
</html>
```

运行结果为 sum=2550。

while 循环的总结：

（1）因为 while 循环先判断循环条件是否成立，因此 while 循环的最少执行次数为 0。

（2）while 循环之所以能结束，是因为每次循环执行的过程中都会改变循环变量。

（3）执行 while 循环之前，必须给循环变量设初值。

（4）和 if 条件语句一样，如果在 while 循环体中只有一条语句，则大括号可以不写，当然不推荐这种写法。

（5）while 循环结构末尾不需要加分号。

注意：循环条件恒成立的循环称为死循环。

2. do…while 循环

do…while 循环是 while 循环的变体，该循环会在检查条件是否为真之前执行一次代码块（循环体至少被执行一次），然后如果条件为真，就会重复这个循环。

基本语法格式如下：

```
do {
    //需要执行的代码
} while (条件表达式);
```

do…while 循环的执行流程如图 7-13 所示。

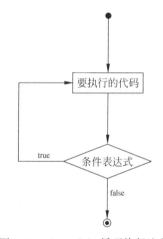

图 7-13 do…while 循环执行流程

【**例 7-16**】 求 100 以内所有 3 的倍数之和

```
<!DOCTYPE html>
< html lang = "en">
< head >
    < meta charset = "UTF - 8">
    <title>求 100 以内所有 3 的倍数之和</title>
</head >
< body >
```

```
< script >
    var i = 1;
    var sum = 0;
    do{
    if(i % 3 === 0){
    sum += i;
    }
    i++;
    }while(i < = 100);
    console. log("sum = " + sum);
</script >
</body >
</html >
```

运行结果为 sum＝1683。

3. for 循环

for 循环是循环中使用得较为广泛的一种循环结构。

基本语法格式如下：

```
for(表达式 1; 表达式 2; 表达式 3){
    循环体;
}
```

语法解释如下。

(1) 表达式 1：初始化条件，在循环过程中只会执行一次。

(2) 表达式 2：这是判断条件，满足时就继续循环，不满足时就退出循环。

(3) 表达式 3：为一个表达式，用来在每次循环结束后更新(递增或递减)计数器的值。

for 循环的执行流程如图 7-14 所示。

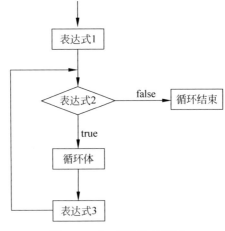

图 7-14　for 循环执行流程

【例 7-17】 分别求 1~100 所有偶数和奇数之和

```html
<!DOCTYPE html>
<html lang = "en">
<head>
    <meta charset = "UTF-8">
    <title>分别求 1~100 所有偶数和奇数之和</title>
</head>
<body>
    <script>
        var oddSum = 0;                     //奇数的和
        var evenSum = 0;                    //偶数的和
        for (var i = 1; i <= 100; i++) {
            //判断 i 是奇数还是偶数
            if (i % 2 === 0) {              //偶数
                evenSum += i;
            } else {                        //奇数
                oddSum += i;
            }
        }
        console.log('奇数的和: ' + oddSum);
        console.log('偶数的和: ' + evenSum);
    </script>
</body>
</html>
```

在浏览器中的显示效果如图 7-15 所示。

图 7-15　运行效果

for 循环中括号中的 3 个表达式可以省略,但是用于分隔 3 个表达式的分号不能省略,示例代码如下:

```javascript
//省略第 1 个表达式
        var num = 0;
        for(;num<10; num++){
            console.log(num);
        }
        //省略第 2 个表达式(死循环)
        for (var y = 0; ; y++) {
            console.log(y);
        }
```

```
//省略第 1 个和第 3 个表达式
var j = 0;
for (; j < 5;) {
    console.log(j);
    j++;
}
//省略所有表达式(死循环)
for(;;){
    console.log("hello JavaScript!");
}
```

4. for…in 循环

for…in 循环是 for 循环的一个变体。

基本语法格式如下：

```
for(var 变量名 in 容器){
    循环体;
    }
```

【例 7-18】 for…in 循环的应用

```
<!DOCTYPE html>
<html lang = "en">
<head>
    <meta charset = "UTF - 8">
    <title>for … in 循环的应用</title>
</head>
<body>
    <script>
        var arr = ['A', 'B', 'C'];
        for (var i in arr) {
            console.log(i);                //0, 1, 2
            console.log(arr[i]);           //'A', 'B', 'C'
        }
    </script>
</body>
</html>
```

注意：for…in 对 Array 的循环得到的是 String 而不是 Number。

5. 循环嵌套

一个循环内又包含另一个完整的循环语句称为循环嵌套。无论是哪种循环，都可以嵌套使用。

【例 7-19】　九九乘法表

```
<!DOCTYPE html>
<html lang = "en">
<head>
    <meta charset = "UTF - 8">
    <title>九九乘法表</title>
</head>
<body>
    <script>
        for (var i = 1; i <= 9; i++) {
        for (var j = 1; j <= i; j++) {
            document.write(j + " x " + i + " = " + (i * j) + " ");
            }
        document.write("<br>");
        }
    </script>
</body>
</html>
```

在浏览器中的显示效果如图 7-16 所示。

图 7-16　九九乘法表

6. 跳转语句

在循环语句中,某些情况需要跳出循环或者跳过循环体内剩余的语句,而直接执行下一次循环,此时可通过 break 和 continue 语句实现这一目的。break 语句的作用是立即跳出循环;continue 语句的作用是停止正在进行的循环,而直接进入下一次循环。

break 语句主要有以下两种作用:

(1) 在 switch 语句中,用于终止 case 语句序列,跳出 switch 语句。

(2) 用在循环结构中,用于终止循环语句序列,跳出循环结构。

continue 的作用是仅仅跳过本次循环,而整个循环体继续执行。

【例 7-20】　跳转语句的应用

```
<!DOCTYPE html>
<html lang = "en">
<head>
    <meta charset = "UTF - 8">
    <title>跳转语句的应用</title>
</head>
<body>
    <script>
        //使用 break 语句
        for (var i = 0; i < 10; i++) {
            if(i == 5) {
                break;
            }
            document.write(" \t" + i);
        }
        document.write("<br>");
        //使用 continue 语句
        for (var i = 0; i < 10; i++) {
            if(i == 5) {
                continue;
            }
            document.write(" \t" + i);
        }
    </script>
</body>
</html>
```

在浏览器中的显示效果如图 7-17 所示。

图 7-17　跳转语句的应用效果

7.4　函数

函数是具有特定功能的可以重复使用的代码块。函数只需定义一次,可以多次使用,从而提高代码的复用率,进而提高编程效率。JavaScript 中有系统函数和自定义函数两种。

7.4.1　常用系统函数

1. eval()函数

该函数可计算某个字符串,并执行其中的 JavaScript 代码。

此函数可以接收一个字符串 str 作为参数,并把此 str 当作一段 JavaScript 代码去执行,如果 str 执行的结果是一个值,则返回此值,否则返回 undefined。如果参数不是一个字符串,则直接返回该参数,示例代码如下:

```
eval("var a = 1");          //声明一个变量 a 并赋值 1
eval("2 + 3");              //执行加法运算,并返回运算值
eval("mytest()");          //执行 mytest()函数
eval("{b:2}");             //声明一个对象
```

在以上代码中需特别注意的是,最后一个语句声明了一个对象,如果想返回此对象,则需要在对象外面再嵌套一层小括号,示例代码如下:

```
eval("({b:2})");
```

有时候通过 Ajax 从后台获取的是一个 JSON 字符串,如果想要将其转换为 JSON 对象,这里可以用到 JS 的 eval()函数,示例代码如下:

```
var data = "{ root:[{name:'1',value:'0'}]}";
var dataobj = eval("(" + data + ")");
```

注意:这里需要注意的是,在 eval()中将 JSON 字符串包裹了一层"(",主要是为了让 eval 将"{}"解析为对象而并非语句。

2. parseInt()与 parseFloat()

JS 提供了 parseInt()和 parseFloat()两个转换函数。前者可把值转换成整数,后者可把值转换成浮点数。只有对 String 类型调用这些方法,这两个函数才能正确运行;对其他类型返回的都是 NaN(Not a Number),示例代码如下:

```
parseInt("22.5");          //22
parseInt("blue");          //NaN
parseFloat("22.5");        //22.5
```

3. escape()与 unescape()

escape() 函数可对字符串进行编码,unescape() 函数可对字符串进行解码,示例代码如下:

```
document.write("编码: " + escape("hello beixi!"))          //编码: hello % 20beixi % 21
document.write("解码: " + unescape("hello % 20beixi % 21"))  //解码: hello beixi!
```

4. isNaN()函数

该函数用于检查一个变量是否为数值,如果是,则返回值为 false,如果不是,则返回值为 true。

示例代码如下:

```
isNaN(123)              //false
isNaN('123')            //false
isNaN('Hello')          //true
```

5. isFinite() 函数

isFinite() 函数用于检查其参数是否是无穷大,也可以理解为是否为一个有限数值(Finite Number),示例代码如下:

```
document.write(isFinite(5 - 2) + "< br>");          //输出: true
document.write(isFinite(0) + "< br>");              //输出: true
document.write(isFinite("Hello") + "< br>");        //输出: false
```

提示:如果参数是 NaN,正无穷大或者负无穷大,则会返回 false,其他情况返回 true。

7.4.2　自定义函数

把一段相对独立的具有特定功能的代码块封装起来,形成一个独立实体就是函数,起个名字(函数名),在后续开发中可以反复调用。

1. 定义函数

JS 函数声明需要以 function 关键字开头,关键字之后为要创建的函数名称。使用function 来定义函数有两种方式。

方式 1:用命令声明函数,基本语法格式如下:

```
function 函数名(参数 1,参数 2...){
    //函数体
}
```

方式 2:用函数表达式定义函数,基本语法格式如下:

```
var 变量 = function(参数 1,参数 2...){
    //函数体
}
```

2. 函数的调用

调用函数非常简单,通常情况下只要函数已经被声明,直接写出函数名和函数参数即可调用函数,如例 7-21。

【**例 7-21**】 函数调用

```
<! DOCTYPE html >
< html lang = "en">
< head >
    < meta charset = "UTF - 8">
    < title > Document </title >
</head >
< body >
    < script >
        function sayHi() {                     //声明函数
            console.log("吃了没?");
        }
        sayHi();                               //调用函数

        //求 1~100 所有整数之和
        var getSum = function () {
            var sum = 0;
            for (var i = 0; i <= 100; i++) {
                sum += i;
            }
          console.log(sum);
        }
        getSum();                              //调用函数
    </script >
</body >
</html >
```

3. 函数的参数

函数的参数分为两种: 形参和实参。

(1) 在定义函数时,传递给函数的参数,称为形参。

(2) 当函数被调用时,传递给函数的参数,称为实参。

示例代码如下:

```
function fn(a, b) {                    //形参
    console.log(a + b);
  }
fn(5,6);                              //实参
```

4. 函数返回值

当函数执行完时,有时要把结果打印出来。期望函数给我们反馈(例如将计算的结果返

回,以便进行后续的运算)时,可以让函数返回结果,也就是返回值。函数通过 return 返回一个返回值。

返回值语法格式如下:

```
//声明一个带返回值的函数
function 函数名(形参1, 形参2, 形参...){
    //函数体
    return 返回值;
}
```

返回值详细讲解如下:

(1) 如果函数没有显式地使用 return 语句,则函数有默认的返回值 undefined。

(2) 如果函数使用了 return 语句,则跟在 return 后面的值就成了函数的返回值。

(3) 如果函数使用了 return 语句,但是 return 后面没有任何值,则函数的返回值也是 undefined。

(4) 函数使用 return 语句后,这个函数会在执行完 return 语句后停止并立即退出,也就是说 return 后面的所有其他代码都不会被执行。

示例代码如下:

```
function getSum(num1, num2){
        return num1 + num2;
    }
var sum1 = getSum(7, 12);
console.log(sum1); //输出: 19
```

5. 作用域

作用域可以大致分为两种类型,分别是全局作用域和局部作用域。

(1) 全局变量: 在任何地方都可以访问的变量就是全局变量,对应全局作用域。

(2) 局部变量: 只在固定的代码片段内可访问的变量,最常见于函数内部,对应局部作用域(函数作用域)。

全局变量和局部变量可以重名,也就是说,在函数外声明了一个变量,在函数内部也可以声明一个同名变量。在函数内部,局部变量的优先级高于全局变量,如例 7-22 所示。

【例 7-22】 作用域

```
<!DOCTYPE html>
<html lang = "en">
<head>
    <meta charset = "UTF - 8">
    <title>作用域</title>
</head>
<body>
```

```
<script>
    var num1 = 100;                //全局变量
    var num2 = 200;
    function show(){
        var num1 = 10;            //局部变量
         var num2 = 20;
        console.log("局部变量 num1: " + num1);
    }
    show();
    console.log("全局变量 num1: " + num1);
    console.log("全局变量 num2: " + num2);
</script>
</body>
</html>
```

在浏览器中的显示效果如图 7-18 所示。

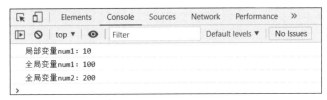

图 7-18　作用域效果图

7.5　对象

JavaScript 是一种面向对象的编程语言，在 JavaScript 中绝大多数具体的事物可以看作对象，因此，要想有效地使用 JavaScript，首先需要了解对象的工作原理及如何创建并使用对象。

7.5.1　创建对象

对象是 JavaScript 的核心概念，也是最重要的数据类型。JavaScript 的所有数据都可以被视为对象。

现实生活中万物皆对象，对象是一个具体的事物，一个具体的事物就会有行为和特征。如一辆车或一部手机。

JavaScript 的对象是无序属性的集合，其中属性可以包含基本值、对象或函数。对象就是一组没有顺序的值。JavaScript 中的对象是由键-值对构成的，其中键也称为属性（property），对象的所有属性都是字符串，所以加不加引号都可以；值可以是数据（任何数据类型）和函数。

对象的行为和特征分别对应方法和属性。

JavaScript 对象的创建方式有以下 3 种。

（1）对象字面量：直接使用大括号创建对象。

示例代码如下：

```
var person = {
    name: "tom",
    age: 18,
    sex: true,
    sayHi: function () {
        console.log(this.name);
    }
};
```

在上面的示例中创建了一个名为 person 的对象，在该对象中包含 3 个属性（name、age、sex）和一种方法，即 sayHi()方法。sayHi() 方法中的 this.name 表示访问当前对象中的 name 属性，会被 JavaScript 解析为 person.name。

（2）使用 new 关键字生成一个 Object 对象的实例。

示例代码如下：

```
var person = new Object();
    person.name = "lisi";
    person.age = 35;
    person.job = "actor";
    person.sayHi = function(){
      console.log("Hello,everyBody");
    }
```

（3）自定义构造函数。

示例代码如下：

```
function Person(name,age,job){
  this.name = name;
  this.age = age;
  this.job = job;
  this.sayHi = function(){
      console.log('Hello,everyBody');
  }
}
var p1 = new Person('张三', 22, 'actor');
```

一般来讲，第 1 种采用大括号的写法比较简洁，也是最常用的一种创建对象的写法。

7.5.2　对象的使用

1. 访问对象的属性

要访问或获取属性的值,可以使用对象名.属性名或者对象名["属性名"]的形式,示例代码如下:

```javascript
var person = {
    name: "tom",
    age: 18,
sex: true,
        sayHi: function () {
            console.log(this.name);
        }
    }

document.write("姓名: " + person.name + "<br>");        //输出为姓名: Tom
document.write("年龄: " + person["age"]);               //输出为年龄: 18
```

2. 设置修改对象的属性

使用对象名.属性名或者对象名["属性名"]的形式除了可以获取对象的属性值外,还可以用来设置或修改对象的属性值,示例代码如下:

```javascript
var person = {
    name: "Tom",
    age: 18,
sex: "Male"
};

person.phone = "15536812237";
person.age = 20;
person["name"] = "peter";

for (var key in person) {
    document.write(key + ": " + person[key] + "<br>")
}
```

输出结果如下:

```
name: Peter
age: 20
sex: Male
phone: 15536812237
```

3. 删除对象的属性

可以使用 delete 语句来删除对象中的属性,示例代码如下:

```
var person = {
        name: "Tom",
        age: 28,
        sex: "Male",
        phone: "15536812237"
};

delete person.sex;
delete person["phone"];

for (var key in person) {
    document.write(key + ": " + person[key] + "<br>")
}
```

输出结果如下:

```
name: Tom
age: 28
```

注意:delete 语句是从对象中删除指定属性的唯一方式,而将属性值设置为 undefined 或 null 仅会更改属性的值,并不会将其从对象中删除。

4. 调用对象的方法

可以像访问对象中属性那样来调用对象中的方法,示例代码如下:

```
var person = {
    name: "Tom",
    age: 18,
    sex: true,
    sayHi: function () {
        console.log(this.name);
    }
};
person.sayHi();              //输出: tom
person["sayHi"]();           //输出: tom
```

7.6 内置对象

由 ECMAScript 提供的、不依赖于宿主环境的对象,在 ECMAScript 运行之前就已经创建好了,此种对象叫作内置对象。

7.6.1　Array

1. 定义数组

（1）创建空数组，示例代码如下：

```
var arr = new Array();
```

（2）定义指定长度数组，示例代码如下：

```
var arr = new Array(size);
```

（3）定义带参数数组，示例代码如下：

```
var arr = new Array("apple", "orange", "mango" );
```

（4）使用字面量创建数组对象，示例代码如下：

```
var arr = [1, 2, 3];
```

可以通过数组的索引访问数组中的各个元素，示例代码如下：

```
var arr = [ "apple", "orange", "mango" ];

document.write(arr [0] + "< br>");        //输出: apple
document.write(arr [1] + "< br>");        //输出: orange
document.write(arr [2] + "< br>");        //输出: mango
```

2. 数组中常用的方法

数组的长度可以用 length 属性获取，Array 对象中常用方法及其描述信息如表 7-5 所示。

表 7-5　Array 方法及描述

运　算　符	描　　　述
join()	把数组的所有元素放入一个字符串
pop()	删除数组的最后一个元素并返回删除的元素
push()	向数组的末尾添加一个或更多元素，并返回数组的长度
shift()	删除并返回数组的第 1 个元素
unshift()	向数组的开头添加一个或多个元素，并返回新数组的长度
sort()	对数组的元素进行排序
reverse()	反转数组中元素的顺序

运 算 符	描 述
splice()	从数组中添加或删除元素
slice()	截取数组的一部分，并返回这个新的数组
toString()	把数组转换为字符串，并返回结果
concat()	拼接两个或更多的数组，并返回结果

【例 7-23】 数组的属性和方法应用

```
<! DOCTYPE html >
< html lang = "en">
< head >
    < meta charset = "UTF - 8">
    < title >数组的属性和方法应用</title>
</head >
< body >
    < script >
        var arr = ["Orange", "Banana", "Apple", "Papaya", "Mango"];
        for(var i = 0;i < arr.length;i++){                        //数组遍历
            document.write(arr[i] + "  ")
        }
        document.write("< br >")
        document.write(arr.join(" - ") + "< br >");
        //输出: Orange - Banana - Apple - Papaya - Mango
        document.write(arr.pop() + "< br >");                      //输出: Mango
        document.write(arr.push("Watermelon") + "< br >");        //输出: 5
        document.write(arr.unshift("Lemon","Pineapple") + "< br >");
        //输出: 7
        document.write(arr.slice(1, 5) + "< br >");
        //输出: Pineapple,Orange,Banana,Apple
        document.write(arr.sort() + "< br >");
        //输出: Apple,Banana,Lemon,Orange,Papaya,Pineapple,Watermelon
    </script >
</body >
</html >
```

7.6.2 Math

Math 对象是 JavaScript 的内置对象，可提供一系列常量值和数学方法。该对象没有构造函数，所以不能生成实例对象，但是 Math 对象的所有属性和方法都是静态的，直接用 Math 对象访问即可。

Math 对象中提供的常量值及其描述，如表 7-6 所示。

表 7-6　**Math 对象的常量值及描述**

运　算　符	描　　述
E	返回算术常量 e，即自然对数的底数（约等于 2.718）
LN2	返回 2 的自然对数（约等于 0.693）
LN10	返回 10 的自然对数（约等于 2.302）
LOG2E	返回以 2 为底的 e 的对数（约等于 1.443）
LOG10E	返回以 10 为底的 e 的对数（约等于 0.434）
PI	返回圆周率 π（约等于 3.14159）
SQRT1_2	返回 2 的平方根的倒数（约等于 0.707）
SQRT2	返回 2 的平方根（约等于 1.414）

Math 对象中提供的常用方法及其描述，如表 7-7 所示。

表 7-7　**Math 对象的常用方法及描述**

运　算　符	描　　述
abs(x)	返回 x 的绝对值
ceil(x)	对 x 进行向上取整，即返回大于 x 的最小整数
floor(x)	对 x 进行向下取整，即返回小于 x 的最大整数
max([x, [y, [...]]])	返回多个参数中的最大值
min([x, [y, [...]]])	返回多个参数中的最小值
random()	返回一个 0~1 的随机数
round(x)	返回 x 四舍五入后的整数

Math 对象提供的这些方法用于基本运算，这些基本运算能够满足 Web 应用程序的要求。如例 7-24 所示，编写函数，返回随机字符所组成的指定长度的字符串。

【例 7-24】　返回随机字符所组成的指定长度的字符串

```
<!DOCTYPE html>
<html lang = "en">
<head>
    <meta charset = "UTF - 8">
    <title>返回随机字符所组成的指定长度的字符串</title>
</head>
<body>
    <script>
        var characterDic = 'ABCDEFGHIJKLMNOPQRSTUVWXYZabcdefghijklmnopqrstuvwxyz0123456789
- _';
        function getString(length) {
            var str = "";
            for (var i = 0; i < length; ++i) {
                var randNum = Math.floor(Math.random() *
                characterDic.length);
```

```
                    str += characterDic.substring(randNum, randNum + 1);
                }
                return str;
            }
            var str = getString(5);
            console.log(str);
        </script>
    </body>
</html>
```

7.6.3　Date

Date 对象用来处理日期和时间。在 JavaScript 内部,所有日期和时间都存储为一个整数。这个整数是当前时间距离 1970 年 1 月 1 日 00:00:00 的毫秒数。

JavaScript 中提供了 4 种不同的方法来创建 Date 对象,这 4 种方法如下:

(1) var time = new Date();

(2) var time = new Date(milliseconds);

(3) var time = new Date(datestring);

(4) var time = new Date(year, month, date[, hour, minute, second, millisecond]);

参数说明如下。

(1) 不提供参数:若调用 Date() 函数时不提供参数,则创建一个包含当前时间和日期的 Date 对象。

(2) milliseconds(毫秒):若提供一个数值作为参数,则会将这个参数视为一个以毫秒为单位的时间值,并返回自 1970-01-01 00:00:00 起,经过指定毫秒数的时间,例如 new Date(5000) 会返回一个 1970-01-01 00:00:00 经过 5000 毫秒之后的时间。

(3) datestring(日期字符串):若提供一个字符串形式的日期作为参数,则会将其转换为具体的时间,日期的字符串形式有两种,如下所示。

- YYYY/MM/dd HH:mm:ss(推荐):若省略时间部分,则返回的 Date 对象的时间为 00:00:00;
- YYYY-MM-dd HH:mm:ss:若省略时间部分,则返回的 Date 对象的时间为 08:00:00(加上本地时区),若不省略,在 IE 浏览器中则会转换失败。

(4) 将具体的年、月、日、时、分、秒转换为 Date 对象,其中

- year:表示年,为了避免错误的产生,推荐使用四位的数字来表示年份;
- month:表示月,1 代表 1 月,2 代表 2 月,依此类推;
- date:表示月份中的某一天,1 代表 1 号,2 代表 2 号,依此类推;
- hour:表示时,以 24 小时制表示,取值范围为 0~23;
- minute:表示分,取值范围为 0~59;
- second:表示秒,取值范围为 0~59;

- millisecond：表示毫秒，取值范围为 0~999。

示例代码如下：

```
var time1 = new Date();
var time2 = new Date(1517356800000);
var time3 = new Date("2021/12/25 12:13:14");
var time4 = new Date(2021, 9, 12, 15, 16, 17);
document.write(time1 + "<br>");
//输出：Sat Nov 20 2021 22:40:17 GMT+0800（中国标准时间）
document.write(time2 + "<br>");
//输出：Wed Jan 31 2018 08:00:00 GMT+0800（中国标准时间）
document.write(time3 + "<br>");
//输出：Sat Dec 25 2021 12:13:14 GMT+0800（中国标准时间）
document.write(time4 + "<br>");
//输出：Tue Oct 12 2021 15:16:17 GMT+0800（中国标准时间）
```

Date 对象方法及描述如表 7-8 所示。

表 7-8 日期方法及描述

运　算　符	描　　　　述
getFullYear()	从 Date 对象返回四位数字的年份
getMonth()	从 Date 对象返回月份（1~12）
getDate()	从 Date 对象返回一个月中的某一天（1~31）
getHours()	返回 Date 对象的小时（0~23）
getMinutes()	返回 Date 对象的分钟（0~59）
getSeconds()	返回 Date 对象的秒数（0~59）
getTime()	返回 1970 年 1 月 1 日至今的毫秒数

【例 7-25】 计算两个时间之间的间隔（天、时、分、秒）

```
<!DOCTYPE html>
<html lang="en">
<head>
<meta charset="UTF-8">
<title>计算两个时间之间的间隔</title>
</head>
<body>
    <script>
        function fun() {
            var startTime = new Date('2021-10-20');       //开始时间
            var endTime = new Date();                      //结束时间
            var usedTime = endTime - startTime;            //相差的毫秒数计算出天数
            var days = Math.floor(usedTime / (24 * 3600 * 1000));
            //计算天数后剩余的时间
            var leavel = usedTime % (24 * 3600 * 1000);
```

```
            //计算剩余的小时数
            var hours = Math.floor(leavel / (3600 * 1000));
            //计算剩余小时后剩余的毫秒数
            var leavel2 = leavel % (3600 * 1000);
             //计算剩余的分钟数
            var minutes = Math.floor(leavel2 / (60 * 1000));
            return days + '天' + hours + '时' + minutes + '分';
        }
        var result = fun () ;
        console.log(result)
    </script>
    </body>
    </html>
```

7.6.4   String

String 对象用于处理字符串,其中提供了大量操作字符串的方法,以及一些属性。
可以通过以下方式创建 String 对象,代码如下:

```
    var str1 = "Hello World";
    var str2 = new String("Hello World");
```

String 对象常用的属性 length 用于返回字符串的长度。String 对象还提供了可以改变
字符串显示风格的方法,如表 7-9 所示。

表 7-9   String 对象提供的方法及描述

运　算　符	描　　　　述
charAt()	返回在指定位置的字符
concat()	拼接字符串
indexOf()	检索字符串,获取给定字符串在字符串对象中首次出现的位置
lastIndexOf()	获取给定字符串在字符串对象中最后出现的位置
match()	根据正则表达式匹配字符串中的字符
replace()	替换与正则表达式匹配的子字符串
search()	获取与正则表达式相匹配字符串首次出现的位置
substr()	从指定索引位置截取指定长度的字符串
substring()	截取字符串中两个指定的索引之间的字符
toLowerCase()	把字符串转换为小写
toUpperCase()	把字符串转换为大写
toString()	返回字符串
valueOf()	返回某个字符串对象的原始值

【例 7-26】 统计字符串中出现最多的字符次数

```
<!DOCTYPE html>
<html lang = "en">
<head>
    <meta charset = "UTF - 8">
    <title>统计字符串中出现最多的字符次数</title>
</head>
<body>
    <script>
        var s = 'wbcorfowayozttoii';
        var o = {};
        for (var i = 0; i < s.length; i++) {
        var item = s.charAt(i);
        if (o[item]) {
            o[item] ++;
        }else{
            o[item] = 1;
        }
        }

        var max = 0;
        var char ;
        for(var key in o) {
        if (max < o[key]) {
            max = o[key];
            char = key;
        }
        }
        console.log("字符串中出现 " + max + " 次 " + char + " 字符");
    </script>
</body>
</html>
```

输出结果为字符串中出现 4 次 o 字符。

第8章

JavaScript 深入解析

一个完整的 JavaScript 是由以下 3 个不同部分组成的：核心（ECMAScript）、文档对象模型（Document Object Model，DOM，整合 JavaScript、CSS、HTML）、浏览器对象模型（Broswer Object Model，BOM，整合 JavaScript 和浏览器）。ECMAScript 基本语法在第 7章已经讲解完成，本章主要理解 DOM 和 BOM。掌握运用 document 对象访问对象、创建及修改节点；掌握 window 对象的常用属性及方法，了解 navigator、screen、history 等对象。

本章思维导图如图 8-1 所示。

图 8-1　思维导图

8.1　DOM

8.1.1　DOM 简介

文档对象模型是 W3C 组织推荐的处理可扩展标记语言的标准编程接口。它是一种与平台和语言无关的应用程序接口（API），它可以动态地访问程序和脚本，更新其内容、结构和 WWW 文档的风格（目前 HTML 和 XML 文档是通过说明部分定义的）。文档可以进一步被处理，处理的结果可以加入当前的页面。

DOM 把一个文档表示为一棵家谱树，如图 8-2 所示。

当网页加载时，浏览器就会自动创建当前页面的文档对象模型。DOM 将 HTML 文档表达为树结构，也称为节点树，如图 8-3 所示。文档的所有部分（例如元素、属性、文本等）都会被组织成一个逻辑树结构（类似于家谱树），树中每个分支的终点称为一个节点，每个节点都是一个对象，其中< html >标签是树的根节点，< head >、< body >是树的两个子节点。

图 8-2　家谱树

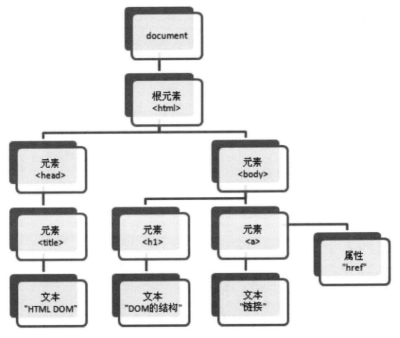

图 8-3　DOM 节点数

节点树的概念从图 8-2 中一目了然，最上面的就是"树根"了。节点之间有父子关系，祖先与子孙关系，兄弟关系。这些关系从图中也可很好地看出来，直接连线的就是父子关系，而有一个父亲的就是兄弟关系。

8.1.2 节点

根据 HTML DOM 规范，HTML 文档中的每个成分都是一个节点，具体内容如下：

（1）整个文档就是一个文档节点。

（2）每个 HMTL 标签都是一个元素节点。

（3）标签中的文字则是文本节点。

（4）标签的属性是属性节点。

（5）注释属于注释节点。

常用的节点特性及描述如表 8-1 所示。

表 8-1 节点特性及描述

节点类型	nodeType	nodeName	nodeValue	描述
Element	1	标签名	null	元素节点
Attr	2	属性名	属性值	属性节点
Text	3	#text	文本内容	文本节点
Comment	8	#comment	注释内容	注释节点
Document	9	#document	null	文档节点

对于大多数 HTML 文档来讲，元素节点、文本节点及属性节点是必不可少的，如例 8-1 所示。

【例 8-1】 节点特性

```html
<!DOCTYPE html>
<html lang = "en">
<head>
    <meta charset = "UTF - 8">
    <title>节点特性</title>
</head>
<body>
    <p>你喜欢哪个城市?</p>
    <ul id = "city">
        <li id = "bj" name = "Beijing">北京</li>
        <li>上海</li>
        <li>广州</li>
    </ul>
    name: <input type = "text" name = "username" id = "name" value = "admin"/>

    <script type = "text/JavaScript">
        //1. 元素节点
        var bjNode = document.getElementById("bj");       /* 根据 id 获取元素 */
        console.log(bjNode.nodeType);                       //输出: 1
```

```
          console.log(bjNode.nodeName);                    //输出:li
          console.log(bjNode.nodeValue);                   //输出:null
        //2. 属性节点
        var nameAttr = document.getElementById("name")
                              .getAttributeNode("name");
          console.log(nameAttr.nodeType);                  //输出:2
          console.log(nameAttr.nodeName);                  //输出:name
          console.log(nameAttr.nodeValue);                 //输出:username
        //3. 文本节点
        var textNode = bjNode.firstChild;
          console.log(textNode.nodeType);                  //输出:3
          console.log(textNode.nodeName);                  //输出:#text
          console.log(textNode.nodeValue);                 //输出:北京
    </script>
</body>
</html>
```

nodeType、nodeName 是只读的,而 nodeValue 是可以被改变的。

描述节点关系之间的属性。

1) 父子关系

父找子,各属性如下:

```
childNodes                      //所有节点的集合
children                        //所有子节点的集合
firstChild                      //第 1 个子节点
firstElementChild               //第 1 个子元素
lastChild                       //最后一个子节点
lastElementChild                //最后一个子元素
```

子找父,属性如下:

```
parentNode   //获取父节点
```

2) 兄弟关系

各属性如下:

```
nextSibling                     //下一个节点兄弟
nextElementSibling              //下一个元素兄弟
previousSibling                 //上一个节点兄弟
previousElementSibling          //上一个元素兄弟
```

【例 8-2】 节点关系应用

```html
<!DOCTYPE html>
<html lang = "en">
<head>
<meta charset = "UTF-8">
<title>节点关系应用</title>
</head>
<body>
<input type = "text">
<div id = "divDemo">div 内容</div>
<span>节点</span>
<script type = "text/JavaScript">
        /* 根据 id 获取元素 */
        var divObj = document.getElementById("divDemo");
        //获取父节点
        var parentNode = divObj.parentNode;
        console.log(parentNode);                //输出：body
        //获取所有子节点
        //子节点返回的是一个集合，即数组
        var childNodes = divObj.childNodes;
        console.log(childNodes.length);         //输出：1
        console.log(childNodes[0]);             //输出：div 内容
        //---------- 获取上一个兄弟节点
       /* 当标签之间存在空行时，会出现一个空白的文本节点，在获取节点时，一定要注意.*/
        var preBrotherNode = divObj.previousSibling.previousSibling;
        console.log(preBrotherNode);            //输出：input
        //---------- 获取下一个兄弟节点
        var nextBrotherNode = divObj.nextSibling;
        console.log(nextBrotherNode);           //输出：#text
</script>
</body>
</html>
```

8.1.3 节点获取

我们想要操作页面上的某部分（如显示/隐藏，动画），需要先获取该部分对应的元素，然后才可以进行后续操作。

在 JavaScript 中获取 HTML 元素常用的方式有 3 种。

1. 通过 ID 获取（getElementById）

getElementById()可以访问 Documnent 中的某一特定元素，顾名思义，就是通过 ID 来取得元素，所以只能访问设置了 ID 的元素。如果不存在该元素，则返回 null，语法格式如下：

```
document.getElementById("id名称");
```

2. 通过 name 属性（getElementsByName）

获取有相同 name 属性的所有元素，这种方法将返回一个节点集合，这个集合可以当作一个数组来处理。这个集合的 length 属性等于当前文档里有着给定 name 属性的所有元素的总个数，代码如下：

```
< div name = "docname" id = "docid1"></div >
< div name = "docname" id = "docid2"></div >
```

用 document. getElementsByName（" docname"）获得这两个 DIV，用 document. getElementsByName("docname")[0]访问第 1 个 DIV，用 document. getElementsByName("docname")[1]访问第 2 个 DIV。

3. 通过标签名（getElementsByTagName）

获取有相同标签名的所有元素，这种方法将返回一个节点集合，这个集合可以当作一个数组来处理。这个集合的 length 属性等于当前文档里有着给定标签名的所有元素的总个数，语法格式如下：

```
document.getElementsByTagName("标签名称");
```

分别通过 id 名称、标签名称和 name 名称来查找页面元素对，如例 8-3 所示。

【例 8-3】 节点获取应用

```
<!DOCTYPE html >
< html lang = "en">
< head >
    < meta charset = "UTF - 8">
    < title>节点获取应用</title>
</head >
< body >
    < h2 >获取元素节点</h2 >
    < input type = "text" id = "username" name = "n1" value = "admin" /><br/>
    < input type = "text" id = "useremail"
    name = "n1" value = "635498720@qq.com"/>< br/>

    < script type = "text/JavaScript">
        //1.通过 id 属性获取元素
        var username = document.getElementById('username');
        console.log(username);
        //2.通过 name 属性获取元素
        var inps = document.getElementsByName('n1');
        console.log(inps[0]);
        for(var i = 0;i < inps.length;i++){//遍历
            console.log(inps[i].value);
        }
```

```
        //3.通过标签名称获取元素
        var input = document.getElementsByTagName('input');
        console.log(input);
        console.log(input[0]);
    </script>
</body>
</html>
```

在浏览器中的显示效果如图 8-4 所示。

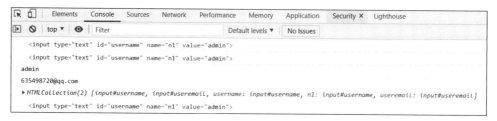

图 8-4　节点获取应用效果

利用节点获取方法实现全选、反选、全不选功能,如例 8-4 所示。

【例 8-4】　全反选功能

```
<! DOCTYPE html >
< html lang = "en">
< head >
    < meta charset = "UTF - 8">
    < title>全反选功能</title>
</head>
< body >
    < input name = 'check' type = "checkbox">篮球
    < input name = 'check' type = "checkbox">足球
    < input name = 'check' type = "checkbox">羽毛球
    < input name = 'check' type = "checkbox">排球
    < input id = "checkAll" type = "button" value = "全选">
    < input id = "unCheckAll" type = "button" value = "全不">
    < input id = "reverseCheck" type = "button" value = "反选">
    < script >
        / * 思路分析:
            (1) 单击全选:选中所有选择框(将 checked 属性设置为 true)
            (2) 单击全不选:不选中所有选择框(将 checked 属性设置为 false)
            (3) 单击反选:让每个选择框的 checked 属性与自身相反
        * /
        //1. 获取页面元素
        var checkAll = document.getElementById('checkAll');
        var unCheckAll = document.getElementById('unCheckAll');
        var reverseCheck = document.getElementById('reverseCheck');
```

```
        var checkList = document.getElementsByName('check');        //选择框列表
        //2. 注册事件
        //2.1 全选
        checkAll.onclick = function(){
            //3. 事件处理: 选中所有选择框(将 checked 属性设置为 true)
            for(var i = 0;i<checkList.length;i++){
                checkList[i].checked = true;
            }
        }
        //2.2 全不选
        unCheckAll.onclick = function(){
            //3. 事件处理:不选中所有选择框(将 checked 属性设置为 false)
            for(var i = 0;i<checkList.length;i++){
                checkList[i].checked = false;
            }
        }
        //2.3 反选
        reverseCheck.onclick = function(){
            //3. 事件处理:让每个选择框的 checked 属性与自身相反
            for(var i = 0;i<checkList.length;i++){
                checkList[i].checked = !checkList[i].checked;        //逻辑非取反
            }
        }
    </script>
</body>
</html>
```

在浏览器中的显示效果如图 8-5 所示。

图 8-5　全反选功能效果

8.1.4　节点操作

1. 节点操作方法

Node 类型为所有节点定义了很多方法,以便对节点进行操作,常用方法如表 8-2 所示。

表 8-2　操作节点的方法

方 法 名	描 述
createElement()	创建一个元素节点
createTextNode()	创建一个文本节点

续表

方　法　名	描　　　述
createAttribute()	为指定标签添加一个属性节点
appendChild()	向节点列尾添加子节点
removeChild()	删除一个指定子节点
insertBefore()	在指定的子节点前添加新的子节点
replaceChild()	用新节点替换一个子节点
hasChildNodes()	判断当前节点是否拥有子节点

运用 document 对象在网页中创建节点并设置内容，可以使用 createElement()、createTextNode()及 appendChild()等方法实现，如例 8-5 所示。

【例 8-5】 创建文本节点并设置内容

```html
<!DOCTYPE html>
<html lang="en">
<head>
    <meta charset="UTF-8">
    <title>创建文本节点并设置内容</title>
</head>
<body>
    <!-- 在 select 中添加<option value="gz">高中</option> -->
    <select name="edu" id="edu">
        <option value="bs">博士</option>
        <option value="bk">本科</option>
        <option value="dz">大专</option>
    </select>
    <!-- onclick 单击事件 -->
    <input type="button" value="add" onclick="addFn()"></input>
</body>
<script>
    function addFn(){
        var edu = document.getElementById("edu");          //1.获取 select 节点
        var op = document.createElement("option");         //2.创建 option 元素节点
        var textNode = document.createTextNode("高中");     //3.创建文本节点
        op.setAttribute("value","gz");                     //给 option 元素节点设置属性
        op.appendChild(textNode);                          //4.将文本节点添加到 option 元素节点中
        edu.appendChild(op);                               //5.将 option 元素节点添加到 select 标签中
    }
</script>
</html>
```

当单击 add 按钮后，在浏览器中的显示效果如图 8-6 所示。

2．innerText 和 innerHTML 属性

innerHTML、innerText 这两个属性都可以设置或获取文本内容，但使用起来有以下

区别：

（1）innerHTML 用于设置或获取标签所包含的 HTML＋文本信息（从标签起始位置到终止位置的全部内容，包括 HTML 标签）。

（2）innerText 设置或获取标签所包含的文本信息（从标签起始位置到终止位置的内容，去除 HTML 标签）。

例如，如果将 innerHTML 属性设置为 "< b > Hello </b>"，则显示在页上的文本是"Hello"；

如果将 innerText 属性设置为 "< b > Hello </b>"，则显示在页上的文本是< b > Hello </b>。

示例代码如下：

图 8-6　创建文本节点效果

```
< span id = "span1"></span>
< span id = "span2"></span>

  < script >
      var span1 = document.getElementById("span1");
      span1.innerHTML = "< b > hello </b>";
      var span2 = document.getElementById("span2");
      span2.innerText = "< b > hello </b>";
  </script>
```

3. 设置并获取元素属性

在 DOM 中，如果需要动态地获取及设置节点属性，则可以使用 getAttribute（）和 setAttribute（）方法。

（1）getAttribute（）方法用于返回指定属性名的属性值。

（2）setAttribute（）方法用于添加指定的属性，并为其赋指定的值。

综合运用节点的操作方法制作横向布局的导航栏，如例 8-6 所示。

【例 8-6】 横向布局的导航栏

```
<!DOCTYPE html >
< html lang = "en">
< head >
< meta charset = "UTF - 8">
< title >横向布局的导航栏</title>
< style >
        li:hover{background - color: orange}
        li{background - color: skyblue}
</style>
</head>
```

```
<body>
<!-- <ul>
<li><a href="#">首页</a></li>
<li><a href="#">军事</a></li>
<li><a href="#">新闻</a></li>
<li><a href="#">娱乐</a></li>
</ul> -->
<script>
        var arr = ['首页','军事','娱乐','新闻','游戏'];
        var ul = document.createElement('ul');
        var ul_style = document.createAttribute('style');
        ul_style.value = 'list-style: none;padding: 0; margin:0;';
        ul.setAttributeNode(ul_style); //给 ul 节点设置属性节点
        for(var i = 0;i < arr.length;i++){
            var li = document.createElement('li');
             var li_style = document.createAttribute('style');
             li_style.value = 'display: inline-block; width: 100px;
                 height: 30px;line-height: 30px;text-align:center;
                 margin-left:5px';
              li.setAttributeNode(li_style);

            var a = document.createElement('a');
            var a_style = document.createAttribute('style');
             a.setAttributeNode(a_style);
             a.innerHTML = arr[i];
             li.appendChild(a);
             ul.appendChild(li);
        }
        document.body.appendChild(ul);
</script>
</body>
</html>
```

在浏览器中的显示效果如图 8-7 所示。

图 8-7　横向导航栏

8.1.5　DOM CSS

在整体页面布局过程中推荐使用 HTML＋CSS 的方式来编写页面的结构和样式。在细节及交互模块的编写过程中推荐使用 JavaScript 的方式来辅助编写样式。

节点本身还提供了 style 属性，用来操作 CSS 样式。style 属性指向一个对象，用来读写页面元素的行内 CSS 样式。

语法结构如下：

```
元素对象.style.属性 = 值;
```

示例代码如下：

```
var divStyle = document.getElementById('div');
     divStyle.style.backgroundColor = 'red';
     divStyle.style.border = '1px solid black';
     divStyle.style.width = '100px';
     divStyle.style.height = '100px';
```

style 对象中的样式名与 CSS 元素 style 属性中的样式名是一一对应的，但是需要改写规则：

（1）将横杠从 CSS 属性名中去除，然后将横杠后的第 1 个字母大写。

（2）style 对象的属性值都是字符串，而且包括单位。

DOM 操纵 CSS 是通过标签对象的 style 属性获取的，如例 8-7 所示。

【例 8-7】 制作四位验证码

```html
<!DOCTYPE html>
<html lang = "en">
<head>
    <meta charset = "UTF-8">
    <title>制作四位验证码</title>
</head>
<body onload = "ready()"><!-- onload = "ready()"页面加载事件 -->
    <span id = "code"></span><a href = "#" onclick = "createCode()">看不清
    换一个</a>
    <script type = "text/JavaScript">
    //产生一个四位验证码.
    function createCode(){
        var datas = ['A','B','C','D','贝','西','奇','谈','1','9'];
        var code = "";
        for(var i = 0 ; i < 4; i++){
            //随机生成 4 个索引值
            var index = Math.floor(Math.random() * datas.length);
            code += datas[index];
        }

        var spanNode = document.getElementById("code");
        spanNode.innerHTML = code;
        spanNode.style.fontSize = "24px";
        spanNode.style.color = "red";
        spanNode.style.backgroundColor = "gray";
```

```
            spanNode.style.textDecoration = "line - through";
        }

        function ready(){
            createCode();
        }
    </script>
</body>
</html>
```

在浏览器中的显示效果如图 8-8 所示。

图 8-8　验 证 码

8.2　事件处理

事件是可以被 JavaScript 检测到的行为,实际上是一种交互操作。例如,可以给某按钮添加一个单击事件,当用户单击按钮时来触发某个函数。

在 JavaScript 中,有两种常用的绑定事件的方法:

(1) 在 DOM 元素中直接绑定。

这里的 DOM 元素,可以理解为 HTML 标签,直接在 HTML 标签上绑定事件。

示例代码如下:

```
< button onclick = "sayHello()"> click me!</button >

function sayHello(){
    alert('hello world!!!')
}
```

(2) 使用 JavaScript 获取 dom 对象进行事件绑定。

在 JavaScript 代码中绑定事件可以使 JavaScript 代码与 HTML 标签分离,文档结构清晰,便于管理和开发,代码如下:

```
< button id = "btn"> click me!</button >
```

```
document.getElementById("btn").onclick = function () {
    alert('hello world!!!')
};
```

注意：事件通常与函数配合使用，当事件发生时函数才会执行。

JavaScript 中常用的事件，如表 8-3 所示。

表 8-3　常用事件

事 件 类 型	事　　件	描　　　　述
鼠标事件	onclick	单击鼠标时触发此事件
	ondblclick	双击鼠标时触发此事件
	onmousedown	按下鼠标时触发此事件
	onmouseup	鼠标按下后又松开时触发此事件
	onmouseover	当鼠标移动到某个元素上方时触发此事件
	onmousemove	移动鼠标时触发此事件
	onmouseout	当鼠标离开某个元素范围时触发此事件
键盘事件	onkeypress	当按下并松开键盘上的某个键时触发此事件
	onkeydown	当按下键盘上的某个按键时触发此事件
	onkeyup	当放开键盘上的某个按键时触发此事件
窗口事件	onload	页面内容加载完成时触发此事件
	onunload	改变当前页面时触发此事件
表单事件	onblur	当前元素失去焦点时触发此事件
	onfocus	当某个元素获得焦点时触发此事件
	onchange	当前元素失去焦点并且元素的内容发生改变时触发此事件
	onreset	当单击表单中的重置按钮时触发此事件
	onsubmit	当提交表单时触发此事件

8.2.1　鼠标事件

1. 单击事件

单击事件是指鼠标对页面中的控件进行单击或双击操作时触发的事件，也是实际应用最多的事件。

以 onclick 属性为例，可以为指定的 HTML 元素定义单击事件，如例 8-8 所示。

【例 8-8】　单击改变字体大小

```
<!DOCTYPE html >
< html lang = "en">
< head >
    < meta charset = "UTF - 8">
    < title >单击改变字体大小</title>
```

```
</head>
<body>
    <div id="div1">前端</div>
    <input type="button" value="变大" onclick="changBig()"/>
    <script>
    var x = 10;
    function changBig(){
        var div1 = document.getElementById("div1");
        x += 30; //每次单击字体时其大小增加30px
        div1.style.fontSize = x + "px";
    }
    </script>
</body>
</html>
```

运行结果：连续单击变大按钮字体无限变大。

2. 鼠标移动事件

当将鼠标指针移动到某个元素上时，将触发 mouseover 事件，而当把鼠标指针移出某个元素时，将触发 mouseout 事件，如例 8-9 所示。

【例 8-9】 移动鼠标替换照片

```
<!DOCTYPE html>
<html lang="en">
<head>
    <meta charset="UTF-8">
    <title>移动鼠标替换照片</title>
</head>
<body>
    <img src="imgs/1.jpg" id="img1" width="200px" height="200px"
     onMouseOver="over()" onMouseout="out()"></img>
  <script>
    function over(){
        document.getElementById("img1").src = "imgs/1.jpg";
    }
    function out(){
        document.getElementById("img1").src = "imgs/2.jpg";
    }
  </script>
</body>
</html>
```

在浏览器中的显示效果如图 8-9 所示。

3. 鼠标定位

当事件发生时，获取鼠标的位置是件很重要的事件，如表 8-4 所示。这些属性都是以像素值定义了鼠标指针的坐标，但是它们参照的坐标系不同。

(a) 鼠标移入区域   (b) 鼠标移出区域

图 8-9 移动鼠标替换照片

表 8-4 鼠标指针坐标

属 性	描 述
clientX	以浏览器窗口左上顶角为原点,定位 x 轴坐标
clientY	以浏览器窗口左上顶角为原点,定位 y 轴坐标
offsetX	以当前事件的目标对象左上顶角为原点,定位 x 轴坐标
offsetY	以当前事件的目标对象左上顶角为原点,定位 y 轴坐标
screenX	以计算机屏幕左上顶角为原点,定位 x 轴坐标
screenY	以计算机屏幕左上顶角为原点,定位 y 轴坐标

在 JavaScript 中,mousemove 事件是一个实时响应的事件,当鼠标指针的位置发生变化时(至少移动一像素),就会触发 mousemove 事件。该事件响应的灵敏度主要参考鼠标指针移动速度的快慢及浏览器跟踪更新的速度,如例 8-10 所示。

【例 8-10】 DIV 块跟着鼠标移动而移动

```
<!DOCTYPE html>
<html lang = "en">
<head>
    <meta charset = "UTF-8">
    <title>DIV 块跟着鼠标移动而移动</title>
    <style>
        div{
            width: 100px;
            height: 100px;
            background-color: orange;
            position: absolute;
        }
    </style>
</head>
<body>
    <div id = "div"></div>
```

```
<script>
    var div = document.getElementById('div');
    var flag = false;
    document.onmousemove = function(){          //移动鼠标
        if(flag == true){
            div.style.left = event.clientX - 50 + 'px';
            div.style.top = event.clientY - 50 + 'px';
        }
    }
    document.onmousedown = function(){          //鼠标按下去
        flag = true;
    }
    document.onmouseup = function(){            //鼠标放开
        flag = false;
    }
</script>
</body>
</html>
```

8.2.2　键盘事件

在 JavaScript 中，当用户操作键盘时，会触发键盘事件，键盘事件主要包括 3 种类型：keydown、keypress 及 keyup。通过 window 对象中的 event.keyCode 可以获得按键对应的键码值，如例 8-11 所示。

【例 8-11】　键盘事件的应用

```
<!DOCTYPE html>
<html lang = "en">
<head>
    <meta charset = "UTF-8">
    <title>键盘事件的应用</title>
    <script>
        function submitform(e){
            if(e.keyCode == 13){
                //document.forms 等价于通过标签获取元素
                document.forms(0).submit();
            }
        }
    </script>
<body>
    <!-- 没有按钮的表单,用 Enter 键提交 -->
    <form action = "http://www.baidu.com">
        <input type = "text" name = "username"
onkeypress = "submitform(event);"/>
    </form>
```

```
</body>
</html>
```

运行结果：当光标在文本框时，按下 Enter 键直接跳转到百度页面。

8.2.3　窗口事件

窗口事件是指页面加载和页面卸载时触发的事件。页面加载时触发 onload 事件，页面卸载时触发 onunload 事件。

onload 和 onunload 是 window 对象的一个事件，由 window 对象直接调用即可，也可以省略 window 对象。

示例代码如下：

```
<script>
    onload = function(){alert('欢迎访问页面');}
</script>
```

8.2.4　表单事件

1. 聚焦与失去焦点事件

前端网站中当存在一些让用户填写内容的表单元素时，可以使用获得焦点事件和失去焦点事件，来给用户一些提示的内容。当单击表单控件时，获取焦点；当单击其他区域时，失去焦点，如例 8-12 所示。

【例 8-12】　焦点事件的应用

```
<!DOCTYPE html>
<html lang = "en">
<head>
    <meta charset = "UTF-8">
    <title>焦点事件的应用</title>
</head>
<body>
    <input type = "text" value = "请输入..." id = "inp" onblur = "blur1()"
onfocus = "focus1()" />
    <button id = "btn">查找</button>
    <script>
        var inp = document.getElementById("inp")
        function focus1() {
            if(inp.value == "请输入..."){             //聚焦
                inp.value = "";                        //清空表单默认值
                inp.style.background = "skyblue";      //改变背景颜色
            }
        }
```

```
        function blur1() {//失去焦点
            if(inp.value == ""){
                inp.value = "请输入...";                  //恢复默认值
                inp.style.background = "#fff";            //恢复背景颜色
            }
        }
    </script>
</body>
</html>
```

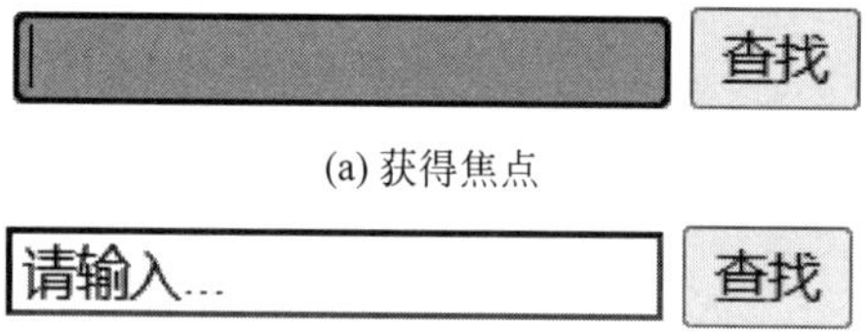

(a) 获得焦点

(b) 失去焦点

图 8-10 焦点事件应用效果图

例 8-13 所示。

【例 8-13】 二级联动

在浏览器中的显示效果如图 8-10 所示。

2. 选择与改变事件

onchange 事件会在域的内容改变时触发。支持标签< input type="text"> < textarea > < select >等。当一个文本输入框或多行文本输入框失去焦点并更改值时或当 select 下拉选项中的一个选项状态改变后会触发 onchange 事件，如

```
<!DOCTYPE html>
< html lang = "en">
< head >
    < meta charset = "UTF - 8">
    < title >二级联动</title>
</head>
< body >
    < select
id = "province" name = "province" onchange = "change(this.value)">
        < option value = "">-- 请选择 --</option>
        < option value = "北京市">北京市</option>
        < option value = "上海市">上海市</option>
        < option value = "河南省">河南省</option>
    </select>
    < select id = "city" name = "city">
    </select>
    < script type = "text/JavaScript">
        var arr = new Array();
        //二维数组
        arr[0] = new Array("北京市","海淀区","朝阳区","西城区");
        arr[1] = new Array("上海市","浦东区","徐汇区","虹口区");
        arr[2] = new Array("河南省","郑州","开封","洛阳");
        function change(val){
            var city = document.getElementById("city");
```

```
            city.length = 0;              //清除市的长度,否则叠加
            for(var i = 0;i < arr.length;i++){
              if(arr[i][0] == val){
                for(var j = 1;j < arr[i].length;j++){
                  //创建 option 元素节点
                  var option = document.createElement("option");
                  //创建文本节点,文本内容为 arr[i][j]
                  var txt = document.createTextNode(arr[i][j]);
                  option.appendChild(txt);
                  city.appendChild(option);
                }
              }
            }
          }
      </script>
  </body>
</html>
```

在浏览器中的显示效果如图 8-11 所示。

3. 提交与重置事件

表单是 Web 应用(网站)的重要组成部分,通过表单可以收集
用户提交的信息,例如姓名、邮箱、电话等。由于用户在填写这些
信息时,有可能出现一些错误,例如用户名为空、邮箱的格式不正
确等。为了节省带宽同时避免这些问题对服务器造成不必要的压
力,可以使用 JavaScript 在提交数据之前对数据进行检查,确认无
误后再发送到服务器。

图 8-11 二级联动效果

使用 JavaScript 来验证提交数据(客户端验证)比将数据提交到服务器再进行验证(服
务器端验证)用户体验更好,因为客户端验证发生在用户浏览器中,无须向服务器端发送请
求,所以速度更快,如例 8-14 所示。

【例 8-14】 表单注册验证

```
<!DOCTYPE html>
<html lang = "en">
<head>
    <meta charset = "UTF - 8">
    <title>表单验证</title>
</head>
<body>
    <form action = "http://www.baidu.com" onsubmit = "return checkForm()">
        <div class = "text">
            <input id = "value" onblur = "checkName()" type - "text"
            Name = "Userame" placeholder = "用户名" />
            <span id = "hint"></span>
```

```
            </div>
            <div class = "text">
                <input id = "pass_value" onblur = "checkPass()" type = "password"
                    name = "password" placeholder = "密码" />
                <span id = "pass_hint"></span>
            </div>
            <div class = "text">
                <input id = "passpass_value" onblur = "checkPassPass()"
                    onkeyup = "checkPassPass()" type = "password"
                    name = "password" placeholder = "确认密码" />
                <span id = "passpass_hint"></span>
            </div>
            <div class = "submit">
                <input type = "submit" value = "提交" />
            </div>
    </form>
    <script>
        //校验用户名
        function checkName() {
            var value = document.getElementById("value").value;
            var hint = document.getElementById("hint");
            if (value == "") {
                hint.innerHTML = "用户名不能为空";
                return false;
            }
            if(value.length < 6) {
                hint.innerHTML = "用户名长度必须大于 6 位";
                return false;
            } else {
                hint.innerHTML = "用户名合格";
                return true;
            }
        }
        //校验密码
        function checkPass() {
            var value = document.getElementById("pass_value").value;
            var hint = document.getElementById("pass_hint");
            if (value == "") {
                hint.innerHTML = "密码不能为空";
                return false;
            }
            if(value.length < 6) {
                hint.innerHTML = "用户名长度必须大于 6 位";
                return false;
            } else {
                hint.innerHTML = "密码格式合格";
                return true;
            }
```

```
        }
        //确认密码的校验
        function checkPassPass() {
            var papavalue =
                document.getElementById("passpass_value").value;
            var value = document.getElementById("pass_value").value;
            var papahint = document.getElementById("passpass_hint");
            if(papavalue != value) {
                papahint.innerHTML = "两次密码不一致";
                return false;
            } else {
                papahint.innerHTML = "";
                return true;
            }
        }
        function checkForm() {
            return checkName() && checkPass() && checkPassPass();
        }
    </script>
</body>
</html>
```

在浏览器中的显示效果如图 8-12 所示。

图 8-12　表单验证效果图

8.3　BOM

浏览器对象模型如图 8-13 所示,是 JavaScript 的组成部分之一,主要用于管理浏览器窗口,提供了独立的可以与浏览器进行交互的能力,这些能力与任何网页内容无关。

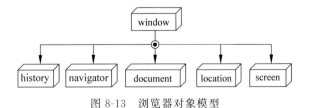

图 8-13　浏览器对象模型

window 对象是 BOM 的顶层对象,其他对象都是该对象的子对象。

8.3.1 window 对象

因为 window 对象是 JavaScript 中的顶级对象,因此所有定义在全局作用域中的变量、函数都会变成 window 对象的属性和方法,在调用时可以省略 window。

window 对象提供了浏览器中常见的 3 种交互对话框:警告框、提示框和确认框。window 对象还提供了一些定时器方法,这些方法可以使 JS 函数间隔调用或延时执行,如表 8-5 列举了 window 对象的常用方法及描述。

表 8-5 window 对象的常用方法及描述

属　　性	描　　述
alert()	在浏览器窗口中弹出一个提示框
prompt()	显示一个可供用户输入的对话框
confirm()	显示带有一段消息及确认按钮和取消按钮的对话框
setInterval()	创建一个定时器,按照指定的时长(以毫秒计)来不断地调用指定的函数或表达式
setTimeout()	创建一个定时器,在经过指定的时长(以毫秒计)后调用指定的函数或表达式,只执行一次
clearInterval()	取消由 setInterval() 方法设置的定时器
clearTimeout()	取消由 setTimeout() 方法设置的定时器
open()	打开一个新的浏览器窗口或查找一个已命名的窗口
close()	关闭某个浏览器窗口
blur()	把键盘焦点从顶层窗口移开
focus()	使一个窗口获得焦点

1. 浏览器中常见的 3 种交互对话框

(1) alert() 表示警示框,其作用是提示用户信息,该方法执行后无返回值。在对话框关闭之前程序暂停,直到关闭后才继续执行,常用于断点测试。

(2) prompt() 表示提示框,用来收集用户的信息。

(3) confirm() 表示确认框,显示带有一段消息及确认按钮和取消按钮的对话框,常用于删除前的确认。

【例 8-15】 3 种交互对话框的应用

```
<!DOCTYPE html >
< html lang = "en">
< head >
    < meta charset = "UTF - 8">
    <title>3 种交互对话框</title>
</head >
< body >
    <p>此处显示单击按钮的效果</p>
```

```
< button onclick = "myAlert()">警示框</button>
< button onclick = "myPrompt()">提示框</button>
< button onclick = "myConfirm()">确认框</button>
< script >
    function myAlert(){
        alert("这是一个警示框!");
    }
    function myPrompt(){
        var num1 = prompt("请你输入第 1 个数");
        var num2 = prompt("请你输入第 2 个数");
        var sum = parseInt(num1) + parseInt(num2);
        alert(sum);
    }
    function myConfirm(){
        if(confirm('你要残忍地离开吗?')){
            console.log("删除成功!");
        }
    }
</script >
</body >
</html >
```

运行结果如图 8-14 所示,单击页面中的按钮即可实现相应功能。

图 8-14　3 种交互对话框

2. 定时器方法

(1) 间隔调用:间隔调用全称为间隔调用函数,又名定时器,是一种能够每间隔一定时间自动执行一次的函数。

语法格式:var timer = setInterval(需要执行的函数,执行间隔时间 ms)。

示例代码如下:

```
timer = setInterval(function(){
    console.log('hello world');
    },2000);
```

（2）清除间隔调用，语法格式：clearInterval(timer)。

【例 8-16】 动态时钟

```html
<!DOCTYPE html>
<html lang = "en">
<head>
    <meta charset = "UTF-8">
    <title>动态时钟</title>
</head>
<body>
<div id = "show"></div>
<button onclick = "stop()">时间暂停</button>
<script type = "text/JavaScript">
    var show = document.getElementById("show");
    function getTime() {
        var date = new Date();
        var t = date.getFullYear() + "-" + (date.getMonth() + 1) + "-" +
            date.getDate() + "" + date.getHours() +
            ":" + date.getMinutes() + ":" + date.getSeconds();
        show.innerHTML = t;
    }
    var timer = setInterval(getTime, 1000);
    function stop(){
        clearInterval(timer); //清除间隔调用
    }
</script>
</body>
</html>
```

在浏览器中的显示效果如图 8-15 所示。当单击"时间暂停"按钮时，时间停止。

图 8-15 动态时钟

（3）延迟调用：延迟调用又叫延迟调用函数，是一种能够等待一定时间后再执行的函数。
语法格式：var timer = setTimeout(需要执行的函数，等待的时间)。
示例代码如下：

```javascript
var  timer = setTimeout(function(){
    console.log('hello world');
  },2000);
```

【例 8-17】　随机漂浮移动

```
<!DOCTYPE html>
<html lang = "en">
<head>
    <meta charset = "UTF-8">
    <title>随机漂浮移动</title>
    <style>
        #pdiv{
            width:100px;
            height:100px;
            background-color: royalblue;
            position:absolute;                /*绝对定位*/
            border:2px solid red;
        }
    </style>
    <script>
        function move(){
            var d = document.getElementById("pdiv");
            d.style.left = Math.random() * 500 + "px";
            d.style.top = Math.random() * 500 + "px";
            setTimeout("move()",2000);        //延迟调用
        }
    </script>
</head>
<body onload = "move()">
    <h2>随机漂浮移动</h2>
    <div id = "pdiv"></div>
</body>
</html>
```

运行结果：div 块的位置是随机生成的,延时 2s 周期性地重复调用。

3. 综合案例

自定义右击菜单案例。

要求如下。

(1) 右击菜单选项一：弹出 alert 提示框,内容自拟。

(2) 右击菜单选项二：提示用户是否离开本页面。

(3) 右击菜单选项三：跳转至百度并搜索【页面中选中的内容】。

(4) 右击菜单选项四：弹出提示框,用户【在提示框中输入内容】,然后跳转至百度进行搜索。

【例 8-18】　自定义右击菜单

```
<!DOCTYPE html>
<html lang = "en">
```

```html
< head >
    < meta charset = "UTF - 8" >
    < title >自定义右击菜单</title >
    < style >
        * {margin: 0;padding: 0}
        ul{
            list - style: none;
            background - color: darkgray;
            min - width: 220px;
            display: inline - block;          /*转换为块级元素*/
            position: absolute;                /*绝对定位*/
            display: none;
        }
        ul li{
            height: 30px;
            line - height: 30px;
            padding: 5px 20px;
            cursor: pointer;
            transition: 0.3s;
        }
        ul li:hover{
            background - color: aqua;
            color: #fff;
        }
    </style >
</head >
< body >
    < ul >
        <li>我想了解大前端时代!</li>
        <li>你真忍心离开本页面吗?</li>
        <li>去百度搜索页面中选中内容</li>
        <li>输入内容,然后去百度搜索</li>
    </ul >
    <!-- 这里写去百度搜索的内容 -->
    < textarea cols = "50" rows = "20"></textarea >
    < script >
        //获取元素标签
        var ul = document.querySelector('ul');
        //系统右击菜单禁用事件【contextmenu】
        document.oncontextmenu = function (eve) {
            return false;                           //return false表示事件禁用
                };
        document.onmouseup = function(eve){
            //eve.button 能够判断鼠标用的是哪个按钮
            //0:左键;1:滑轮;2:右键
             if(eve.button == 2){
                ul.style.display = 'inline - block';
                //设置鼠标单击的位置
```

```
                    ul.style.left = eve.clientX + 'px';
                    ul.style.top = eve.clientY + 'px';
                }else{
                    //关闭菜单
                    ul.style.display = 'none';
                }
            }
            //单击某一个菜单选项时触发的事件(事件委托)
            ul.onmousedown = function(eve){
                if(eve.target.innerHTML == '我想了解大前端时代!'){
                    alert('那就去吧!');
                }else if(eve.target.innerHTML == '你真忍心离开本页面吗?'){
                    if(confirm('你真忍心离开本页面吗?')){
                        window.close();
                    }
                }else if(eve.target.innerHTML == '去百度搜索页面中选中内容'){
                    var resukt = document.getSelection().toString();
                    window.open('http://www.baidu.com/s?wd = ' + resukt);
                }else{
                    var result = prompt('输入内容,然后去百度搜索');
                    window.open('http://www.baidu.com/s?wd = ' + result);
                }
            }
        </script>
    </body>
</html>
```

在浏览器中的显示效果如图 8-16 所示。

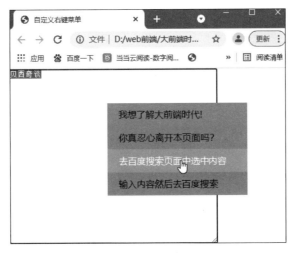

图 8-16 自定义右击菜单效果图

注意：如果想要自定义右击菜单,则必须首先禁用系统右击菜单功能。

8.3.2 history 对象

window. history 对象表示整个浏览器的页面栈对象。在对象中提供了一些属性和方法,以此来帮助更好地控制整个浏览器中页面的访问。由于 window 对象是一个全局对象,因此在使用 window. history 时可以省略 window 前缀。history 对象常用的方法如表 8-6 所示。

表 8-6　history 对象常用的方法及描述

属　　性	描　　述	属　　性	描　　述
back()	跳转到栈中的上一个页面	go()	跳转到栈中的指定页面
forward()	跳转到栈中的下一个页面		

在实际应用中的代码如下:

```
history.back()        //返回历史记录中的上一条记录(返回上一页)
history.go(-1)        //打开指定的历史记录,例如 -1 表示返回上一页,1 表示前进到下一页
history.forward()     //前往历史记录中的下一条记录(前进到下一页)
```

8.3.3 location 对象

location 对象存储了当前文档位置(URL)相关的信息,简单地说就是网页网址字符串。使用 window 对象的 location 属性可以访问。

location 对象常用的属性如表 8-7 所示。

表 8-7　location 对象的属性及描述

属性	描　　述
href	返回一个完整的 URL,例如 https://blog. csdn. net/beixishuo
protocol	声明了 URL 的协议部分,包括后缀的冒号,例如"http:"
host	声明了当前 URL 中的主机名和端口部分,例如"www. 123. cn:80"
hostname	声明了当前 URL 中的主机名,例如"www. 123. cn"
port	声明了当前 URL 的端口部分,例如"80"
pathname	声明了当前 URL 的路径部分,例如"news/index. asp"
search	声明了当前 URL 的查询部分,包括前导问号,例如"? id=123&name=location"
hash	声明了当前 URL 中锚部分,包括前导符(#),例如"#top",指定在文档中锚记的名称

location 对象除了上面的属性之外,还有 3 个常用的方法,用于实现浏览器页面的控制,如表 8-8 所示。

表 8-8　location 对象的常用方法及描述

属　　性	描　　述
assign()	加载指定的 URL，即载入指定的文档
reload()	刷新当前页面
replace()	用给定的 URL 来替换当前的资源

location 对象的属性及方法的应用，如例 8-19 所示。

【例 8-19】　location 对象的应用

```html
<!DOCTYPE html>
<html lang = "en">
<head>
<meta charset = "UTF-8">
<title>location 对象的应用</title>
</head>
<body>
<a href = "https://so.csdn.net:8080/so/search?q = vue&t = blog&u = beixishuo"
    id = "url"></a>
<button onclick = "tiao()">跳转百度</button><br>
<script>
        var url = document.getElementById('url');
        document.write("<b>hash: </b>" + url.hash + "<br>");
        document.write("<b>host: </b>" + url.host + "<br>");
        document.write("<b>hostname: </b>" + url.hostname + "<br>");
        document.write("<b>href: </b>" + url.href + "<br>");
        document.write("<b>pathname: </b>" + url.pathname + "<br>");
        document.write("<b>port: </b>" + url.port + "<br>");
        document.write("<b>protocol: </b>" + url.protocol + "<br>");
        document.write("<b>search: </b>" + url.search + "<br>");
        function tiao(){
            location.href = "http://www.baidu.com";
        }
</script>
</body>
</html>
```

在浏览器中的显示效果如图 8-17 所示。

图 8-17　location 对象的应用效果

8.3.4　navigator 对象

navigator 对象包含有关浏览器的信息。很多时候需要判断网页所处的浏览器和平台，navigator 为我们提供了便利。navigator 常见的对象属性如表 8-9 所示。

表 8-9　navigator 对象的属性及描述

属　　性	描　　述
appCodeName	返回当前浏览器的名称
appName	返回浏览器的官方名称
appVersion	返回浏览器的平台和版本信息
CookieEnabled	返回浏览器是否启用 Cookie，启用时返回 true，禁用时返回 false
onLine	返回浏览器是否联网，联网则返回 true，断网则返回 false
platform	返回浏览器运行的操作系统平台
userAgent	返回浏览器的厂商和版本信息，即浏览器运行的操作系统、浏览器的版本、名称

8.3.5　screen 对象

screen 对象中包含了有关计算机屏幕的信息，例如分辨率、宽度、高度等。screen 对象中常用的属性及描述如表 8-10 所示。

表 8-10　screen 对象中常用的属性及描述

属　　性	描　　述
availHeight	返回屏幕的高度（不包括 Windows 任务栏）
availWidth	返回屏幕的宽度（不包括 Windows 任务栏）
colorDepth	返回目标设备或缓冲器上的调色板的比特深度
height	返回屏幕的总高度
pixelDepth	返回屏幕的颜色分辨率（每像素的位数）
width	返回屏幕的总宽度

8.4　综合实战

综合使用原生 JavaScript 实现一个动态表格的增、删、改、查功能，主要用于熟练 JavaScript 的 DOM 操作，完成后的效果如图 8-18 所示。

首先，创建一个外部 JS 文件，如 js/demo.js，并引入 HTML（如综合案例.html）文件中。制作一个表格，用来显示提交的数据，布局代码如下：

图 8-18　动态表格增、删、改、查效果

```
//综合案例.html
<!DOCTYPE html>
<html lang = "en">
<head>
    <meta charset = "UTF - 8">
    <title>综合案例</title>
    <!-- 引入外部 JS -->
    <script src = "js/demo.js"></script>
    <style>
        .btn{
            background - color: gray;color: #fff;
        }
    </style>
</head>
<body>
<!-- 布局表格开始 -->
<input type = "button" value = "添加" class = "btn" onclick = "add()" />
<table border = 1 style = "width: 60%" id = "mytable">
    <thead>
    <tr>
        <th>选中</th>
        <th>编号</th>
        <th>姓名</th>
        <th>密码</th>
        <th>生日</th>
        <th>地址</th>
        <th>操作</th>
    </tr>
    </thead>
    <tbody id = "listTable">
    <tr>
        <td><input type = "checkbox" name = "item" /></td>
        <td>1</td>
```

```
            <td>贝西奇谈</td>
            <td>123456</td>
            <td>2021 - 11 - 07</td>
            <td>山西省榆次区</td>
            <td>
                <input type = "button" value = "删除" class = "btn"
                        onclick = "del(this)" />
                <input type = "button" value = "修改" class = "btn"
                        onclick = "modify(this)" />
            </td>
        </tr>
        </tbody>
</table>
<!-- 布局表格结束 -->
</body>
</html>
```

在浏览器中的显示效果如图 8-19 所示。

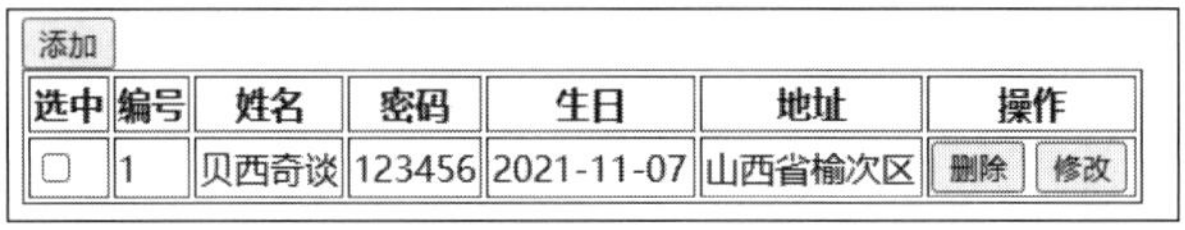

图 8-19　使用表格显示数据

然后，在 HTML(如综合案例. html)文件中写一个 div 块，用于新增/修改模块的数据承载，并将其隐藏。当单击"添加"或"修改"按钮时再显示，布局代码如下：

```
<!-- 部分代码... -->
<!-- 新增/修改模块开始 -->
<div style = "display: none;" id = "div_add">
    <h1>新增/修改模块</h1>
    <form>
        <table>
            <tr>
                <th>编号</th>
                <td><input type = "text" name = "" id = "num" /></td>
            </tr>
            <tr>
                <th>姓名</th>
                <td><input type = "text" name = "" id = "username" /></td>
            </tr>
            <tr>
                <th>密码</th>
                <td><input type = "password" name = "" id = "pwd" /></td>
            </tr>
            <tr>
                <th>生日</th>
```

```
            < td >< input type = "date" name = ""id = "birth" /></td>
        </tr>
        < tr >
            < th >地址</th>
            < td >< input type = "text" name = "" id = "addre" /></td>
        </tr>
        < tr >
            < td colspan = "2">
                < input type = "reset" value = "重置" class = "btn"
                    id = "reset" />
                < input type = "button" value = "添加" class = "btn"
                    id = "add" onclick = "addList()" />
                < input type = "button" value = "更新" class = "btn"
                    id = "" onclick = "update()" />
            </td>
        </tr>
    </table>
</form>
</div>
<!-- 新增/修改模块结束 -->
```

基本布局完成了,接着开始写 JS 方法。全部写在外部 demo.js 文件中即可。

(1) 添加数据:获取表单每个 input 的 value 值,然后创建节点 td,添加到上面的表格中。实现代码如下:

```
//demo.js
/ * 添加开始 * /
function add(){
    var div_add = document.getElementById("div_add");
    div_add.style.display = "block";                    //新增/修改模块显示
}
function addList(){
    / * 获取文本框中的数据 * /
    var oNum = document.getElementById('num').value;
    var oUser = document.getElementById('username').value;
    var oPwd = document.getElementById('pwd').value;
    var oBirth = document.getElementById('birth').value;
    var oAddre = document.getElementById('addre').value;
    var oTr = document.createElement('tr');             //创建行
    var oTd1 = document.createElement('td');            //创建列
    var oInput = document.createElement('input');       //创建按钮
    oTd1.appendChild(oInput);
    oInput.setAttribute('type','checkbox');
    oInput.setAttribute('name','item');
    var oTd2 = document.createElement('td');
    oTd2.innerHTML = oNum;
    var oTd3 = document.createElement('td');
    oTd3.innerHTML = oUser;
```

```
    var oTd4 = document.createElement('td');
    oTd4.innerHTML = oPwd;
    var oTd5 = document.createElement('td');
    oTd5.innerHTML = oBirth;
    var oTd6 = document.createElement('td');
    oTd6.innerHTML = oAddre;
    var oTd7 = document.createElement('td');
    var oInput2 = document.createElement('input');
    var oInput3 = document.createElement('input');
    oInput2.setAttribute('type','button');
    oInput2.setAttribute('value','删除');
    oInput2.setAttribute('onclick','del(this)');
    oInput2.className = 'btn';
    oInput3.setAttribute('type','button');
    oInput3.setAttribute('value','修改');
    oInput3.setAttribute('onclick','modify(this)');
    oInput3.className = 'btn';
    oTd7.appendChild(oInput2);
    oTd7.appendChild(oInput3);
    oTr.appendChild(oTd1);
    oTr.appendChild(oTd2);
    oTr.appendChild(oTd3);
    oTr.appendChild(oTd4);
    oTr.appendChild(oTd5);
    oTr.appendChild(oTd6);
    oTr.appendChild(oTd7);
    var olistTable = document.getElementById('listTable');
    olistTable.appendChild(oTr);
    var div_add = document.getElementById("div_add");
    div_add.style.display = "none"; //隐藏新增/修改模块
}
/** 添加结束 */
```

当单击“添加”或“修改”按钮时，在浏览器中的显示效果如图 8-20 所示。

图 8-20　新增/修改模块

（2）删除数据：在添加数据时，需要添加对应的单击事件 onclick＝del（this），然后使用 removeChild（）移除。实现代码如下：

```
/* 删除开始 */
function del(obj){
    var oParentnode = obj.parentNode.parentNode; //tr
    var olistTable = document.getElementById('listTable');
    olistTable.removeChild(oParentnode);
}
/* 删除结束 */
```

（3）修改数据：单击"修改"按钮后，将 td 的 innerHTML 值传到表单中的 input 中，同时用一个参数记录单击的行数 rowIndex，"更新"按钮先找到需要修改的行数的 Tr，然后将表单的值传给每个 td。实现代码如下：

```
/* 修改开始 */
/* 单击"修改"按钮时将文本内容添加到 input 框中 */
function modify(obj){
    var oNum = document.getElementById('num');
    var oUser = document.getElementById('username');
    var oPwd = document.getElementById('pwd');
    var oBirth = document.getElementById('birth');
    var oAddre = document.getElementById('addre');
    var oTr = obj.parentNode.parentNode;
    var aTd = oTr.getElementsByTagName('td');
    rowIndex = obj.parentNode.parentNode.rowIndex;
    oNum.value = aTd[1].innerHTML;
    oUser.value = aTd[2].innerHTML;
    oPwd.value = aTd[3].innerHTML;
    oBirth.value = aTd[4].innerHTML;
    oAddre.value = aTd[5].innerHTML;
    console.log(aTd[4].innerHTML);
    //alert(i);
    var div_add = document.getElementById("div_add");
    div_add.style.display = "block";              //显示新增/修改模块
}
function update(){                                //更新功能
    var oNum = document.getElementById('num');
    var oUser = document.getElementById('username');
    var oPwd = document.getElementById('pwd');
    var oBirth = document.getElementById('birth');
    var oAddre = document.getElementById('addre');
    var oMytable = document.getElementById('mytable');
    console.log(oMytable.rows[rowIndex].cells)
    oMytable.rows[rowIndex].cells[1].innerHTML = oNum.value;
    oMytable.rows[rowIndex].cells[2].innerHTML = oUser.value;
    oMytable.rows[rowIndex].cells[3].innerHTML = oPwd.value;
    oMytable.rows[rowIndex].cells[4].innerHTML = oBirth.value;
    oMytable.rows[rowIndex].cells[5].innerHTML = oAddre.value;
}
/* 修改结束 */
```

图书推荐

书　　名	作　　者
HarmonyOS 应用开发实战（JavaScript 版）	徐礼文
鸿蒙操作系统开发入门经典	徐礼文
鸿蒙应用程序开发	董昱
鸿蒙操作系统应用开发实践	陈美汝、郑森文、武延军、吴敬征
HarmonyOS 移动应用开发	刘安战、余雨萍、李勇军等
HarmonyOS App 开发从 0 到 1	张诏添、李凯杰
HarmonyOS 从入门到精通 40 例	戈帅
JavaScript 基础语法详解	张旭乾
华为方舟编译器之美——基于开源代码的架构分析与实现	史宁宁
Android Runtime 源码解析	史宁宁
鲲鹏架构入门与实战	张磊
鲲鹏开发套件应用快速入门	张磊
华为 HCIA 路由与交换技术实战	江礼教
深度探索 Go 语言——对象模型与 runtime 的原理、特性及应用	封幼林
深度探索 Flutter——企业应用开发实战	赵龙
Flutter 组件精讲与实战	赵龙
Flutter 组件详解与实战	［加］王浩然（Bradley Wang）
Flutter 跨平台移动开发实战	董运成
Dart 语言实战——基于 Flutter 框架的程序开发(第 2 版)	亢少军
Dart 语言实战——基于 Angular 框架的 Web 开发	刘仕文
IntelliJ IDEA 软件开发与应用	乔国辉
Vue＋Spring Boot 前后端分离开发实战	贾志杰
Vue.js 企业开发实战	千锋教育高教产品研发部
Python 从入门到全栈开发	钱超
Python 全栈开发——基础入门	夏正东
Python 全栈开发——高阶编程	夏正东
Python 游戏编程项目开发实战	李志远
Python 人工智能——原理、实践及应用	杨博雄主编； 于营、肖衡、潘玉霞、高华玲、梁志勇副主编
Python 深度学习	王志立
Python 预测分析与机器学习	王沁晨
Python 异步编程实战——基于 AIO 的全栈开发技术	陈少佳
Python 数据分析实战——从 Excel 轻松入门 Pandas	曾贤志
Python 数据分析从 0 到 1	邓立文、俞心宇、牛瑶
Python Web 数据分析可视化——基于 Django 框架的开发实战	韩伟、赵盼
Python 玩转数学问题——轻松学习 NumPy、SciPy 和 Matplotlib	张骞
Pandas 通关实战	黄福星
深入浅出 Power Query M 语言	黄福星

图书推荐

书　　名	作　者
FFmpeg 入门详解——音视频原理及应用	梅会东
云原生开发实践	高尚衡
虚拟化 KVM 极速入门	陈涛
虚拟化 KVM 进阶实践	陈涛
边缘计算	方娟、陆帅冰
物联网——嵌入式开发实战	连志安
动手学推荐系统——基于 PyTorch 的算法实现(微课视频版)	於方仁
人工智能算法——原理、技巧及应用	韩龙、张娜、汝洪芳
跟我一起学机器学习	王成、黄晓辉
TensorFlow 计算机视觉原理与实战	欧阳鹏程、任浩然
分布式机器学习实战	陈敬雷
计算机视觉——基于 OpenCV 与 TensorFlow 的深度学习方法	余海林、翟中华
深度学习——理论、方法与 PyTorch 实践	翟中华、孟翔宇
深度学习原理与 PyTorch 实战	张伟振
AR Foundation 增强现实开发实战(ARCore 版)	汪祥春
ARKit 原生开发入门精粹——RealityKit + Swift + SwiftUI	汪祥春
HoloLens 2 开发入门精要——基于 Unity 和 MRTK	汪祥春
Altium Designer 20 PCB 设计实战(视频微课版)	白军杰
Cadence 高速 PCB 设计——基于手机高阶板的案例分析与实现	李卫国、张彬、林超文
Octave 程序设计	于红博
ANSYS 19.0 实例详解	李大勇、周宝
AutoCAD 2022 快速入门、进阶与精通	邵为龙
SolidWorks 2020 快速入门与深入实战	邵为龙
SolidWorks 2021 快速入门与深入实战	邵为龙
UG NX 1926 快速入门与深入实战	邵为龙
西门子 S7-200 SMART PLC 编程及应用(视频微课版)	徐宁、赵丽君
三菱 FX3U PLC 编程及应用(视频微课版)	吴文灵
全栈 UI 自动化测试实战	胡胜强、单镜石、李睿
pytest 框架与自动化测试应用	房荔枝、梁丽丽
软件测试与面试通识	于晶、张丹
智慧教育技术与应用	[澳]朱佳(Jia Zhu)
敏捷测试从零开始	陈霁、王富、武夏
智慧建造——物联网在建筑设计与管理中的实践	[美]周晨光(Timothy Chou)著；段晨东、柯吉译
深入理解微电子电路设计——电子元器件原理及应用(原书第 5 版)	[美]理查德·C.耶格(Richard C. Jaeger)、[美]特拉维斯·N.布莱洛克(Travis N. Blalock)著；宋廷强译
深入理解微电子电路设计——数字电子技术及应用(原书第 5 版)	[美]理查德·C.耶格(Richard C. Jaeger)、[美]特拉维斯·N.布莱洛克(Travis N. Blalock)著；宋廷强译
深入理解微电子电路设计——模拟电子技术及应用(原书第 5 版)	[美]理查德·C.耶格(Richard C. Jaeger)、[美]特拉维斯·N.布莱洛克(Travis N. Blalock)著；宋廷强译